U0058310

野上智寬的麵包全圖解

Nogami Boulangerie

26種麵團57種麵包，翻書找解答，看圖學技巧，掌握野上師傅秒殺麵包的所有關鍵！

TK

硬質系列麵包

吐司類

柔軟系列麵包

C O N T E N T S

折疊麵團類

半硬質系列麵包

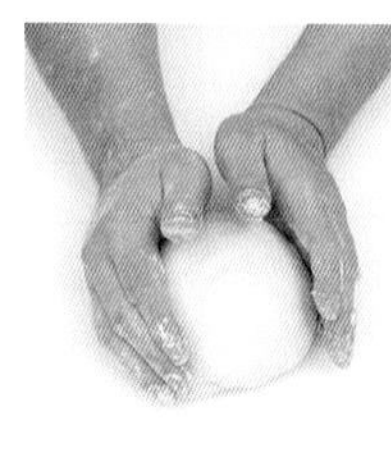

麵包的靈魂－基本材料

特殊麵包

發酵種

內餡與菠蘿麵團

麵包的基本步驟

追求如何製作出 更美味麵包的態度

麵粉、鹽、水、酵母，簡單的四種材料，成就了美味的麵包。然而材料越單純，就越需要講究品質以及製作的工序。

因為喜歡動手製作，無論蛋糕或是麵包都很熱衷，僅以四種材料組合變化，追求如何製作出更美味的態度，令我印象深刻，進而踏上了麵包製作之途。三十多年來除了每天在工房與麵團相處，近幾年更多了各地講習示範的機會，隨著經驗的累積與教學相長，更能領略製作麵包的樂趣並且深受吸引。

台灣、日本、韓國、中國、馬來西亞…各地的麵包師傅們的想法不太一樣，沒有好跟不好，台灣的師傅們創意比較多，日本師傅們比較重視傳統。但無論如何，任何地方的烘焙業界要往上提升，麵包師傅必須從基礎的知識與操作重新學習起。麵包是一個技術性的工作，開始的時候相當的辛苦，但是只要仔細紮實的學好基本功，之後就是你表現的天下了。

講習會上常有麵包師傅或是學員詢問：材料單純的麵包該如何展現創意？首先，在自己的心中，要先形成想要製作麵包的意象，之後才依此進行配方比例步驟等調整，所以再次證明擁有所需的知識，以及將意象中的麵包製作成形的技術，非常必要。當然，有各式各樣的創意與想法非常棒，我個人認

為，不光是作出新奇的形狀或特異口味的組合，真正的麵包師傅是要能夠發揮出材料本身所具有的風味，別忽略了麵包仍是日常生活的食品這件事。

2010年出版「名店麵包大公開DVD版」之後，隔了八年，在不斷累積個人經驗的同時，麵包的喜好也隨之不斷地改變，或許十年後還會再有所不同也說不定，但這本書收錄的是我現在覺得最美味的麵包，以及不斷調整改良後認為最適宜的做法，若能把自己所擁有的技術全部交給下一代的師傅們，他們的成功就是我最期盼的成就。

本書沒有什麼花俏的配方和做法，希望讀者們不要只單看數字和配方，而能進一步瞭解我的看法跟想法，獻給所有業界的麵包師傅、志在從事麵包的工作者，以及熱愛麵包的朋友們。

最後要感謝莉莉姊的督促與鼓勵，Wachtel、苗林行的支援，全國食材廣場提供場地，以及野上麵包全體夥伴們的協助。

野上智寬 T. Nogami

野上智寬 Tomohiro Nogami 紀事

1966年 出生於日本岡山縣。於日本岡山縣『木村屋』開始學習麵包製作，之後在日本『DONQ東客麵包』大阪、岡山、廣島等分店服務。

1991年 來台長駐DONQ東客麵包台北分店。

2000年 於台中開設麵包坊。

2006年 出版『名店麵包大公開』2012年新增DVD版。

2008年 開設『野上麵包Boulangerie Nogami』南崁店，獲得『秒殺麵包』盛名。

2012年 開設『野上麵包Boulangerie Nogami』台北店，再度造成排隊風潮。

2012年 擔任『世界盃麵包大賽(Coup du Monde de la Boulangerie)』台灣隊總教練，奪得世界第三名。

2013年 成立「野上烘焙工房」。

2014年 與大陽製粉合作開發出『麥嵐綺法國粉Mélanger』與『麥嵐綺特高筋粉Super Mélanger』。

野上麵包台北店
台北市士林區福國路5號/7號
02-2832-6308

野上麵包南崁店
桃園縣蘆竹鄉南平街58號
03-312-0433

麥嵐綺麵包
桃園縣桃園市中正路19號
03-332-6743

閱讀本書之前

在本書中使用的機器如下所列。

- 螺旋式攪拌機：缸碗速度＆攪拌棒速度分別為Bowl speed(T/min)：7 – 14以及Tool speed(T/min)：100 - 200。
- 直立式攪拌機：1分鐘的轉數L速(T/min)：30、M速(T/min)：208.50、H速(T/min)：417。
- 烤箱：具上、下火之垂直型烤箱、附蒸氣機能。
- 發酵室：冷凍發酵櫃(Dough Conditioner)。
- 麵包麵團用食鹽，使用的是含98%氯化納的食鹽。
- 砂糖沒有特別標記時，使用的是粒子細小的細砂糖。
- 奶油使用的是不含鹽的種類。
- 本書配方採用烘焙比例標示，以材料配方為百分比的配方標示法。但與一般的百分比不同，是以使用粉類總量為100%，相對於粉類總量，各種材料用量比例的標示。在發酵種法，發酵種與麵包麵團之中，所用粉類的合計為100%是基本。

編註：日本吐司以"斤"為單位，不是台斤或公斤而是指英斤，僅使用在麵包的計量，1斤通常是350~400g左右。日本規定，市售1斤的麵包不得低於340g。用在吐司模型上，各廠牌可能有微幅差異，請確認份量後製作。

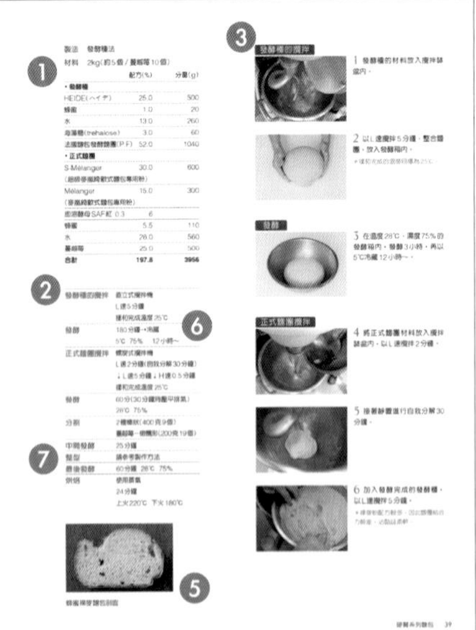

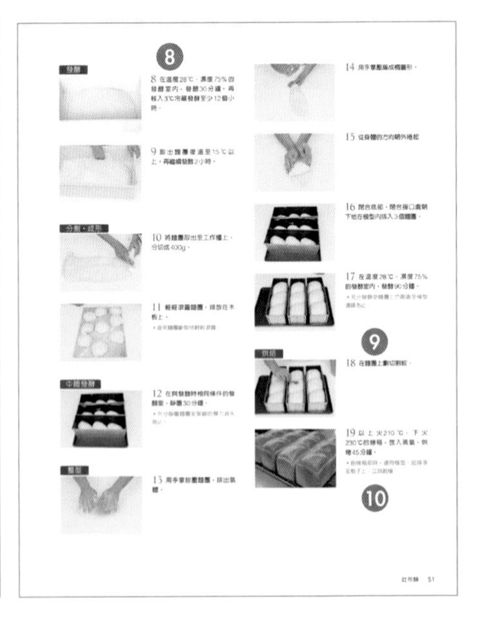

1. 材料：依製作麵包的材料及流程來分類，可分為發酵種材料、麵團材料及內餡材料，所以高筋麵粉就會在不同材料處分別出現兩個不同的份量
2. 製程表：麵包製作分成好幾個過程，在此標示出進行到哪個部分，例如：發酵種麵團、基本發酵、中間發酵或是翻麵...等
3. 工序及步驟圖：一個步驟搭配一個完整的圖片，一看就懂！
4. 麵包中文、原文、日文名稱
5. 完成麵包的美味剖面
6. 麵團溫度：麵團完成時保持這個溫度會更加美味，對於之後的發酵也有關鍵的影響
7. 整形／模型：所需的整形法，或使用的模型及尺寸
8. 以每道麵包的整形為主，與步驟圖搭配讓您一清二楚！
9. 烤焙：烤箱溫度和時間的基本數值，但因廠牌不同可依烤箱的狀況約略調整
10. TIPS：每個過程告一段落，就會特別告訴您可能發生的問題，及如何判斷與解決

硬質系列麵包

包括：洛代夫麵包Pain de Lodève、長棍麵包Baguette、蘑菇Champignon、雙胞胎Fendu、多加水系列的麵包、鄉村麵包Campagne、蜂蜜裸麥麵包Seigle au miel以及洛斯提克Rustique，可以說是最代表LEAN類（低糖油配方）的麵包。基本上僅以麵粉、酵母、水、鹽製作，因此麵粉很容易直接吸收酵母。傳統長棍麵包麵團製作後的發酵時間較長，因此考量藉由發酵中的麵團氧化促進麵筋組織形成、藉由壓平排氣來強化麵筋組織。

長棍麵包
Baguette
バゲット

添加30% 法國麵包發酵麵團(P.F)

製法　發酵種法

材料　2kg

	配方(%)	分量(g)
Mélanger (麥嵐綺歐式麵包專用粉)	100.0	2000
即溶酵母SAF紅	0.6	12
麥芽糖漿(1:1稀釋)	0.6	12
鹽	2	40
水	70.0	1400
法國麵包發酵麵團(P.F)	30.0	600
合計	**203.2**	**4064**

麵團攪拌	螺旋式攪拌機 L速2分鐘 ↓ 自我分解30分鐘 L速5分鐘 H速30秒 揉和完成溫度24°C
發酵	60分鐘(30分鐘後翻麵) 28-30°C 75%
分割	長棍割7刀(350克11個) 長笛割9刀(250克16個) ┌蘑菇(70克)共47個 └蘑菇麵包上部用(15克) 雙胞胎(70克57個)
中間發酵	25分鐘～
整型	請參考製作方法
最後發酵	50～60分鐘 28°C 75%
烘焙	使用蒸氣 上火240°C 下火225°C 長棍 / 長笛 25分鐘 蘑菇/雙胞胎 15分鐘

＊法國麵包發酵麵團(P.F) → P.153

☑ 扁平橢圓形的大小氣泡
☑ 柔軟內側口感潤澤
☑ 氣泡膜薄且略帶有泛黃的光澤

攪拌

1 麵團的材料一起放入攪拌缽盆內，用L速攪拌2分鐘。之後靜置進行自我分解30分鐘。

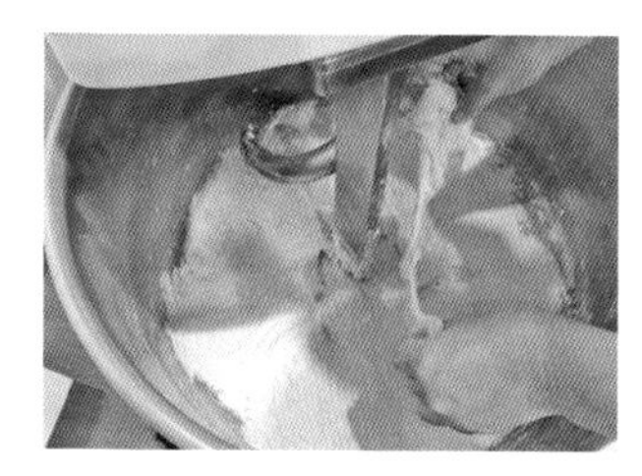

2 加入剝成小塊的法國麵包發酵麵團(P.F)，以L速攪拌5分鐘，H速30秒

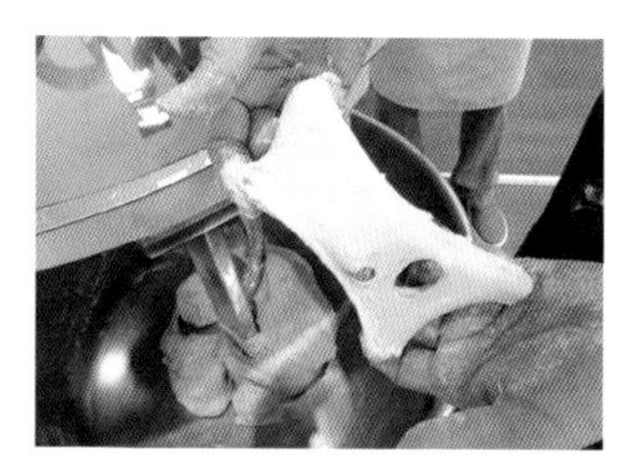

3 確認麵團狀態。
＊已完全均勻，可以薄薄地延展了。

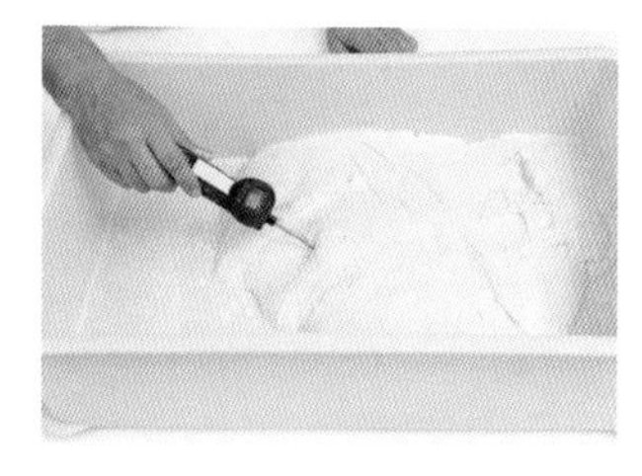

4 與麵團完成溫度目標為24°C。

5 在發酵箱內整合麵團，使表面緊實地整合麵團。

發酵

6 在溫度28～30°C、濕度75%的發酵室內，發酵30分鐘。

壓平排氣

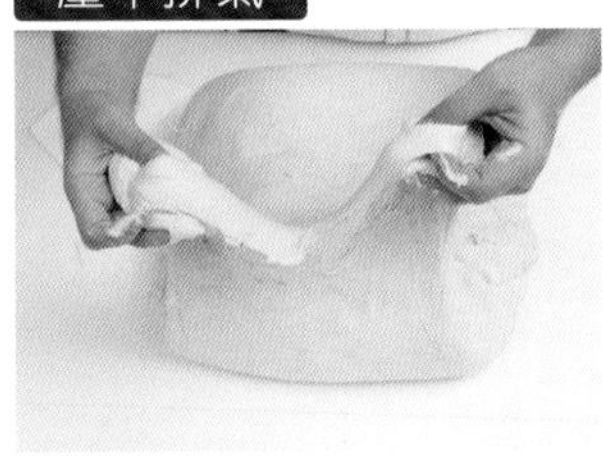

7 從左右朝中央折疊〝輕輕的壓平排氣〞（→P.149），再放回發酵箱內。

＊麵團膨脹能力較弱，因此為避免過度排氣地輕輕進行壓平排氣。

發酵

8 放回相同條件的發酵室內，再繼續發酵30分鐘。

分割・成形

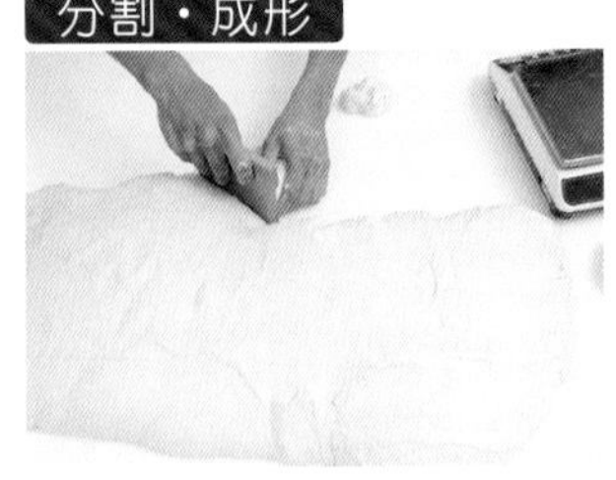

9 將麵團取出至工作檯上，分切成所需重量。

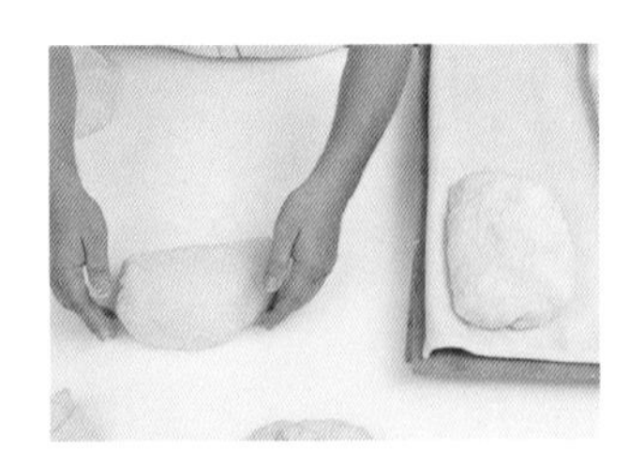

10 折疊麵團，整合成棒狀。

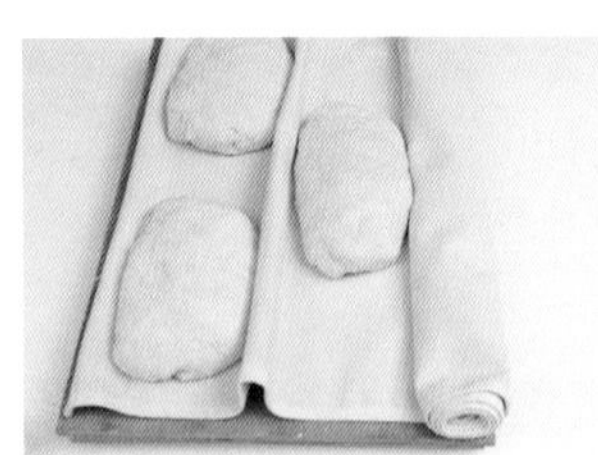

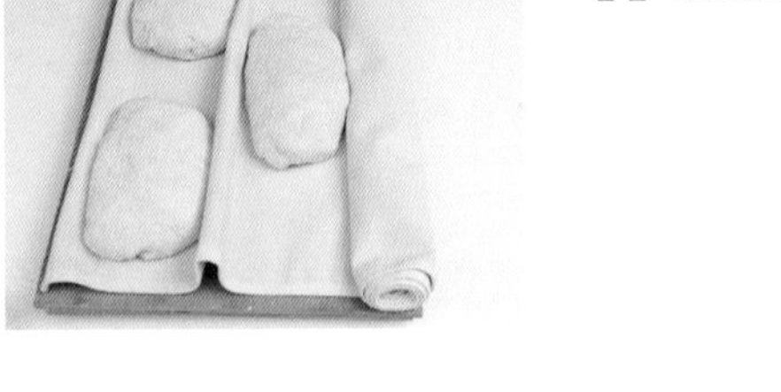

11 排放在舖有布巾的板子上。

中間發酵

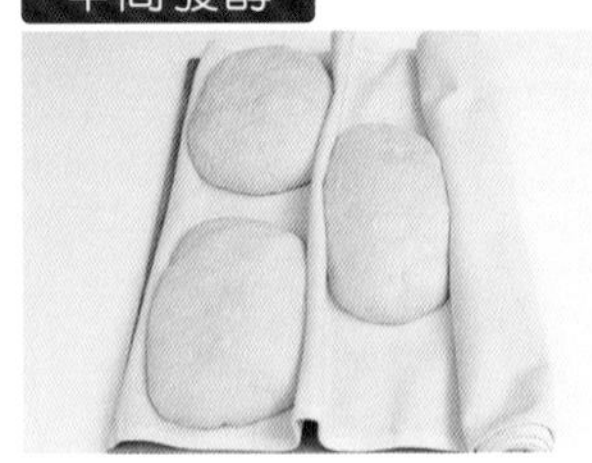

12 放置於與發酵時相同條件的發酵室內靜置25～30分鐘。

＊充分靜置麵團至緊縮的彈力消失為止。

整型－長棍

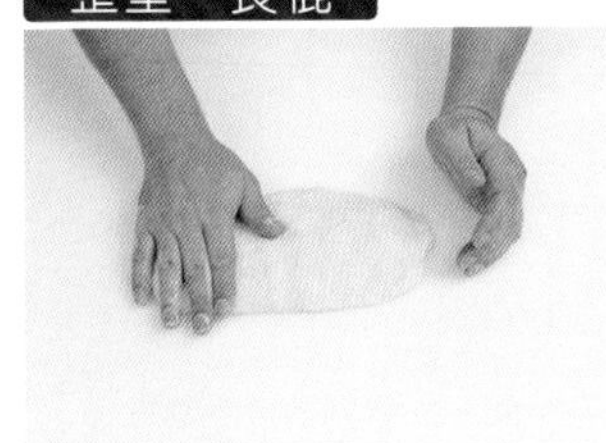

13 用手掌按壓麵團，排出氣體。

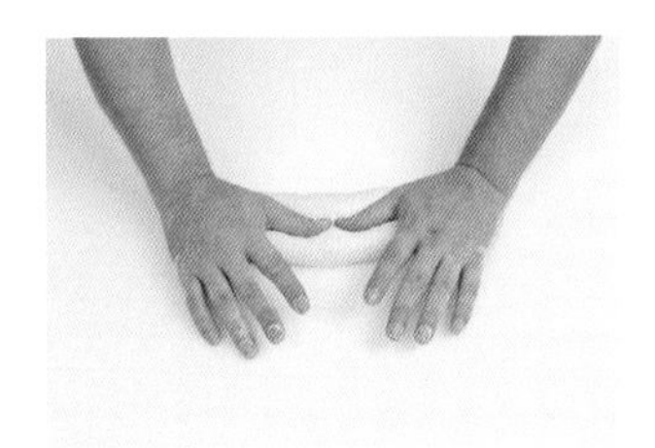

14 平順光滑面朝下，由外側朝中央折入⅓，以手掌根部按壓折疊的麵團邊緣使其貼合。

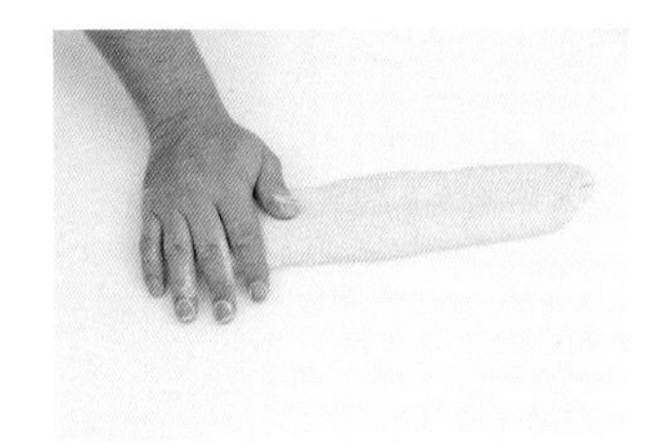

15 麵團下方同樣地折疊⅓使其貼合。

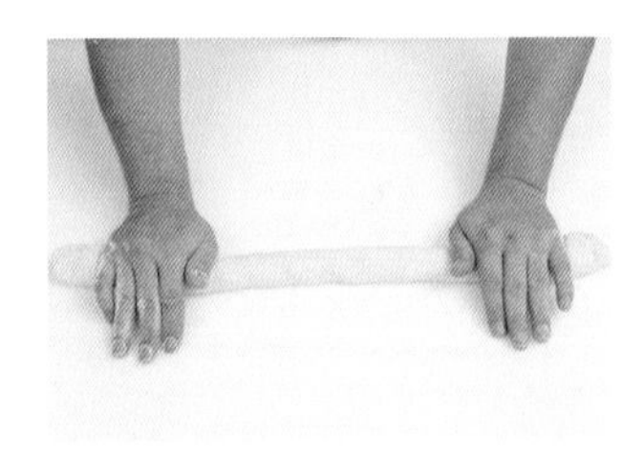

16 由外側朝內對折，並確實按壓麵團邊緣使其閉合。

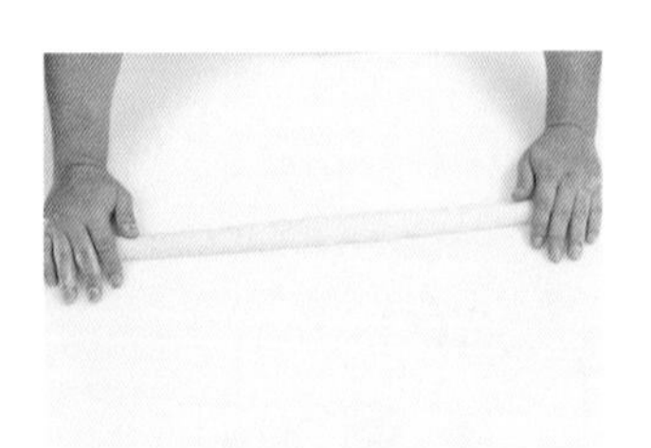

17 邊由上輕輕按壓，邊轉動麵團使其成為60cm的棒狀。

＊前後滾動使其朝兩端延長。長度不足時可以重覆這個動作，但儘量減少作業次數為佳。沒有進行充分的中間發酵時，麵團不易延展且過度勉強作業時，會造成麵團的斷裂。

18 在板子上舖放布巾，一邊以布巾做出間隔，一邊將接口處朝下地排放麵團。

＊接口處若不是直線時，烘焙完成也可能會產生彎曲。

＊布巾與麵團間隔，約需留下1指寬的間隙。

蘑菇
Champignon
シャンピニオン

做法 →P.11

- ☑ 柔軟內側口感潤澤
- ☑ 氣泡膜薄且略帶有泛黃的光澤
- ☑ 外皮薄且口感香脆

雙胞胎
Fendu
フォンデュ

做法 →P.11

☑ 扁平橢圓形的大小氣泡
☑ 柔軟內側口感潤澤
☑ 外皮薄且口感香脆

整型－蘑菇麵包

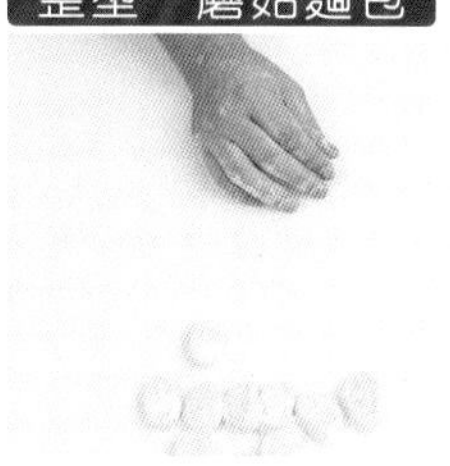

19 用手掌按壓麵團排出氣體，確實地進行滾圓作業。捏合底部使其閉合，接口處朝下地排放在舖有布巾的板子上。

＊表面出現較大氣泡時，避免破壞麵團，可以輕輕拍掉氣泡。

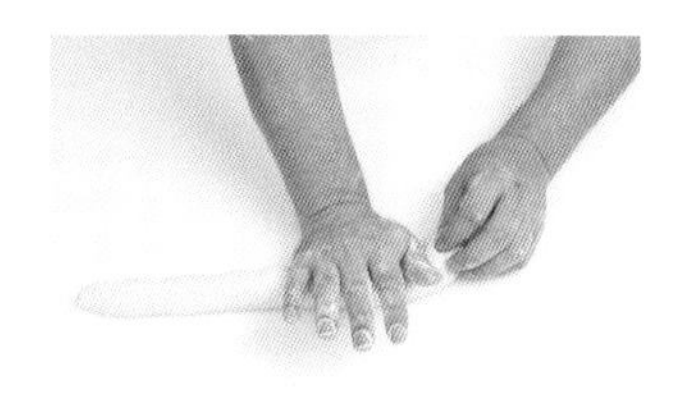

20 蘑菇麵包上端：將麵團排出氣體，由外側朝中央折入⅓，麵團下方同樣地折疊⅓使其貼合。

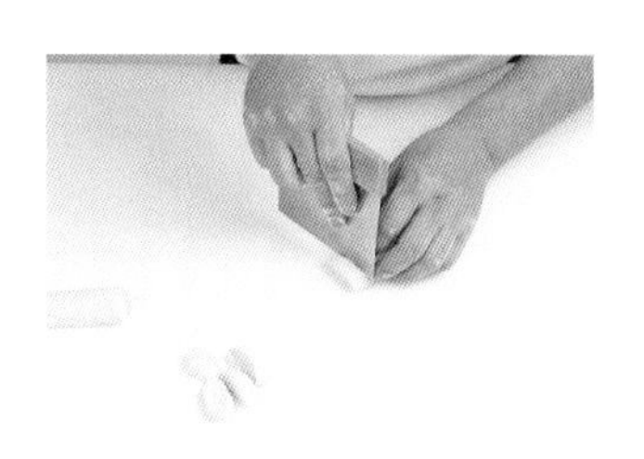

21 切成15g的小麵團

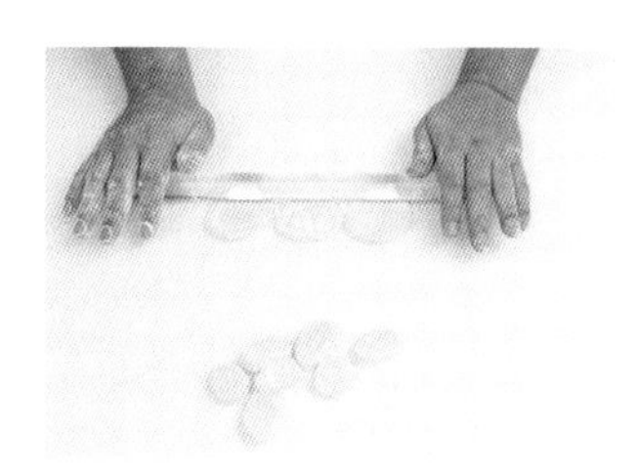

22 用擀麵棍將麵團薄薄的擀壓。

＊與滾圓的下半部麵團直徑相同即可。

23 鬆弛10分鐘後，擀薄的麵團單面撒上手粉，撒粉的那一面朝下地擺放在下部麵團上。

24 用中指由中央按壓至手指觸抵至工作檯使麵團貼合。

＊若麵團沒有充分鬆弛，會造成麵團的剝落，完成的形狀也會變差。

25 反面排放在舖有布巾的板子上。烘焙時再轉為正面放置在滑送帶上。

整型－雙胞胎麵包

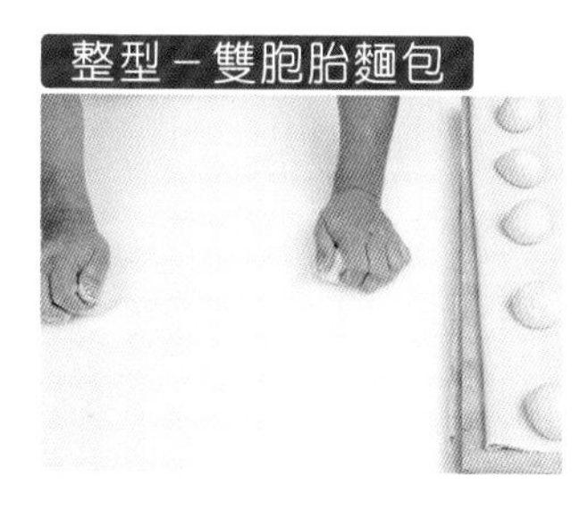

26 用手掌按壓麵團排出氣體，確實地進行滾圓作業。捏合底部使其閉合，接口處朝下地排放在舖有布巾的板子上。

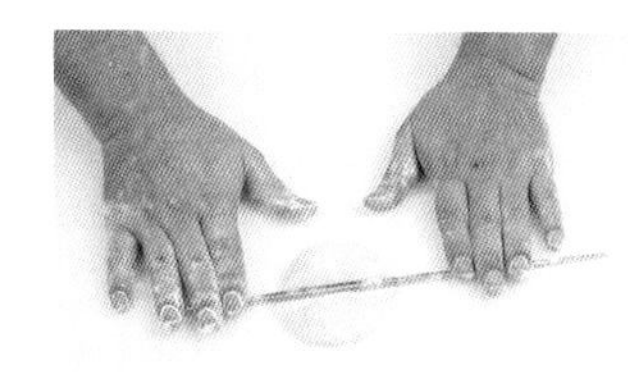

27 鬆弛10分鐘後，用細的金屬棒做為擀麵棍在麵團中央處，擀壓成薄平狀。

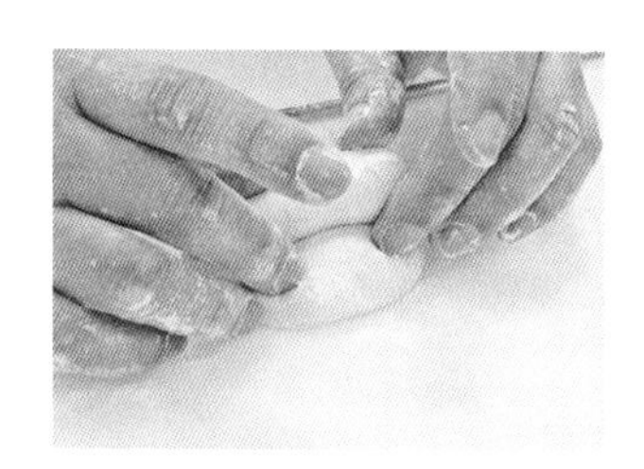

28 將未擀壓的兩端向中間擠壓。

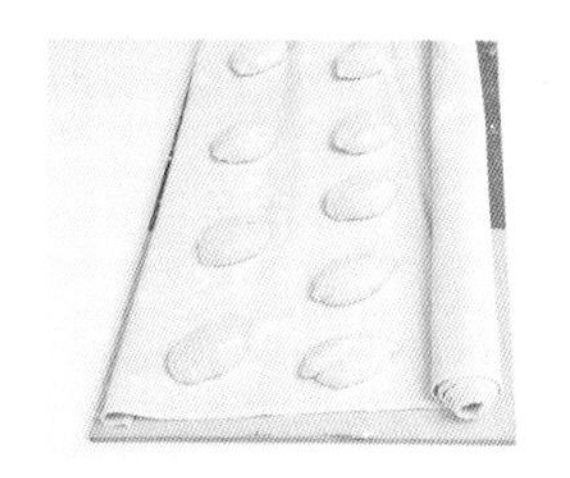

29 在板子上舖放布巾，邊用布巾做出間隔，邊將麵團反面並排。烘焙時再轉為正面放置在滑送帶上。

＊布巾與麵團間隔，約需留下1指寬的間隙。

最後發酵

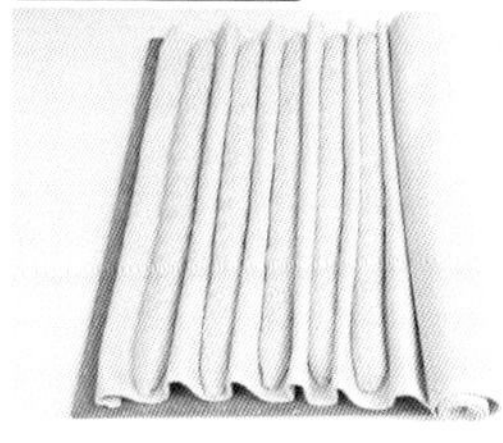

30 溫度28℃、濕度75%的發酵室內，使其發酵50～60分鐘。

＊使其發酵至麵團充分地鬆弛為止。

烘焙

31 利用取板將麵團移至滑送帶(slip belt)。

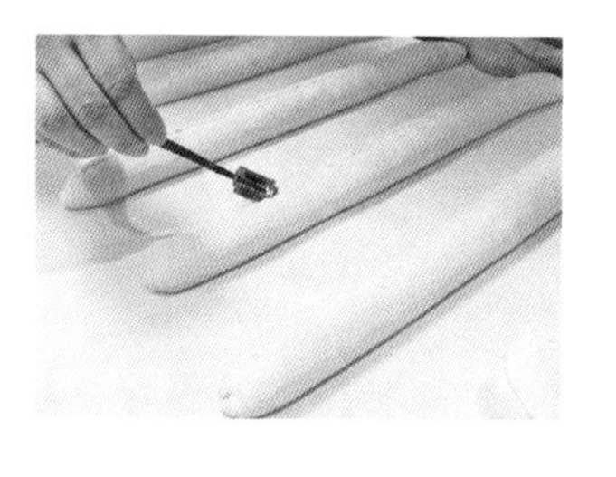

32 長棍麵團劃切7道割紋。上火240℃、下火225℃，放入蒸氣烘烤。

多加水長棍
High moisture baguette
多加水バゲット

製法　直接法

材料　2kg

	配方(%)	分量(g)
Mélanger (麥嵐綺歐式麵包專用粉)	80.0	1600
SUN STONE (サンストーン)	20.0	400
即溶酵母SAF紅	0.5	10
麥芽糖漿(1:1稀釋)	0.6	12
鹽	2.2	44
水	70.0	1400
後加水	10.0	200
法國麵包發酵麵團(P.F)	10.0	200
合計	**193.3**	**3866**

麵團攪拌	螺旋式攪拌機 L速6分鐘H速1分30 ↓LH速～H速30秒 揉和完成溫度24℃
發酵	90分鐘(30分鐘後翻麵) 28℃　75%
分割	長棍割1刀(400克 9個) 長棍割2刀(400克 9個) 圓形割井字(350克 11個)
中間發酵	15～20分鐘
整型	請參考製作方法
最後發酵	20分鐘　28℃　75%
烘焙	預熱上火260℃　下火230℃ 使用蒸氣 25分鐘 上火230℃　下火220℃

＊法國麵包發酵麵團(P.F) → P.153

☑ 扁平橢圓形的大小氣泡
☑ 柔軟內側口感潤澤
☑ 外皮薄且口感香脆

攪拌～發酵

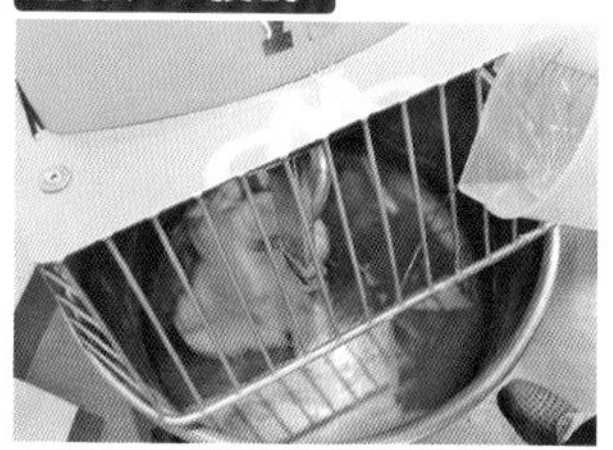

1 與長棍麵包30%法國麵包發酵麵團的製作方法1～8(→P.10)相同。步驟3時一邊攪拌，一邊以細流狀緩緩加入後加水，直到水份完全吸收整體均勻。

分割・成形

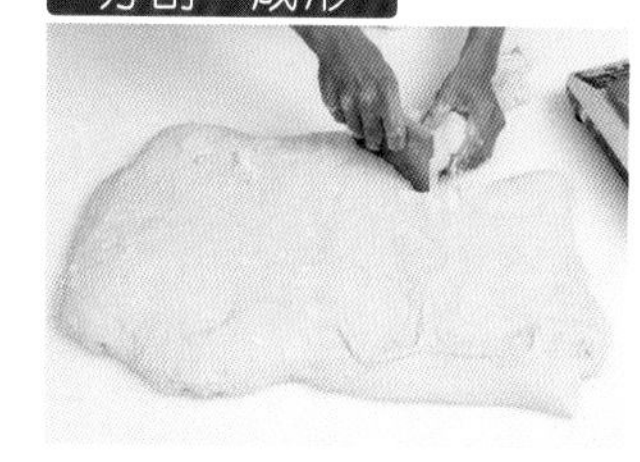

2 將麵團取出至工作檯，分切成所需的重量。

中間發酵

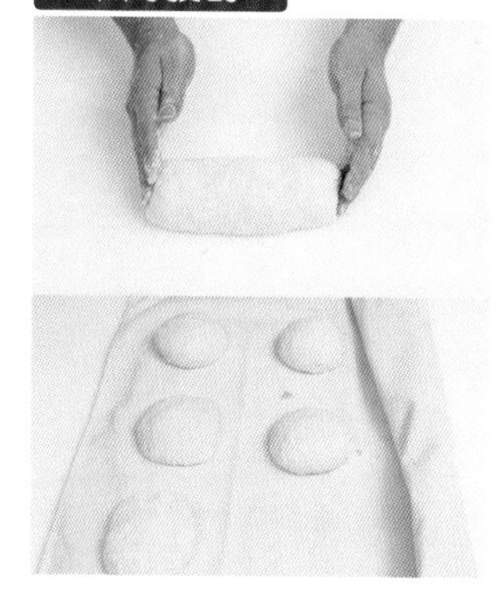

3 滾圓與整形成棒狀後放置於鋪有帆布的木板上。與發酵時相同條件(溫度26～28℃、濕度75%)，靜置15～20分鐘。

＊充分靜置麵團至緊縮的彈力消失為止。

整型－長棍

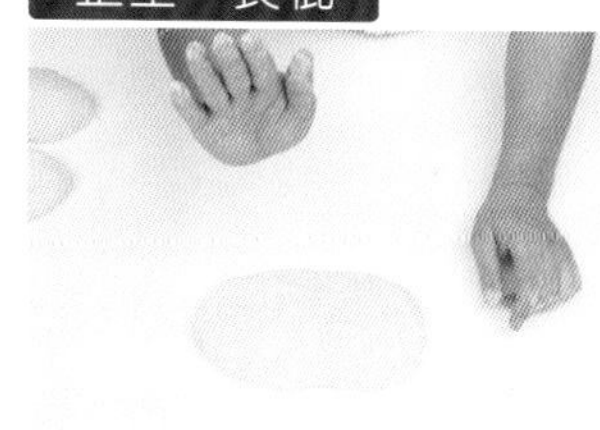

4 用手掌按壓麵團，排出氣體。

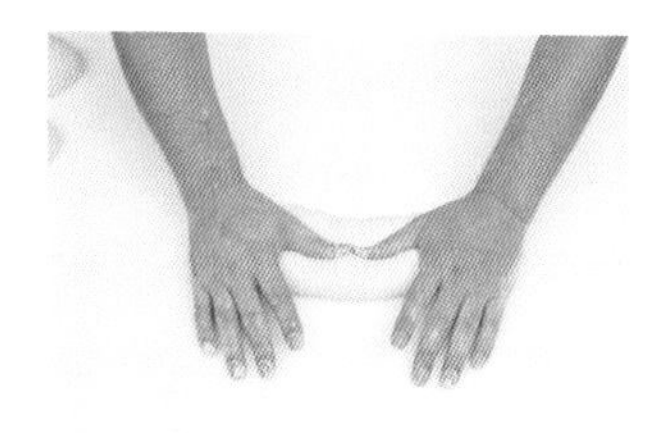

5 平順光滑面朝下，由外側朝中央折入⅓，以手掌根部按壓折疊的麵團邊緣使其貼合。

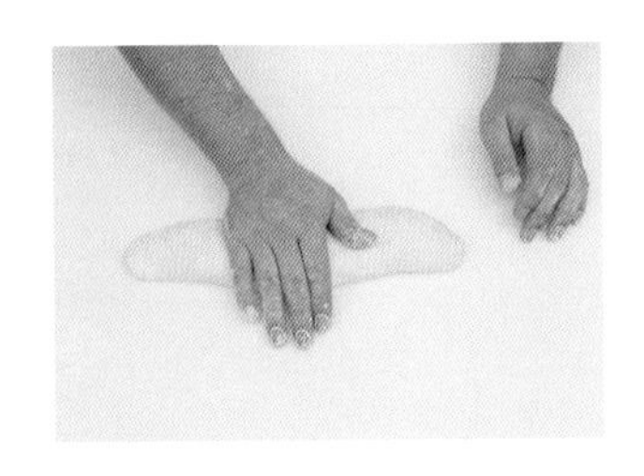

6 麵團下方同樣地折疊⅓使其貼合。由外側朝內對折，並確實按壓麵團邊緣使其閉合。

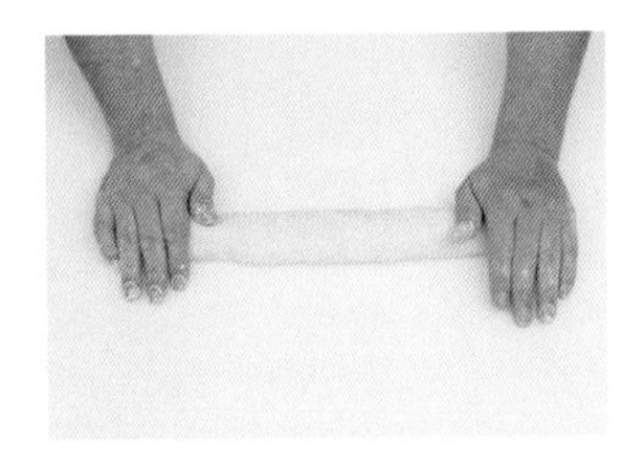

7 邊由上輕輕按壓，邊轉動麵團使其成為60cm的棒狀。

＊前後滾動使其朝兩端延長。長度不足時可以重覆這個動作，但儘量減少作業次數為佳。沒有進行充分的中間發酵時，麵團不易延展且過度勉強作業時，會造成麵團的斷裂。

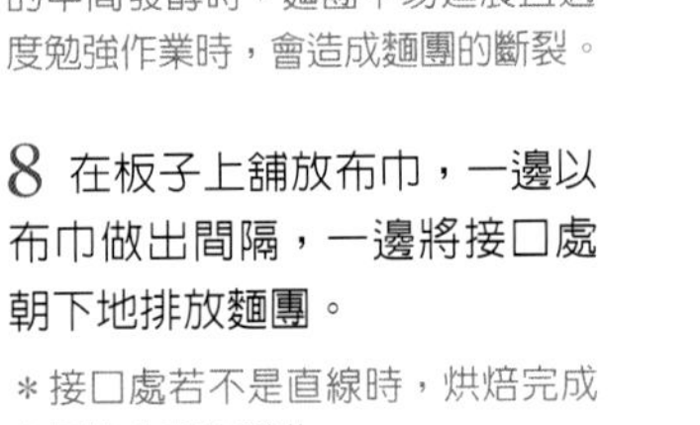

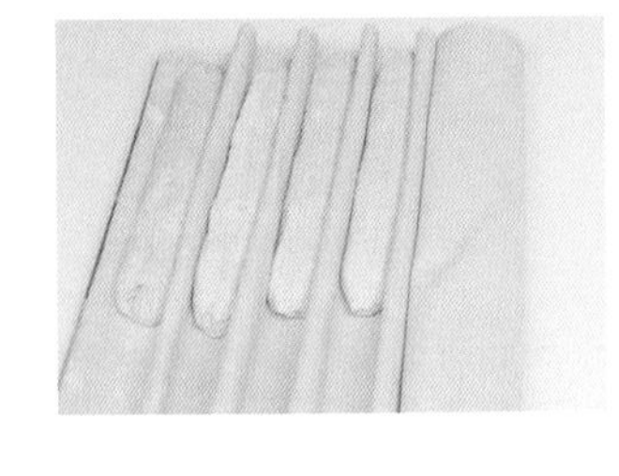

8 在板子上鋪放布巾，一邊以布巾做出間隔，一邊將接口處朝下地排放麵團。

＊接口處若不是直線時，烘焙完成也可能會產生彎曲。

整型－圓形

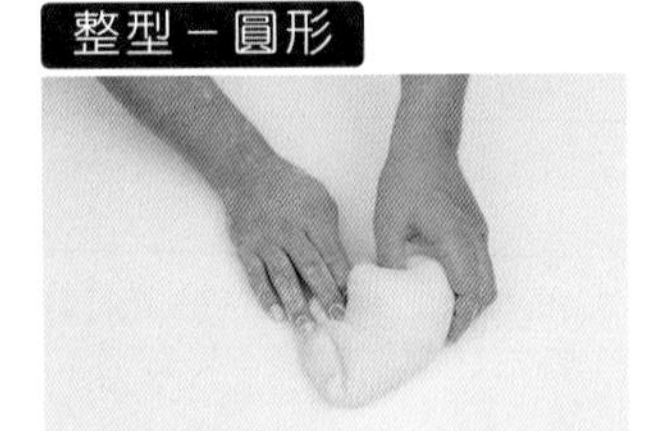

9 用手掌按壓麵團，排出氣體。由外將麵團拉向同一個位置。

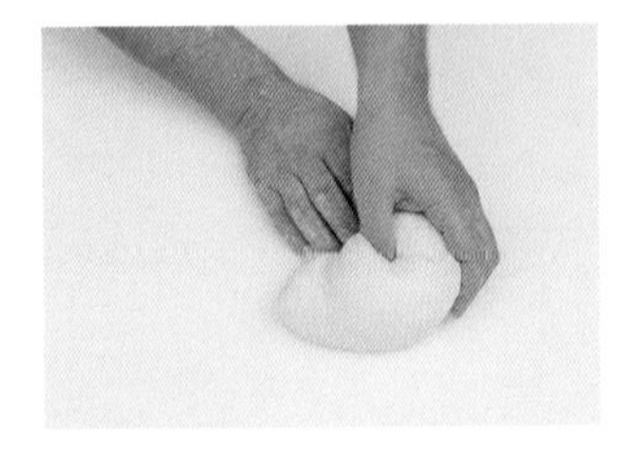

10 折疊整合，使其表面呈緊實狀態。

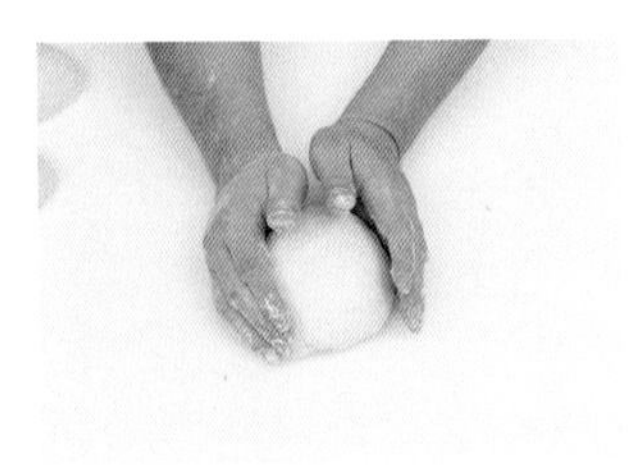

11 滾動成球狀。

最後發酵

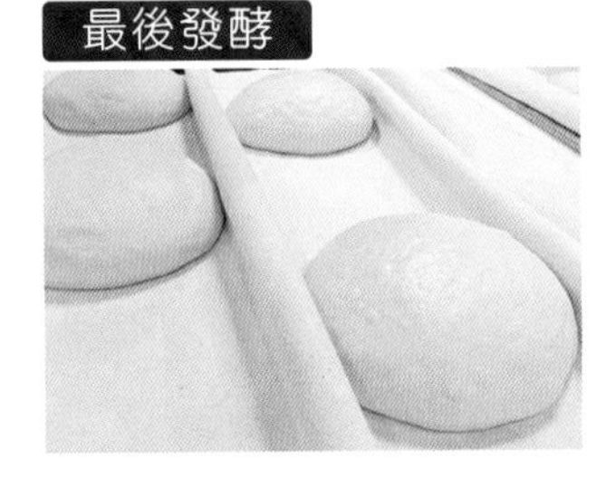

12 溫度32℃、濕度70%的發酵室內，使其發酵50～60分鐘。

＊使其發酵至麵團充分地鬆弛為止。

烘焙

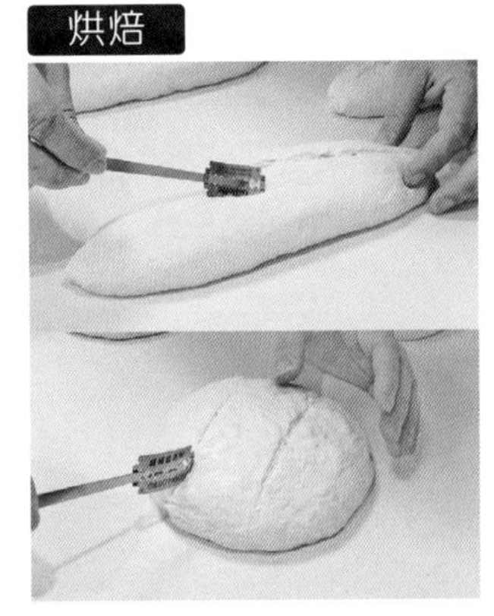

13 利用取板將麵團移至滑送帶(slip belt)。長棍麵團劃切1道與2道割紋。圓麵包劃切井字割紋。

14 以上火260℃、下火230℃的烤箱預熱。改為上火240℃、下火220℃，放入蒸氣，烘烤25分鐘。

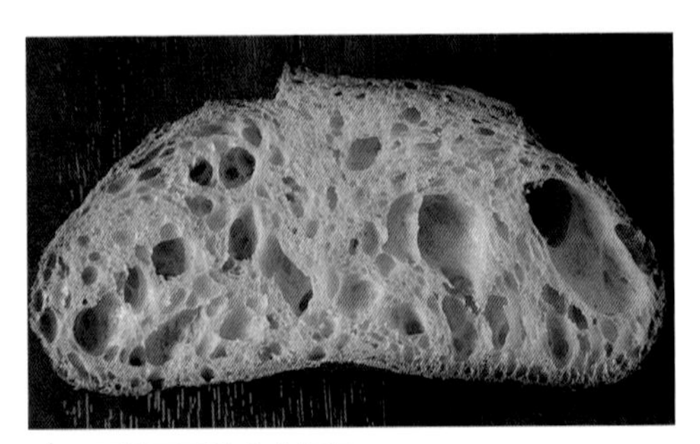

☑ 扁平橢圓形的大小氣泡
☑ 柔軟內側口感潤澤
☑ 氣泡膜薄且略帶有泛黃的光澤

多加水巴塔
High moisture bâtard
パン
做法→P.17

多加水圓麵包
High moisture boule
多加水ブール

1930年代長棍·巴塔·圓麵包
1930 Baguette·Bâtard·Boule
バゲット・パン・ブール

以下的配方出自仁瓶利夫師傅，以1930年代當時法國的傳統製法進行，
並致力於在日本烘焙業界推廣，重現當時美味長棍麵包的特色。

製法　直接法

材料　2kg

	配方(%)	分量(g)
LYSD'OR(リスドォル)	100.0	2000
即溶酵母SAF紅	0.1	2
麥芽糖漿(1:1稀釋)	0.6	12
鹽	1.8	36
水	69.0	1380
合計	**171.5**	**3430**

麵團攪拌	螺旋式攪拌機 L速2分鐘(自我分解30分鐘)↓ L速5分鐘 揉和完成溫度21℃
發酵	30分鐘(之後翻麵) 28℃ 75% →冷藏16℃ 13～14小時 倍率2.5倍以上
分割	巴塔割3刀(350克9個) 長棍割7刀(350克9個) 圓形割菱形(250克13個)
中間發酵	25分鐘
整型	請參考製作方法
最後發酵	50分鐘～ 28℃ 75%
烘焙	使用蒸氣 27分鐘 上火240℃ 下火220℃

☑ 扁平橢圓形的大小氣泡
☑ 柔軟內側口感潤澤
☑ 氣泡膜薄且略帶有泛黃的光澤

a

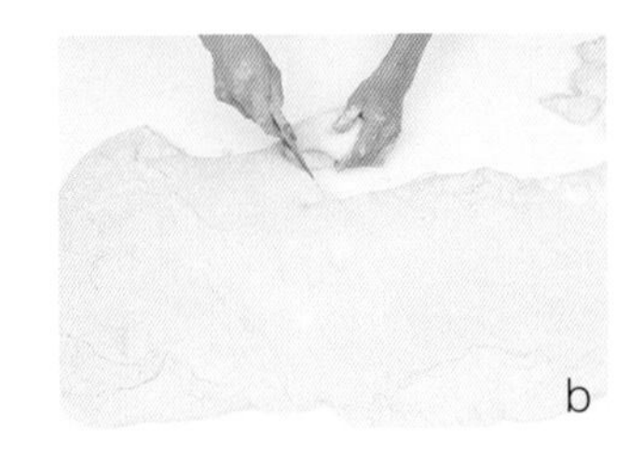

b

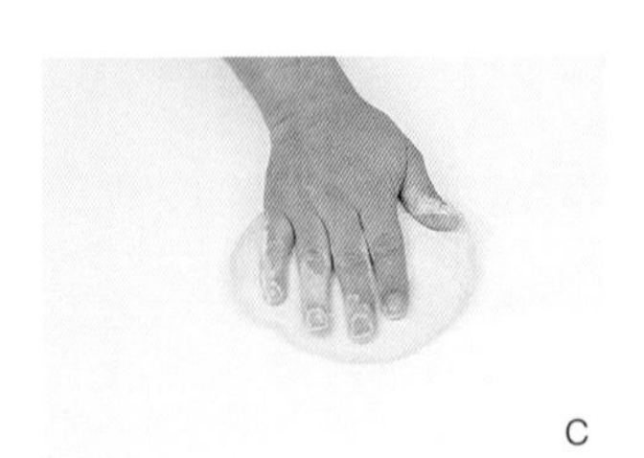

c

d

攪拌～發酵

1 與長棍麵包30%法國麵包發酵麵團的製作方法1～8(→P.10)相同。(a)

分割・滾圓

2 將麵團取出至工作檯，分切成所需的重量。(b)

3 用手掌按壓麵團，排出氣體。(c)

4 用兩手輕輕滾圓，排放在舖有布巾的板子上。(d)

5 平順光滑面朝下，由左右朝中央折入　，調整成橢圓形收口朝下，放在撒有手粉的板子上。(e)

中間發酵

6 與發酵時相同條件(溫度26～28℃、濕度75%)放置於發酵室靜置25分鐘。

＊充分靜置麵團至緊縮的彈力消失為止。

整型－巴塔

7 用手掌按壓橢圓形麵團，排出氣體。

8 平順光滑面朝下，由外側朝中央折入⅓，以手掌根部按壓折疊的麵團邊緣使其貼合。

9 麵團下方同樣地折疊⅓使其貼合。

10 由外側朝內對折，並確實按壓麵團邊緣使其閉合。

11 一邊由上輕輕按壓，一邊轉動麵團使其成為40cm的橢圓形。(f)

整型－長棍

12 用手掌按壓橢圓形麵團，排出氣體。

13 平順光滑面朝下，由外側朝中央折入⅓，以手掌根部按壓折疊的麵團邊緣使其貼合。

14 麵團下方同樣地折疊⅓使其貼合。

15 由外側朝內對折，並確實按壓麵團邊緣使其閉合。

16 邊由上輕輕按壓，邊轉動麵團使其成為60cm的棒狀。(g)

＊前後滾動使其朝兩端延長。長度不足時可以重覆這個動作，但儘量減少作業次數為佳。沒有進行充分的中間發酵時，麵團不易延展且過度勉強作業時，會造成麵團的斷裂。

17 在板子上鋪放布巾，一邊以布巾做出間隔，一邊將接口處朝下地排放麵團。(h)

＊接口處若不是直線時，烘焙完成也可能會產生彎曲。

＊布巾與麵團間隔，約需留下1指寬的間隙。

整型－圓形

18 用手掌按壓圓形麵團，排出氣體。

19 麵團用兩手輕輕滾圓，一邊以布巾做出間隔，一邊將接口處朝下地排放麵團。(i)

最後發酵

20 溫度28℃、濕度75%的發酵室內，使其發酵50～60分鐘。

＊使其發酵至麵團充分地鬆弛為止。

e

j

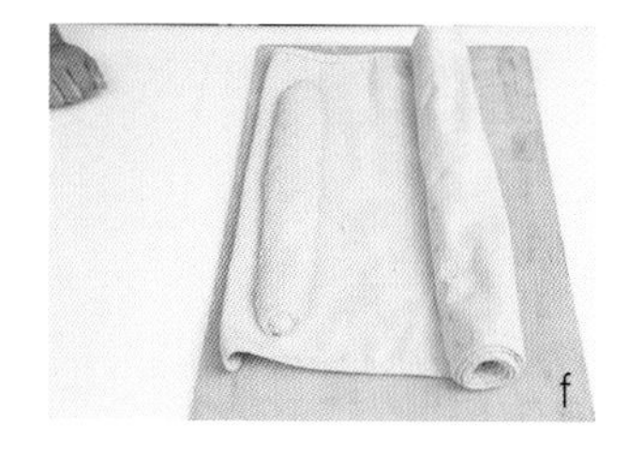
f

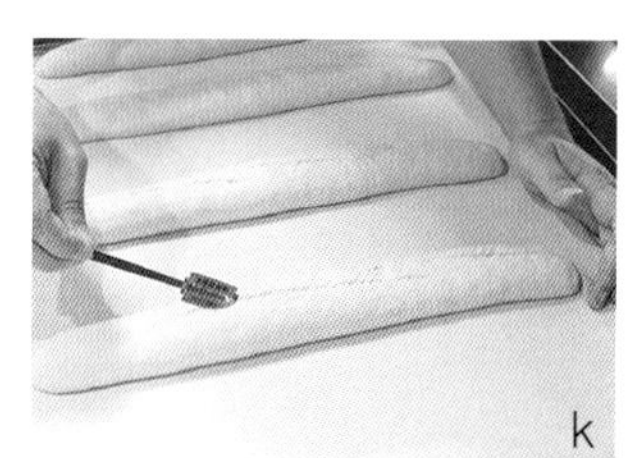
k

g

l

h

m

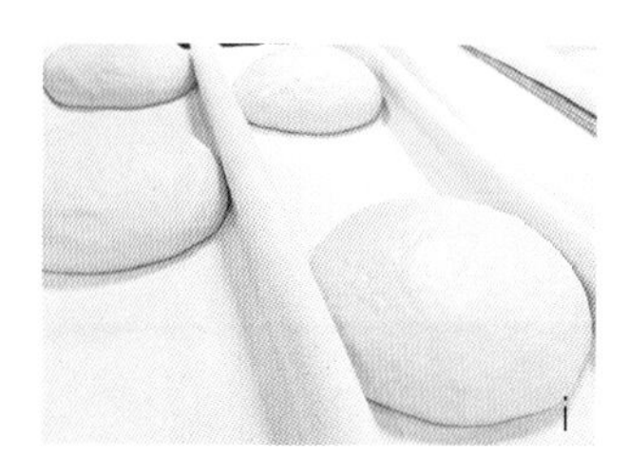
i

烘焙

21 利用取板將長棍與巴塔麵團移至滑送帶(slip belt)。(j)

22 巴塔麵團劃切3道割紋。

23 長棍麵團劃切7道割紋。(k)

24 圓模在滑送帶上倒扣出麵團，劃切菱形割紋。(l)

25 以上火260℃、下火230℃的烤箱預熱。改為上火240℃、下火220℃，放入蒸氣，烘烤27分鐘。(m)

洛斯提克
Rustique
リュスティック

☑ 扁平橢圓形的大小氣泡
☑ 柔軟內側口感潤澤
☑ 氣泡膜薄且略帶有泛黃的光澤

長棍洛斯提克
Baguette Rustique
バゲットリュスティック

製法　直接法

材料　2kg

	配方(%)	分量(g)
Mélanger (麥嵐綺歐式麵包專用粉)	100.0	2000
即溶酵母SAF紅	0.4	8
麥芽糖漿(1:1稀釋)	0.6	12
鹽	1.8	36
水	78.0	1560
合計	**180.8**	**3616**

麵團攪拌	螺旋式攪拌機 L速3分鐘 揉和完成溫度21℃
發酵	120分鐘(30分鐘後翻麵) 60分鐘(30分鐘後翻麵) 30分鐘後翻麵 28℃ 75% →冷藏4℃ 8～16小時 復溫15℃以上 60分鐘(30分鐘後翻麵)
分割	四周切下不規則的麵團→ 長棍割4刀(300克 12個) 長方形洛斯提克(斜割一刀) (350克 12個)
中間發酵	10分鐘
整型	請參考製作方法
最後發酵	50分鐘 28℃ 75%
烘焙	預熱上火260℃ 下火230℃ 使用蒸氣 25分鐘 上火240℃ 下火220℃

以上是直接法，若使用冷藏法則在60分鐘翻麵，4℃冷藏至隔天，復溫15℃後翻麵90分鐘，再翻麵30分鐘，之後進行分割。

攪拌

1 與長棍麵包30%法國麵包發酵麵團的製作方法1～6(→P.10)相同。(a)

發酵

2 在溫度28℃、濕度75%的發酵室內，發酵30分鐘。(b)

第一次壓平排氣

3 工作檯上撒手粉將麵團從發酵箱內倒扣出來，撒上手粉。(c)

4 從左右朝中央折疊。(d)

5 從上下朝中央折疊，"較用力的壓平排氣"(→P.149)，再放回發酵箱內。(e)

發酵

6 放回相同條件的發酵室內，再繼續發酵30分鐘。(f)

第二次壓平排氣

7 工作檯上撒手粉將麵團從發酵箱內倒扣出來，撒上手粉。從左右朝中央折疊。

8 從上下朝中央折疊，"較用力的壓平排氣"，再放回發酵箱內。

發酵

9 放回相同條件的發酵室內，再繼續發酵30分鐘。

第三次壓平排氣

10 工作檯上撒手粉將麵團從發酵箱內倒扣出來，撒上手粉。從左右朝中央折疊。

11 從上下朝中央折疊，"較用力的壓平排氣"，再放回發酵箱內。

冷藏發酵

12 放入冷藏4℃的冷藏室內，發酵12～16小時。

13 取出復溫15℃以上，發酵30分鐘。

第四次壓平排氣

14 工作檯上撒手粉將麵團從發酵箱內倒扣出來，撒上手粉。從左右朝中央折疊。

15 從上下朝中央折疊，"較用力的壓平排氣"，再放回發酵箱內。

＊因為攪拌少，每一次的壓平排氣可幫助麵筋形成，每一次的壓平排氣力道越來越輕。

a

b

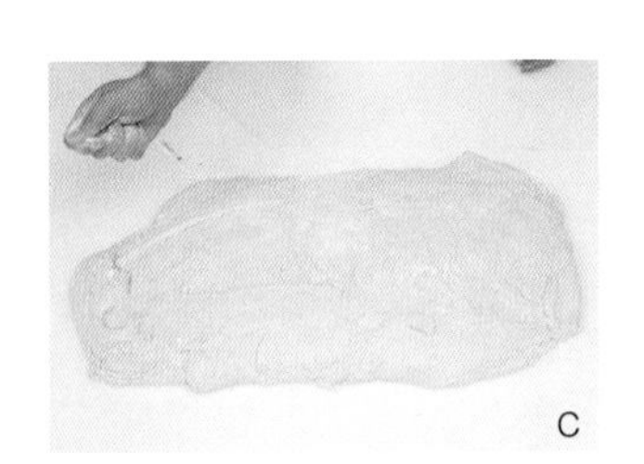
c

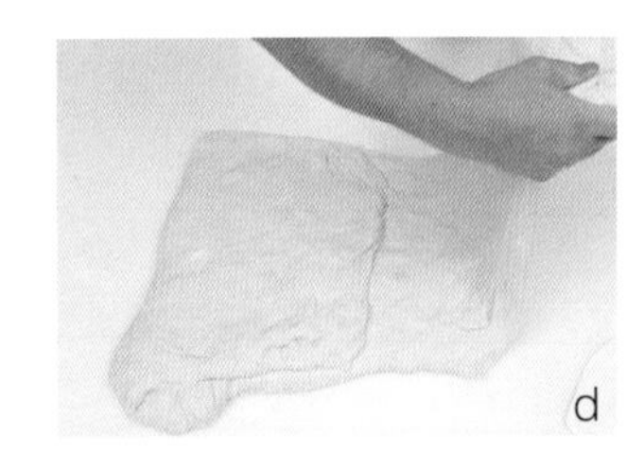
d

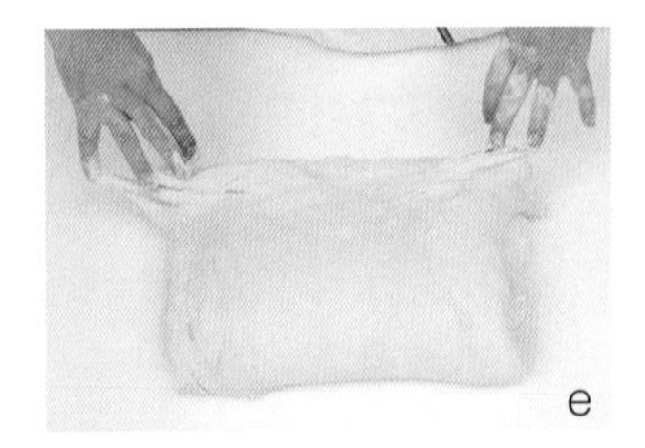
e

f

g

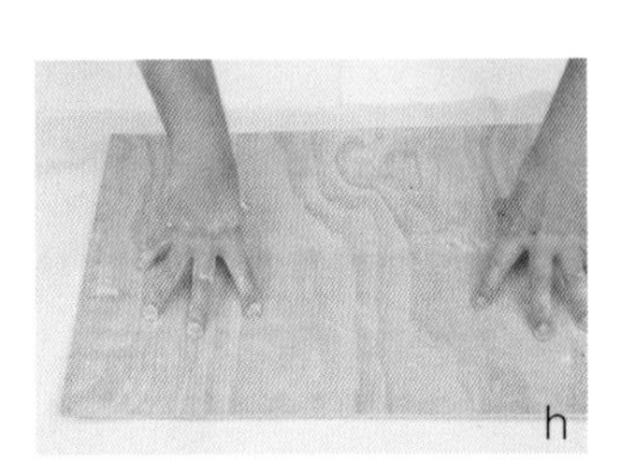
h

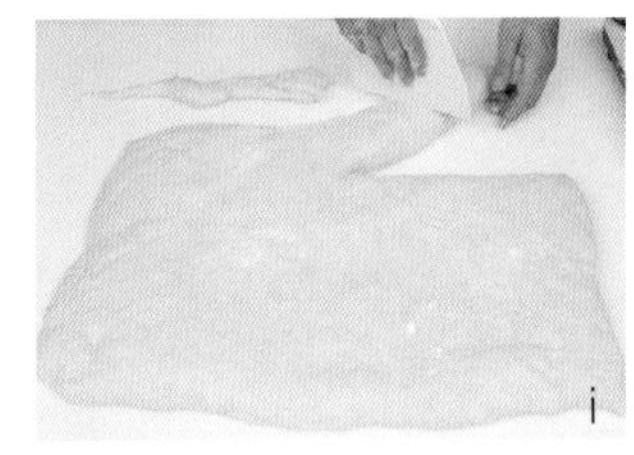
i

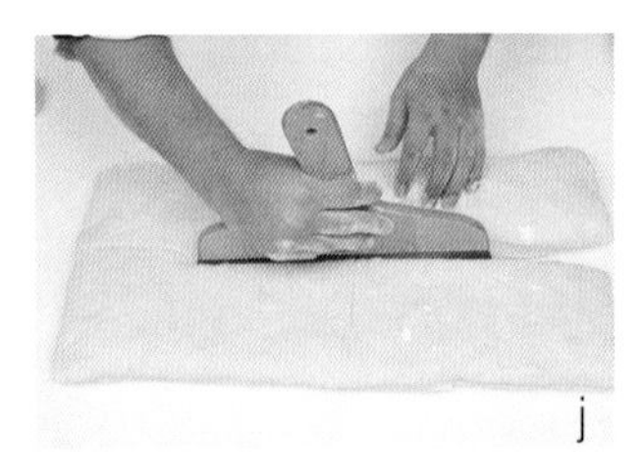
j

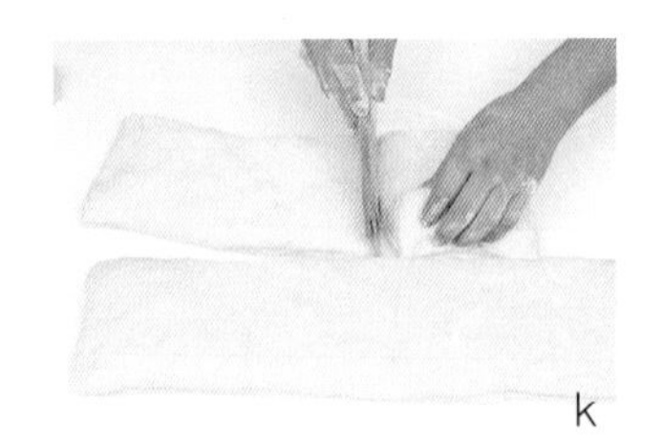
k

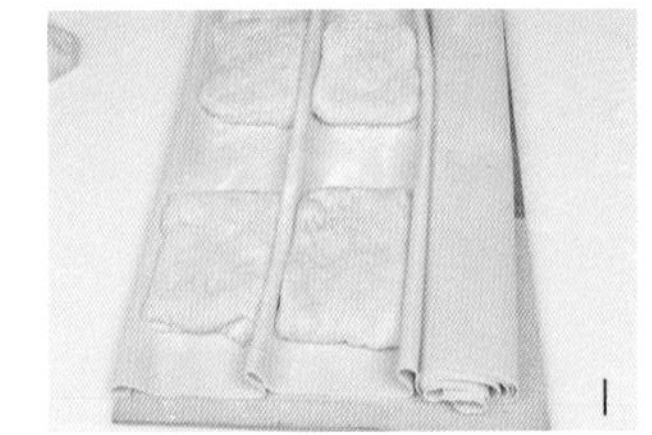
l

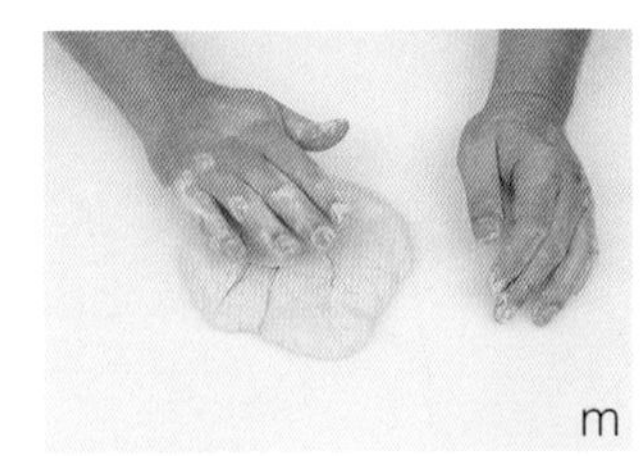
m

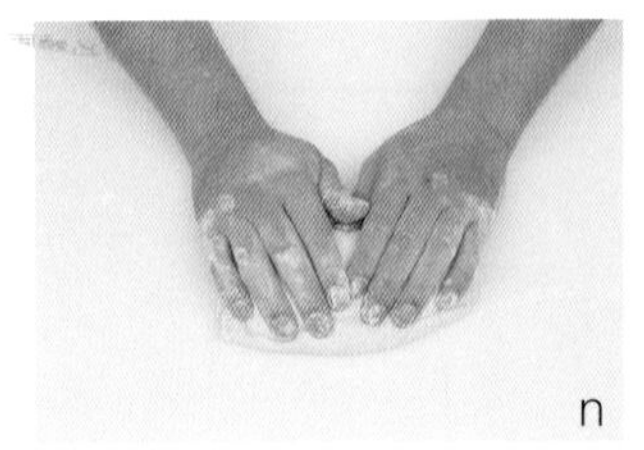
n

發酵

16 放回相同條件的發酵室內，再繼續發酵30分鐘。

分割

17 將麵團取出至工作檯上，切下四周不規則的麵團。(g, h, i)

18 完整的長方形麵團分切成長方形的洛斯提克麵團。(j, k)

19 在板子上鋪放布巾撒上麵粉，並以布巾做出間隔。(l)

20 切下的麵團每300克為一份，整合成棒狀。(m, n, o)

21 排放在鋪有布巾的板子上。(p)

中間發酵

22 放置於與發酵時相同條件的發酵室內靜置10分鐘。

＊充分靜置麵團至緊縮的彈力消失為止。

整型－長棍

23 用手掌按壓300克的棒狀麵團，排出氣體。

24 平順光滑面朝下，由外側朝中央折入⅓，以手掌根部按壓折疊的麵團邊緣使其貼合。

25 麵團下方同樣地折疊⅓使其貼合。

26 由外側朝內對折，並確實按壓麵團邊緣使其閉合。(q)

27 邊由上輕輕按壓，邊轉動麵團使其成為45cm的棒狀。

＊前後滾動使其朝兩端延長。長度不足時可以重覆這個動作，但儘量減少作業次數為佳。沒有進行充分的中間發酵時，麵團不易延展且過度勉強作業時，會造成麵團的斷裂。

28 在板子上鋪放布巾，一邊以布巾做出間隔，一邊將接口處朝上地排放麵團。(r)

＊接口處若不是直線時，烘焙完成也可能會產生彎曲。

＊布巾與麵團間隔，約需留下1指寬的間隙。

29 最後發酵前的麵團。

最後發酵

30 溫度28℃、濕度75%的發酵室內，使其發酵50分鐘。

＊使其發酵至麵團充分地鬆弛為止。

烘焙

31 利用取板將麵團移至滑送帶(slip belt)。

32 長棍麵團接口朝下，劃切4道割紋。

33 長方形洛斯提克斜割一刀割紋。

34 以上火260℃、下火230℃的烤箱預熱。改為上火240℃、下火220℃，放入蒸氣，烘烤25分鐘。(s)

o

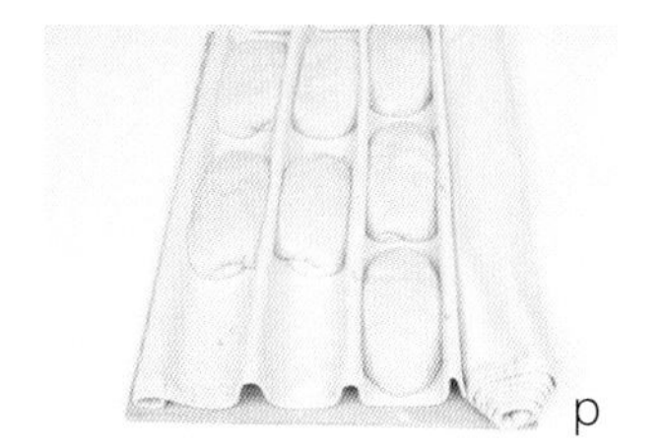

p

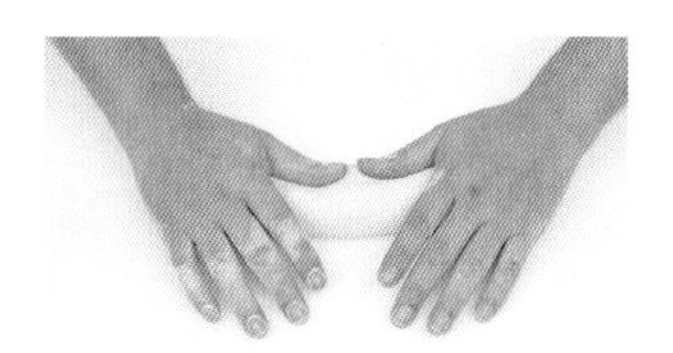

q

r

s

洛代夫
Pain de Lodève
ロデブ

「Pain de Lodève洛代夫麵包」這款麵包的發源地，位於南法的洛代夫(Lodève)地區，使用發酵種和酵母、高含水的麵團，不經測量分割、整型，就進行烘烤，完全展現麵粉的香氣。野上師傅的恩師－仁瓶利夫師傅希望能在現今日本重現洛代夫麵包，並推廣到台灣，以下的配方出自仁瓶師傅，期待大家親自試試這款傳統麵包的風味。

製法　發酵種法

材料　2kg

	配方(%)	分量(g)
•正式麵團		
SUN STONE (サンストーン)	30.0	600
LYSD'OR(リスドォル)	70.0	1400
即溶酵母SAF紅	0.2	4
鹽	2.5	50
麥芽糖漿(1:1稀釋)	0.6	12
水	70.0	1400
後加水	20.0	400
完成種(仕上げ種)	30.0	600
合計	**223.3**	**4466**

核桃	25.0	500
葡萄乾	25.0	500

•續種(かえり種)		
母種CHEF(シェフ) 做法參考P.153	100	230
Mélanger (麥嵐綺歐式麵包專用粉)	114	262.2
裸麥全麥粉	6.0	13.8
水	2.8	6.4
合計	**222.8**	**512.4**

•完成種(仕上げ種)		
續種(かえり種)	100	500
Mélanger (麥嵐綺歐式麵包專用粉)	13.5	67.5
裸麥全麥粉	5.0	25
水	9.5	47.5
合計	**128**	**640**

續種(かえり種)	直立式攪拌機 L速6分鐘 揉和完成溫度26℃
發酵	7小時 28℃ 75%
完成種(仕上げ種)	直立式攪拌機 L速6分鐘 揉和完成溫度26℃
發酵	28℃ 75% 2小時 4℃ 80%→冷藏8～16小時
正式麵團	螺旋式攪拌機 L速2分鐘(自我分解30分鐘)↓ L速5分鐘H速30秒↓ L速～ ↓後加水H速30秒 揉和完成溫度21℃
發酵	180分鐘 (隔60分鐘後翻麵共2次) 28℃ 75%
分割	長方形(350克12個) 水果洛代夫(350克12個)
整型	－
最後發酵	40分鐘 28℃ 75%
烘焙	預熱上火260℃ 下火240℃ 上火240℃ 下火220℃ 使用蒸氣 35分鐘～

續種(かえり種)攪拌

1 將全部材料放入攪拌缽盆中，以L速攪拌6分鐘。

2 使表面緊實地整合麵團，放入鋼盆內。表面用刀劃切十字。

＊揉和完成的溫度目標為26℃。

發酵

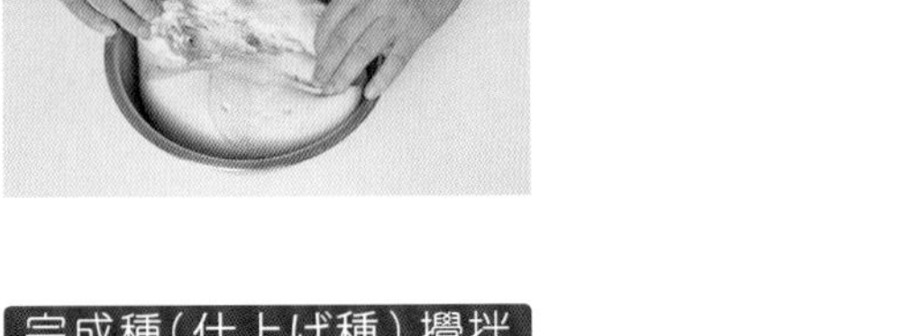

3 在溫度4°C、濕度80%的冷藏發酵室內，發酵7小時。

4 將全部材料放入攪拌缽盆中，以L速攪拌6分鐘。使表面緊實地整合麵團，放入發酵箱內。

＊揉和完成的溫度目標為26°C。

5 在溫度28°C、濕度75%的發酵室內，發酵2小時。再放入溫度4°C冷藏8～16小時。使用前剝成小塊狀。

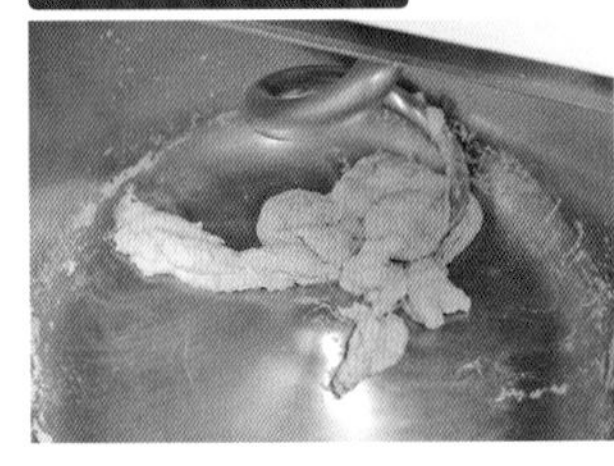

6 將全部材料除了酵母、完成種(仕上げ種)和鹽之外，放入攪拌缽盆中，以L速攪拌2分鐘。靜置自我分解30分鐘。

＊麵團連結較弱，表面含有水氣呈沾黏狀態。

7 撒入酵母，以L速5分鐘改H速攪拌30秒。

8 放入剝成小塊的完成種(仕上げ種)，以L速攪拌均勻。

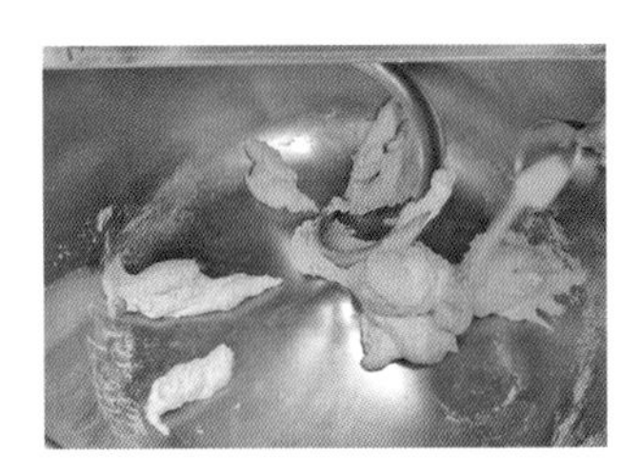

9 撒入鹽，以H速攪拌30秒。

＊鹽太早下，麵團可能太硬太緊；而後鹽法的麵包風味較淡。

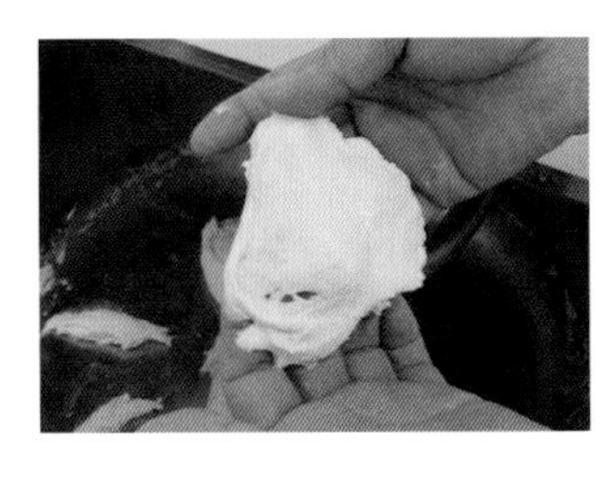

10 確認麵團狀態。

＊麵團約略沾黏，可微微延展。

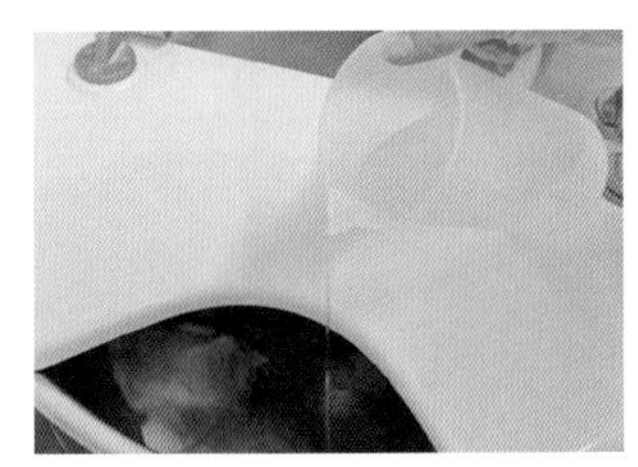

11 以細流狀緩緩倒入後加水。

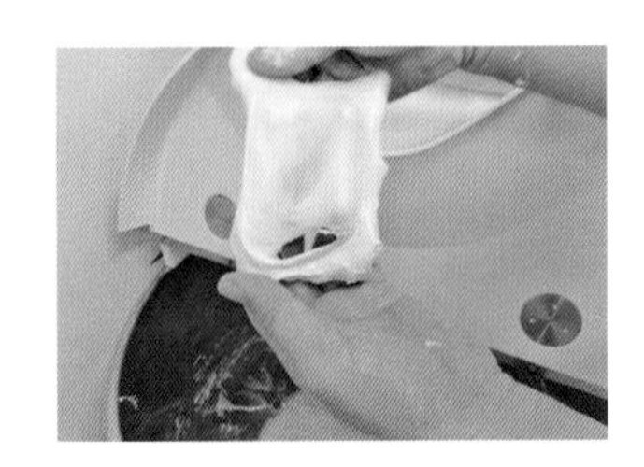

12 確認麵團狀態。

＊麵團不再沾黏，可以稍薄地延展。

13 若要添加核桃與葡萄乾，此時可混合放入發酵箱內。

14 將高水份的麵團放入發酵箱內。以折疊的方式與核桃、葡萄乾混合。

＊揉和完成的溫度目標為21°C。

15 在溫度28°C、濕度75%的發酵室內，發酵60分鐘。

16 以刮板在發酵箱內將麵團從左右朝中央，上下朝中央折疊。

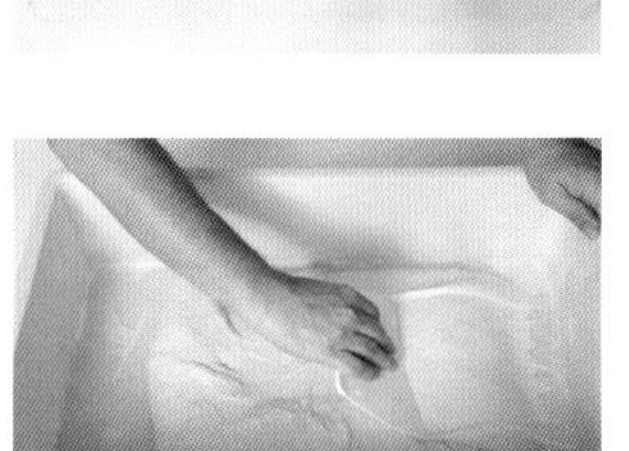

17 放回相同條件的發酵室內，再繼續發酵60分鐘。再進行一次壓平排氣，再繼續發酵60分鐘。

＊第二次壓平排氣可讓麵團增加發酵力道。

整型

1 將布巾鋪放在工作檯上，撒上麵粉。

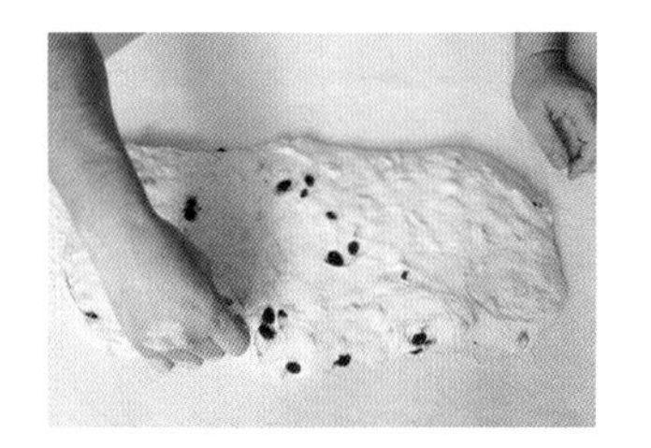

2 麵團倒扣在布巾上。

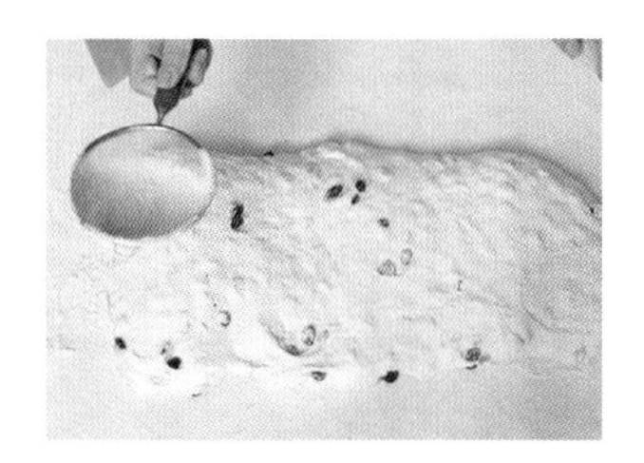

3 表面也也撒上麵粉。

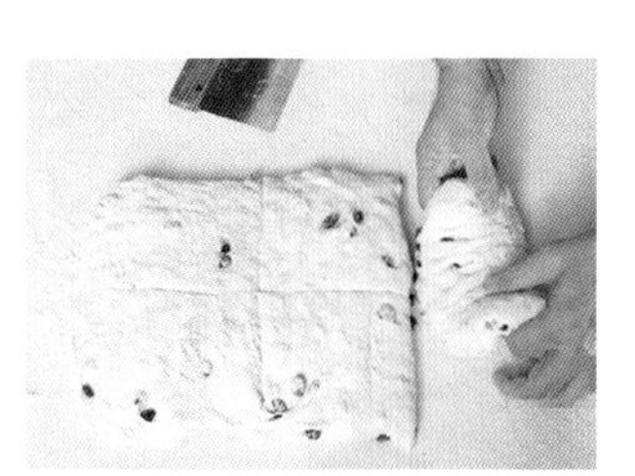

4 切下四周不規則的麵團。完整的長方形麵團再分切成長方形的麵團。

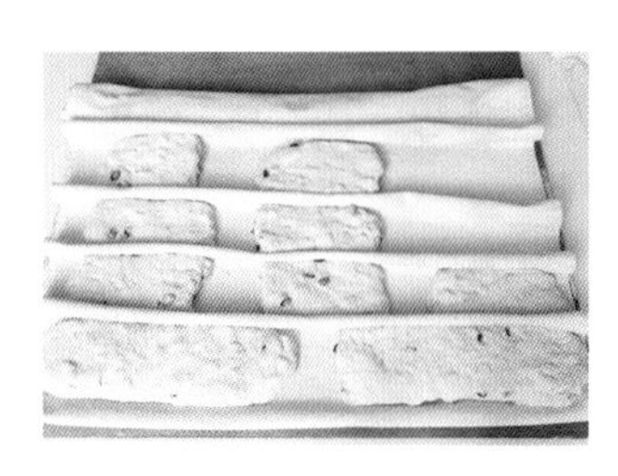

5 在板子上鋪放布巾撒上麵粉，放上麵團並以布巾做出間隔。

中間發酵

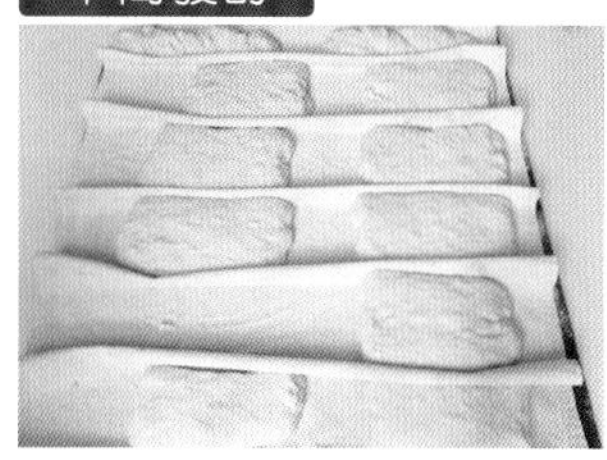

6 麵團放置於與發酵時相同條件的發酵室內，靜置15分鐘。

最後發酵

7 在溫度28℃、濕度75%的布面發酵室內，發酵40分鐘。

烘焙

8 利用取板將麵團移至滑送帶(slip belt)。表面劃切菱格狀割紋。

9 以上火260℃、下火240℃的烤箱預熱，放入麵團後以240℃、下火220℃，放入蒸氣，烘烤35分鐘左右。

洛代夫剖面

☑ 扁平橢圓形的大小氣泡
☑ 柔軟內側口感潤澤
☑ 外皮薄且口感香脆

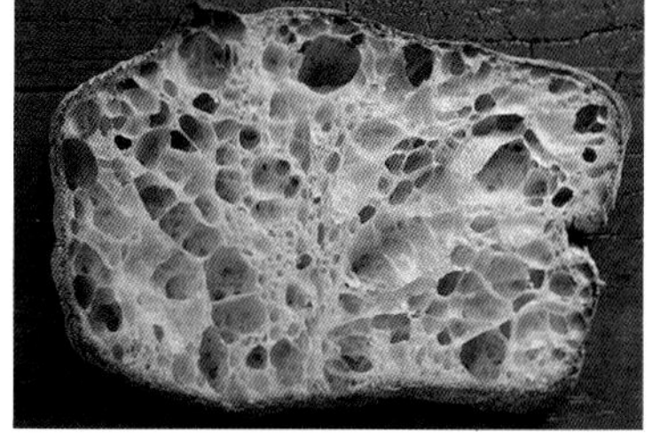

水果洛代夫剖面

☑ 扁平橢圓形的大小氣泡
☑ 柔軟內側口感潤澤
☑ 外皮薄且口感香脆
☑ 果乾均勻分散在其中

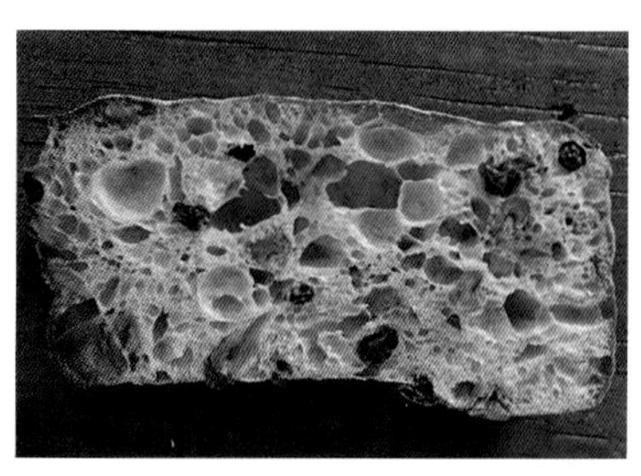

- ☑ 扁平橢圓形的大小氣泡
- ☑ 柔軟內側口感潤澤
- ☑ 氣泡膜薄且略帶有泛黃的光澤

- ☑ 柔軟內側口感潤澤
- ☑ 氣泡膜薄且略帶有泛黃的光澤
- ☑ 外皮薄且口感香脆

製法 直接法

材料 2kg

	配方(%)	分量(g)
SUN STONE (サンストーン)	30.0	600
Mélanger (麥嵐綺歐式麵包專用粉)	42.0	840
HEIDE(ハイデ)	8.0	160
即溶酵母SAF紅	0.2	4
麥芽糖漿(1:1稀釋)	0.6	12
鹽	1.4	28
水	56.0	1120
法國麵包發酵麵團(P.F)	34.0	680
後加水 (僅用於鄉村洛斯提克麵包)	10.0	200
合計	**182.2**	**3644**

綜合果乾	35.0	700

麵團攪拌	螺旋式攪拌機 L速2分鐘→自我分解30分鐘↓ L速5分鐘H速30秒～ 洛斯提克L速↓後加水緩緩注入 H速30秒 揉和完成溫度21℃
發酵	30分鐘後翻麵 28℃ 75% →冷藏3℃ 12～16小時 復溫15℃
分割	長棍割1刀(350克10個) 長棍割4刀(250克14個) 圓形割井字(1200克3個) 扭轉(300克12個) 鄉村果乾洛斯提克(350克12個)
中間發酵	30分鐘～
整型	請參考製作方法
最後發酵	60分鐘～ 28℃ 75%
烘焙	上火240℃ 下火220℃預熱 上火220℃ 下火210℃ 使用蒸氣 圓形50分鐘 長棍27分鐘 扭轉20分鐘 鄉村洛斯提克30分鐘 鄉村果乾洛斯提克30分鐘

＊法國麵包發酵麵團(P.F)→P.153

攪拌

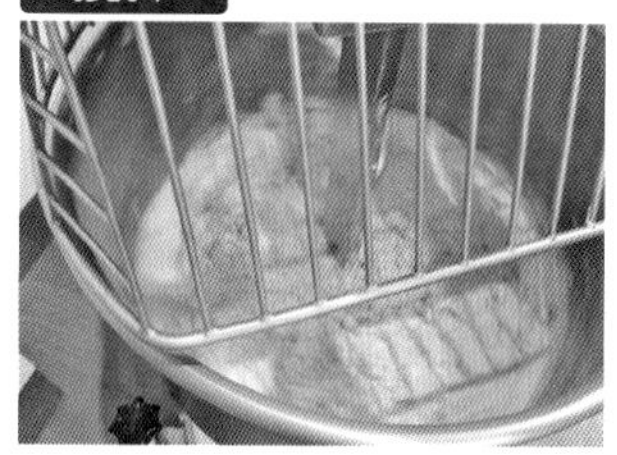

1 麵團的材料除了法國麵包發酵麵團和鹽以外，一起放入攪拌缽盆內，用L速攪拌2分鐘。靜置自我分解30分鐘。

2 加入剝成小塊的法國麵包發酵麵團(P.F)，以L速攪拌2分鐘，再撒入鹽L速攪拌3分鐘。

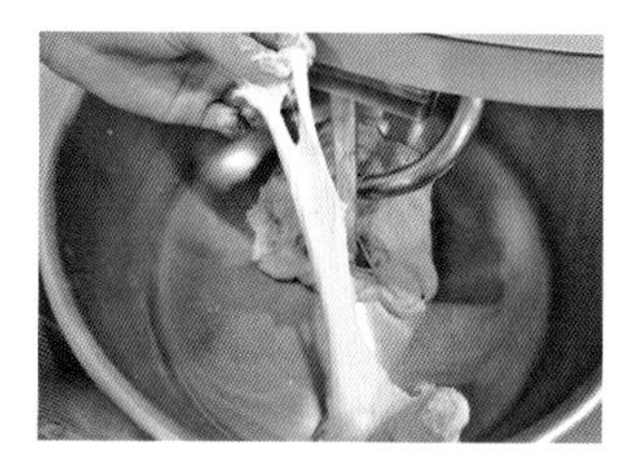

3 H速30秒後，確認麵團狀態。

＊已完全均勻，可以薄薄地延展了。

鄉村洛斯提克攪拌

4 以L速一邊攪拌，一邊以細流狀緩緩加入後加水，直到水份完全吸收整體均勻，再以L速30秒。

＊鄉村麵包配方不需要後加水的部分。

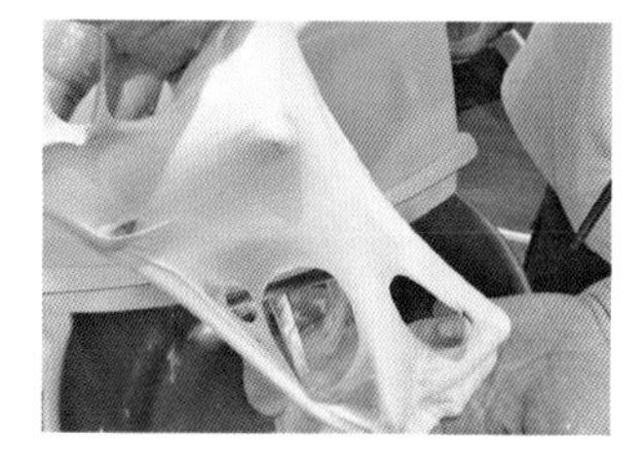

5 確認麵團狀態。

＊此時加入果乾攪拌均勻成為鄉村水果洛斯提克麵團。

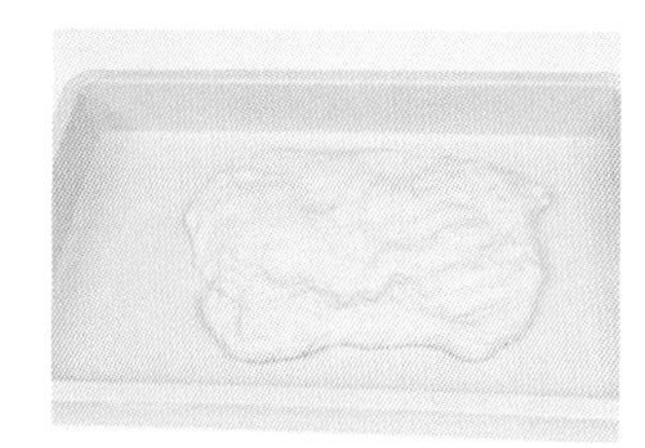

6 在發酵箱內整合麵團。

＊揉和完成的溫度目標為21℃。

發酵

7 在溫度28℃、濕度75%的發酵室內，發酵30分鐘。

壓平排氣

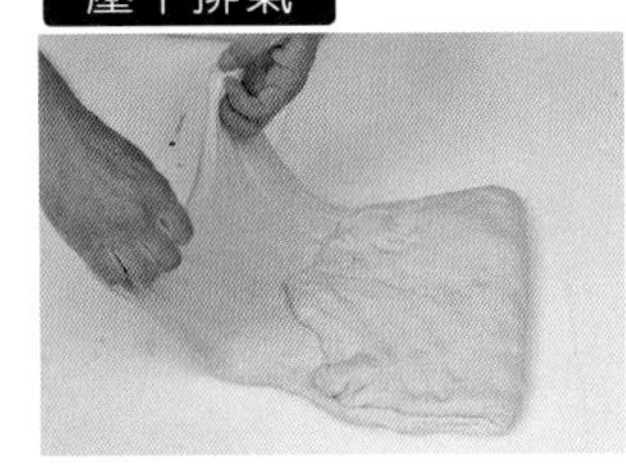

8 從左右朝中央，上下朝中央折疊”輕輕的壓平排氣”，再放回發酵箱內。

＊麵團膨脹能力較弱，因此為避免過度排氣地輕輕進行壓平排氣。

冷藏發酵

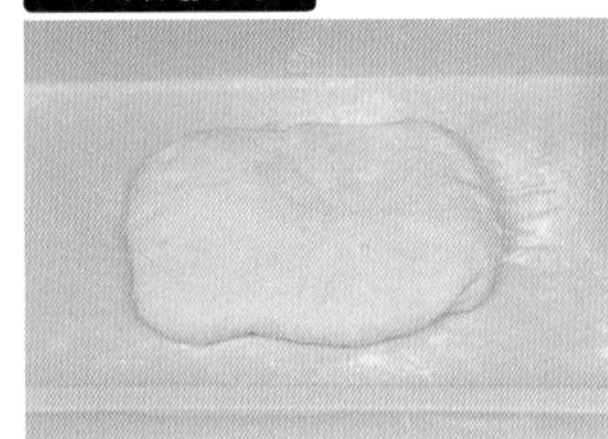

9 放入3℃的冷藏室內，發酵12～16小時。

分割

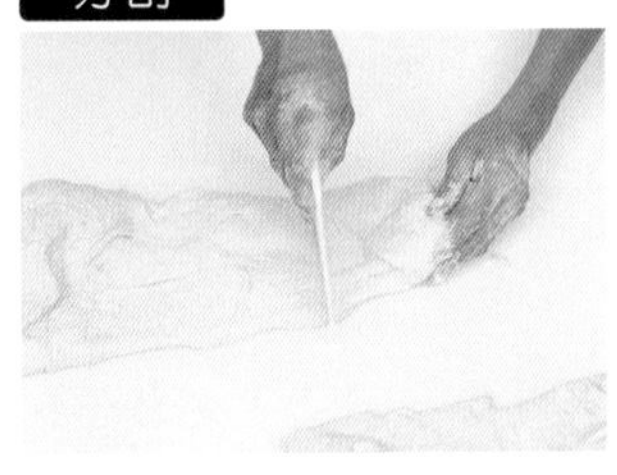

10 將麵團取出至工作檯上，分切成所需重量。

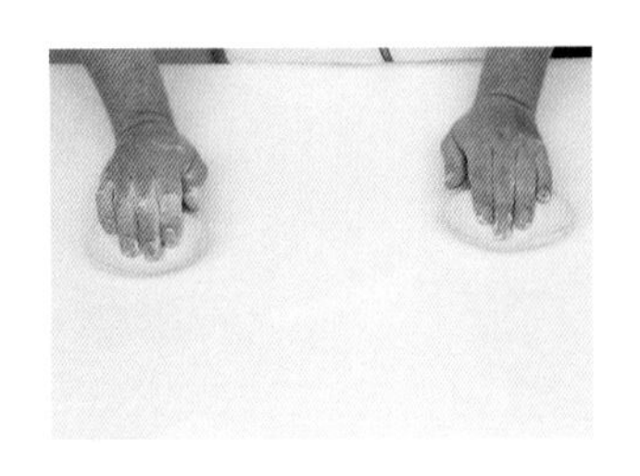

11 折疊麵團，整合成棒狀或滾圓。

中間發酵

12 排放在發酵箱中。放置於與發酵時相同條件的發酵室內靜置30分鐘。

＊充分靜置麵團至緊縮的彈力消失為止。

整型－長棍

13 長棍麵包30%法國麵包發酵麵團的整形方法13～18（→P.10）相同。

整型－圓形

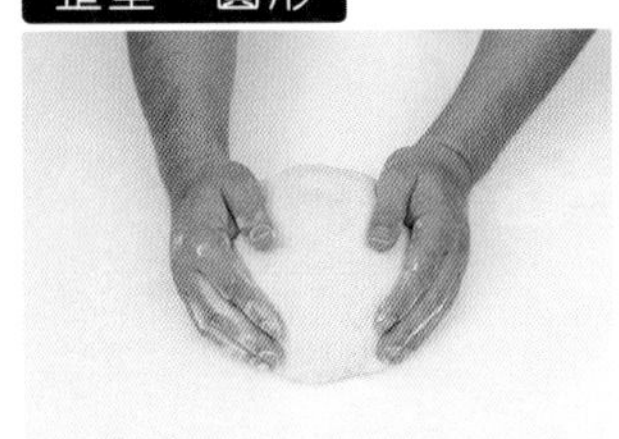

14 將1200克的麵團用兩手輕輕滾圓。

15 排放在撒有麵粉的發酵籃中，用手輕壓讓麵團貼合發酵籃。

整型－扭轉

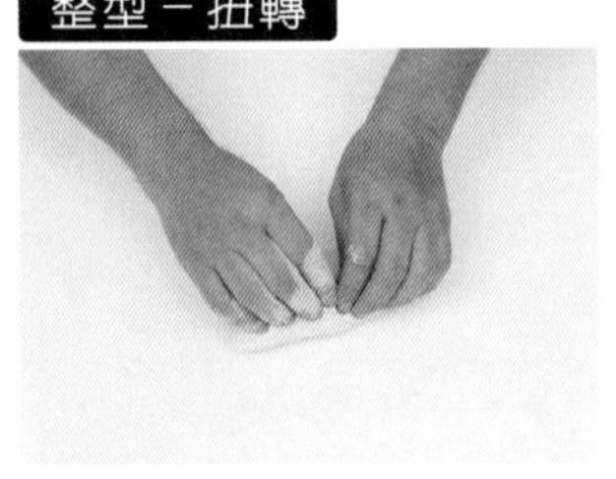

16 用手掌按壓麵團，排出氣體。光滑面朝下，由外側朝中央折入⅓，以手掌根部按壓折疊的麵團邊緣使其貼合。

17 轉動180度，同樣地折疊⅓使其貼合。向內對折，並確實按壓麵團邊緣使其閉合。

18 輕輕按壓，邊轉動麵團使其成為20cm的棒狀。

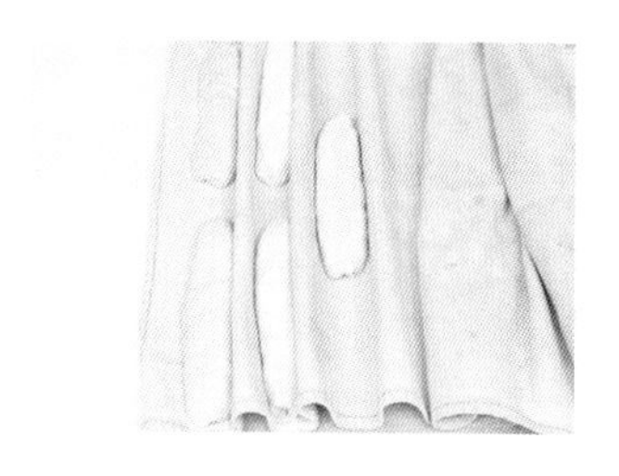

19 板子上舖放布巾，一邊以布巾做出間隔，一邊將接口處朝下地排放麵團。

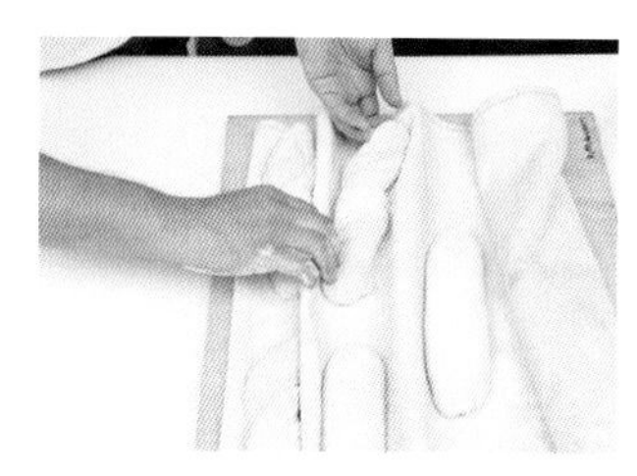

20 5分鐘後，直接在布巾上將麵團扭轉。

整型－鄉村洛斯提克

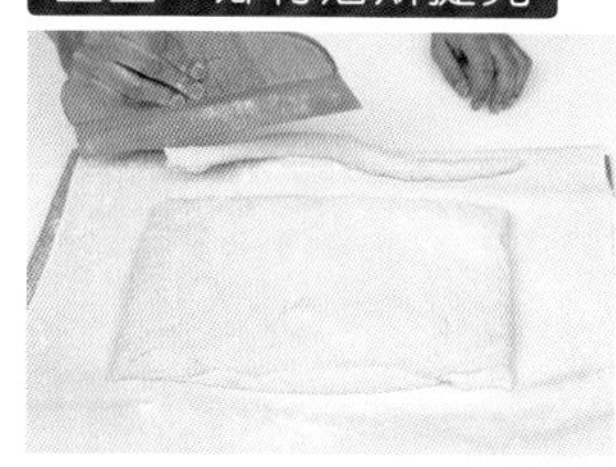

21 將麵團取出至工作檯上，切下四周不規則的麵團。

22 完整的長方形麵團再分切成長方形的麵團。

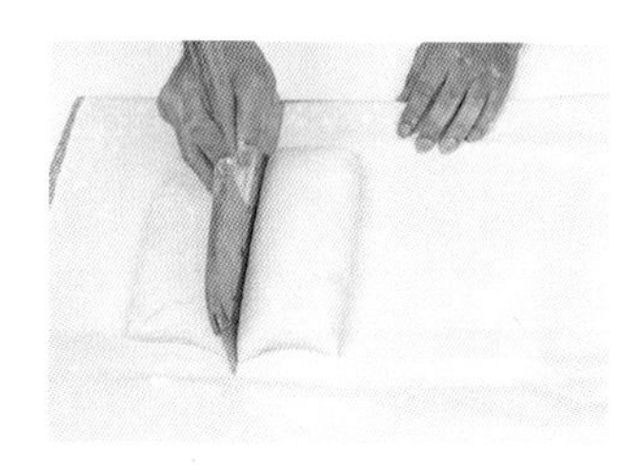

23 在板子上舖放布巾撒上麵粉，放上麵團並以布巾做出間隔。

最後發酵

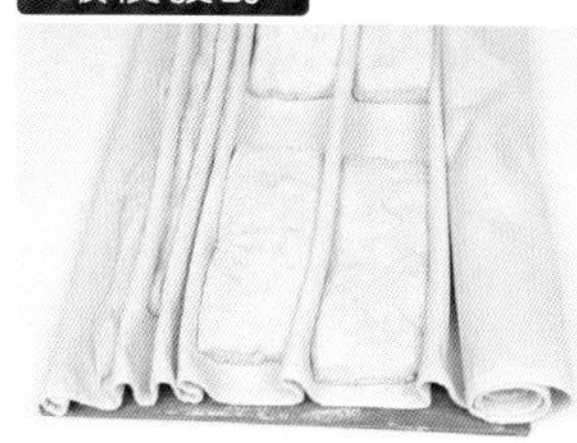

24 在溫度28℃、濕度75%的布面發酵室內，發酵60分鐘。

＊溫度過高時，麵團會沾黏在布面發酵籃上不易取出。

烘焙

25 長棍與扭轉的麵團，利用取板將麵團移至滑送帶(slip belt)，長棍劃切一刀割紋。

26 圓形：在滑送帶上倒扣發酵籃，表面劃切出井字狀割紋。

27 鄉村洛斯提克：利用取板將麵團移至滑送帶(slip belt)。表面劃切菱格狀割紋。

28 以上火240℃、下火220℃的烤箱，放入蒸氣，圓形烘烤50分鐘／長棍27分鐘／扭轉20分鐘／鄉村洛斯提克(加果乾)30分鐘。

鄉村洛斯提克
Campagne rustique
カンパーニュリュスティック

做法 →P.33

鄉村果乾洛斯提克
Campagne fruits rustique
カンパーニュリュスティック

做法 → P.33

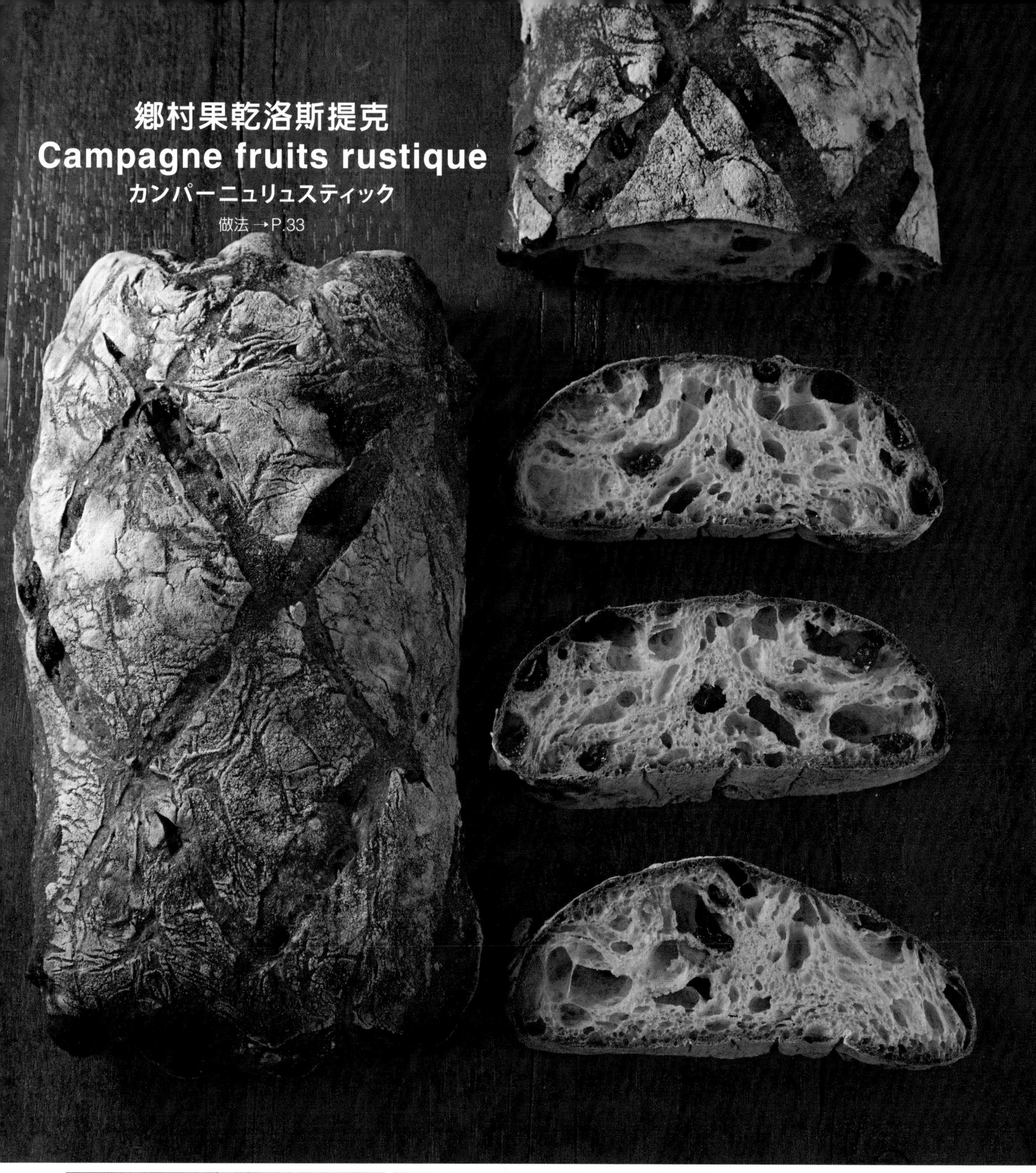

☑ 扁平橢圓形的大小氣泡
☑ 柔軟內側口感潤澤
☑ 氣泡膜薄且略帶有泛黃的光澤

蜂蜜裸麥麵包
Seigle au miel
セーグル オ ミエル

製法　發酵種法

材料　2kg(約5個／蔓越莓10個)

	配方(%)	分量(g)
・發酵種		
HEIDE(ハイデ)	25.0	500
蜂蜜	1.0	20
水	13.0	260
海藻糖(trehalose)	3.0	60
法國麵包發酵麵團(P.F)	52.0	1040
・正式麵團		
S-Mélanger (超級麥嵐綺歐式麵包專用粉)	30.0	600
Mélanger (麥嵐綺歐式麵包專用粉)	15.0	300
即溶酵母SAF紅	0.6	12
蜂蜜	5.5	110
水	28.0	560
蔓越莓	25.0	500
合計	**198.1**	**3962**

發酵種的攪拌	直立式攪拌機 L速5分鐘 揉和完成溫度25˚C
發酵	180分鐘→冷藏 4˚C　75%　12小時～
正式麵團攪拌	螺旋式攪拌機 L速2分鐘(自我分解30分鐘) ↓L速5分鐘↓H速0.5分鐘 揉和完成溫度25˚C
發酵	60分(30分鐘時壓平排氣) 28˚C　75%
分割	2種棒狀(400克9個) 蔓越莓－橄欖形(200克19個)
中間發酵	25分鐘
整型	請參考製作方法
最後發酵	60分鐘　28˚C　75%
烘焙	使用蒸氣 24分鐘 上火220˚C　下火180˚C

＊法國麵包發酵麵團(P.F)→P.153

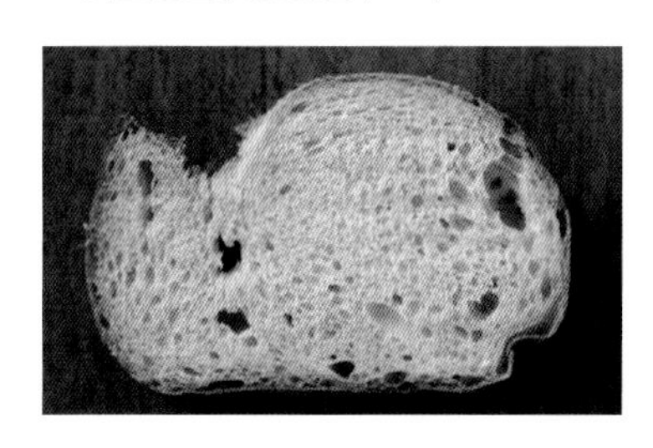

☑扁平橢圓形的大小氣泡
☑柔軟內側口感潤澤
☑略帶茶色的光澤

發酵種的攪拌

1 發酵種的材料放入攪拌缽盆內。

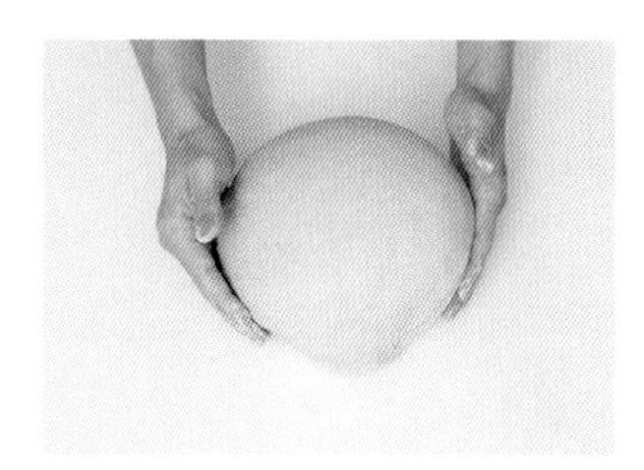

2 以L速攪拌5分鐘。整合麵團，放入發酵箱內。

＊揉和完成的溫度目標為25˚C。

發酵

3 在溫度28˚C、濕度75%的發酵箱內，發酵3小時，再以5˚C冷藏12小時左右。

正式麵團攪拌

4 將正式麵團材料放入攪拌缽盆內，以L速攪拌2分鐘。

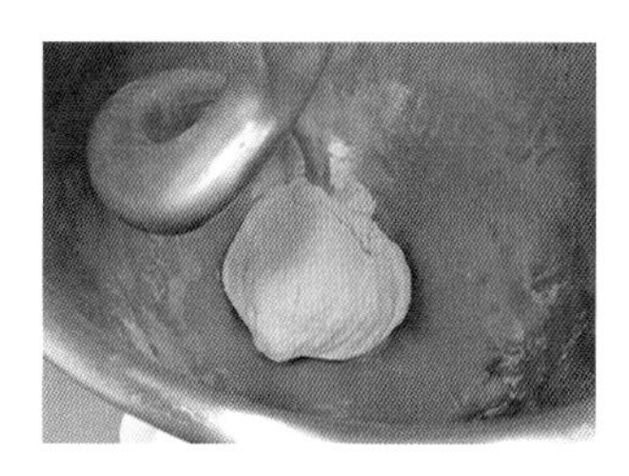

5 接著靜置進行自我分解30分鐘。

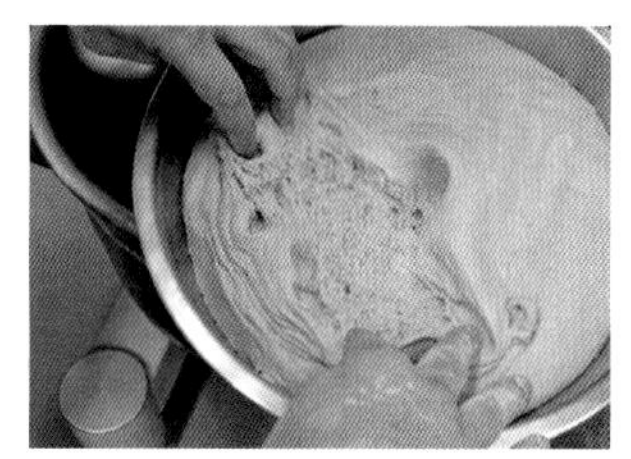

6 加入發酵完成的發酵種，以L速攪拌5分鐘。

＊裸麥粉配方較多，因此麵團結合力較差，沾黏且柔軟。

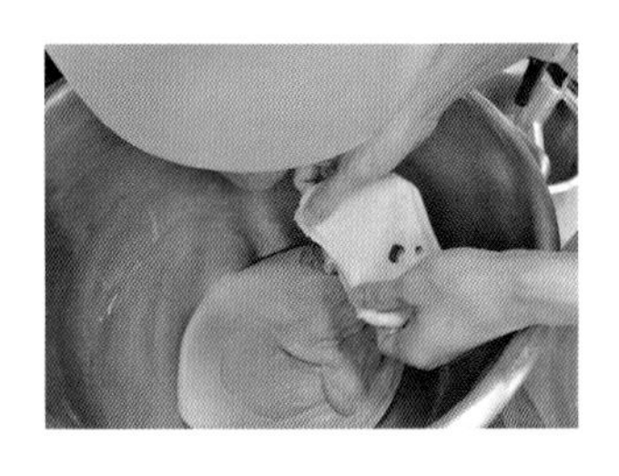

7 改H速攪拌30秒，取部分麵團拉開延展以確認狀態。

＊添加蔓越莓乾製作時，要在這個步驟後加入，以L速混拌至全體均勻。

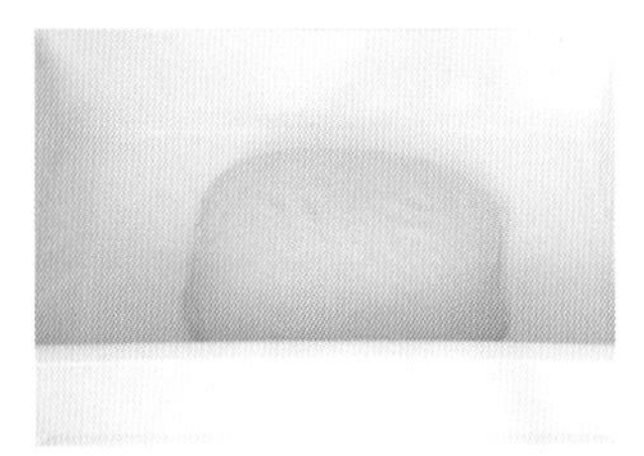

8 使表面緊實地整合麵團，放入發酵箱。

＊揉和完成的溫度目標為26˚C。

發酵

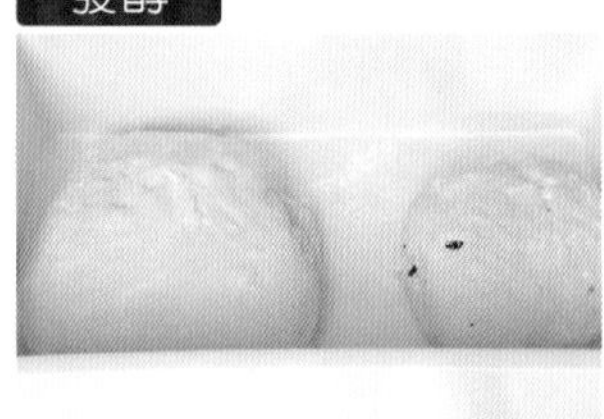

9 在溫度28～30˚C、濕度75%的發酵室內，發酵60分鐘。

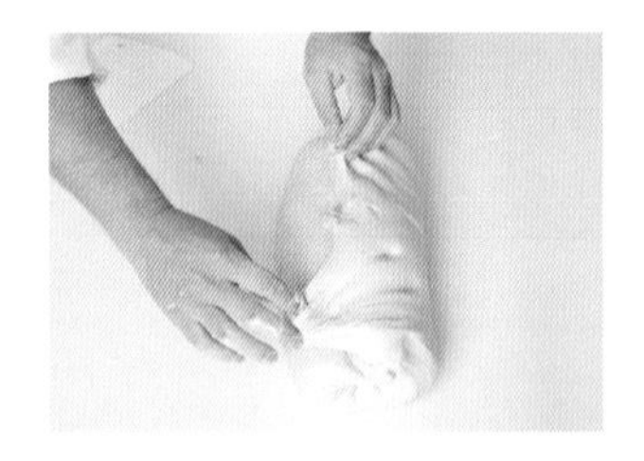

10 在中途30分鐘時取出翻麵。

分割・成形

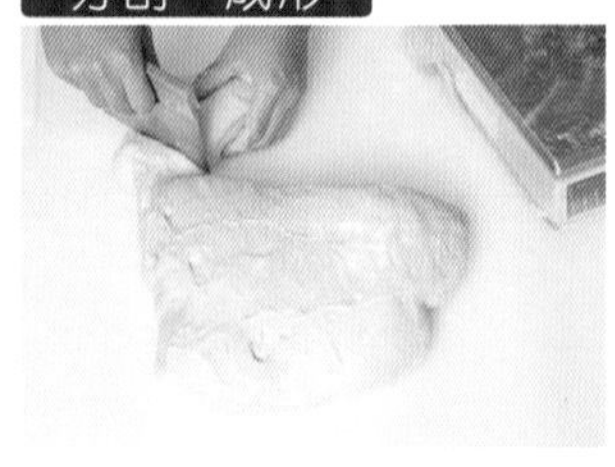

11 將麵團取出至工作檯上，分切成400g。

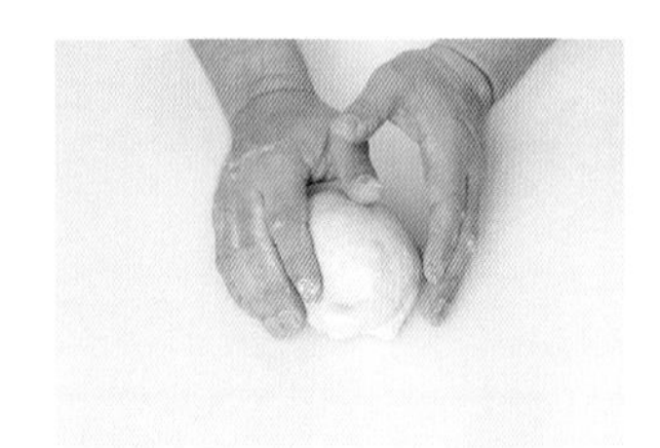

12 輕輕滾圓麵團。

＊因麵團沾黏，若不易滾圓時，可以使用少量手粉進行滾圓。

13 排放在發酵箱內。

14 添加蔓越莓乾的麵團分切成200g。

15 輕輕滾圓麵團，排放在發酵箱內。

中間發酵

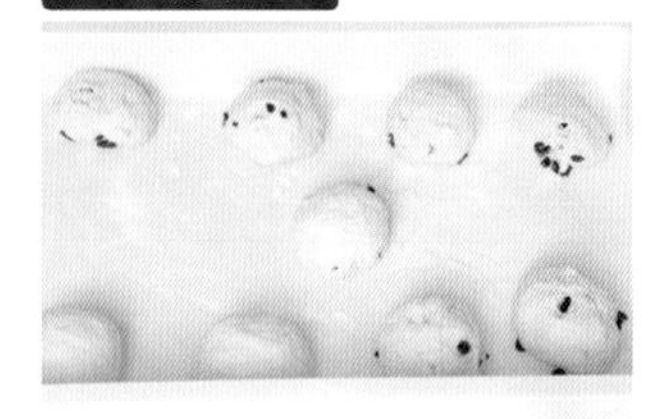

16 在與發酵時相同條件的發酵室靜置25分鐘。

＊充分靜置麵團至緊縮的彈力消失為止。

整型

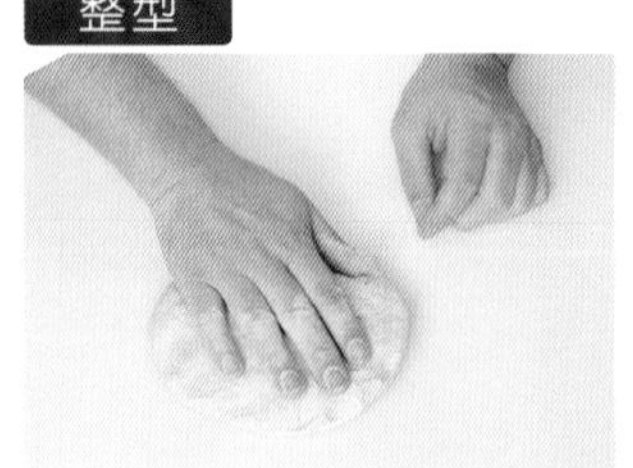

17 用手掌按壓麵團，排出氣體。

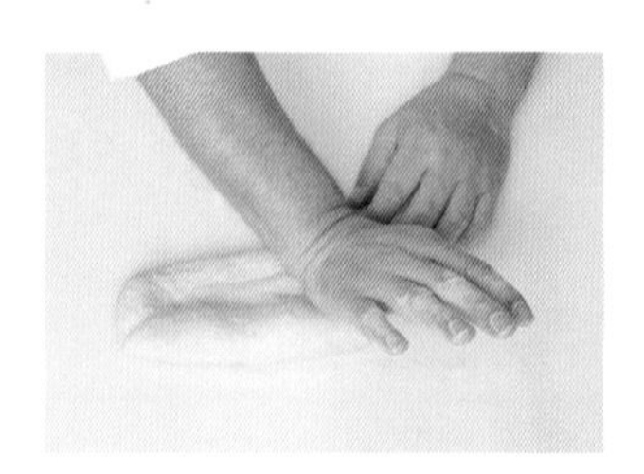

18 平順光滑面朝下，由外側朝中央折入⅓，以手掌根部按壓折疊的麵團邊緣貼合。

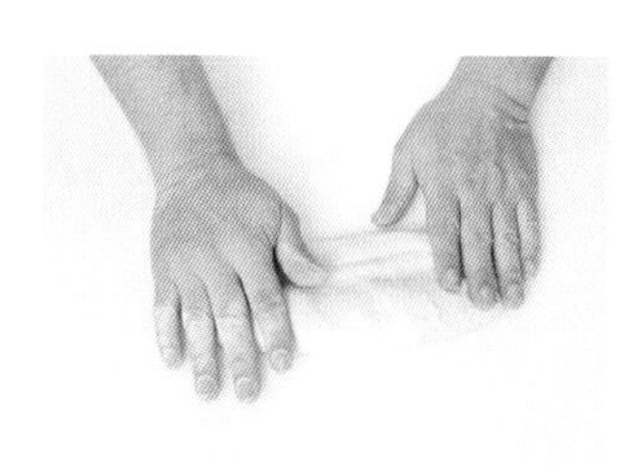

19 麵團下方同樣地折疊⅓貼合。

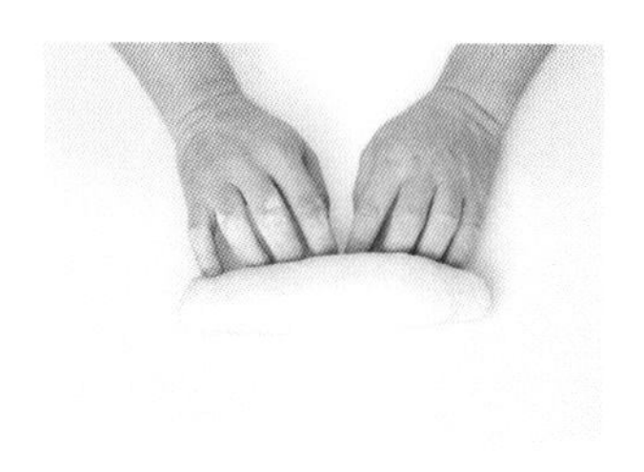

20 由外側朝內對折，並確實按壓麵團邊緣閉合。

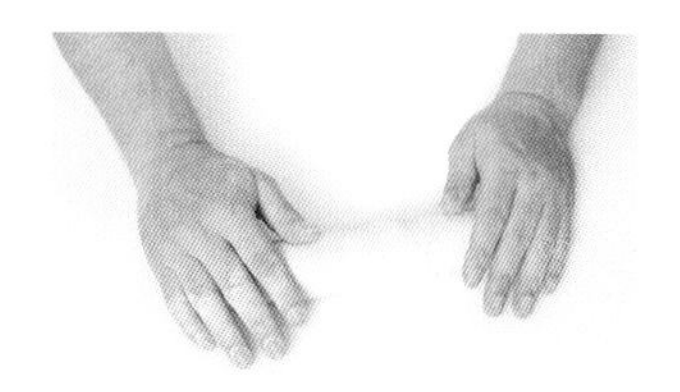

21 一邊由上輕輕按壓，一邊轉動麵團，成為25cm的棒狀。

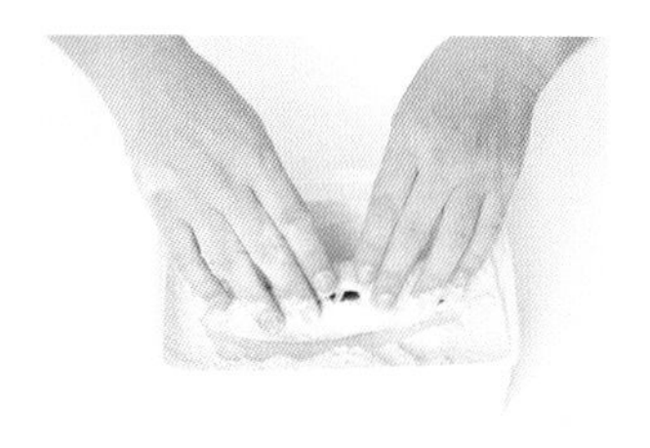

22 添加蔓越莓乾的麵團整型為15cm的棒狀。將麵團沾裹上裸麥粉。

＊沾裹上粉類後放入發酵室，若裸麥粉的量太少時，割紋圖案就會不清晰。

23 在板子上鋪放帆布，以帆布做出間隔，接口處朝下排放在帆布上。

＊帆布與麵團間隔，約需留下1指寬的間隙。

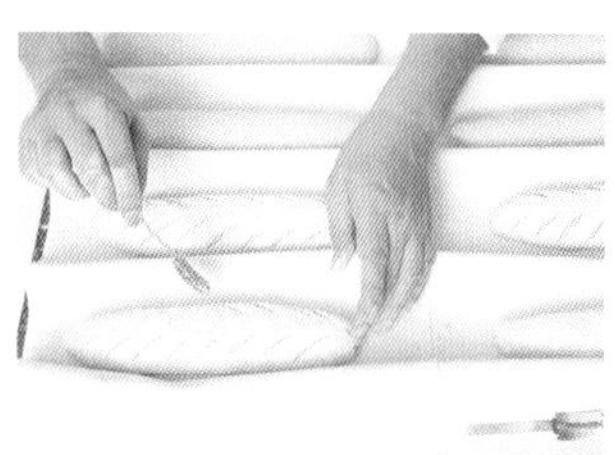

24 一半的蜂蜜裸麥麵團沾裹上裸麥粉，劃切左右相對稱的割紋。(最後發酵前的狀態。)

25 在溫度28℃、濕度75%的發酵室內，發酵60分鐘。

烘焙

26 利用取板將麵團移至滑送帶(slip belt)上。未沾裹上裸麥粉的麵團劃切一條割紋；蔓越莓麵團劃切菱形割紋，以上火220℃、下火180℃的烤箱，放入蒸氣，烘烤24分鐘。

蜂蜜裸麥蔓越莓剖面

☑ 果乾均勻分散在其中
☑ 略帶茶色的光澤
☑ 外皮薄且口感香脆

蜂蜜裸麥麵包
Seigle au miel
セーグル オ ミエル

做法 →P.39

☑ 柔軟内側口感潤澤
☑ 略帶茶色的光澤
☑ 外皮薄且口感香脆

蜂蜜裸麥蔓越莓麵包
Seigle au miel,et cranberries
セーグル オ ミエル

做法 →P.39

原味羊角
Hörnchen
ホルンヒェン
起司羊角
Käse hörnchen
チーズ ホルンヒェン

製法　直接法

材料　1kg（約23個）

	配方（%）	分量（g）
萊茵德式麵包專用粉	80.0	800
Mélanger（麥嵐綺歐式麵包專用粉）	20.0	200
砂糖	3.0	30
海藻糖（trehalose）	3.0	30
鹽	2.0	20
麥芽糖漿（1:1稀釋）	1.0	10
牛奶	10.0	100
水	48.0	480
奶油	5.0	50
即溶酵母SAF紅	1.0	10
泡打粉	1.0	10
合計	**174**	**1740**

起司粉	適量

麵團攪拌	螺旋式攪拌機 L速6分鐘H速3分鐘 揉和完成溫度25˚C
發酵	28˚C 75% 45分鐘→冷藏→
分割	原味羊角80克23個 起司羊角80克23個 -4˚C冷凍保管
整型	請參考製作方法
鬆弛	10分鐘　室溫
烘焙	上火200˚C　下火180˚C 15分鐘

攪拌

1 除即溶酵母SAF紅以外，材料全部放入攪拌缽盆中，以L速攪拌。

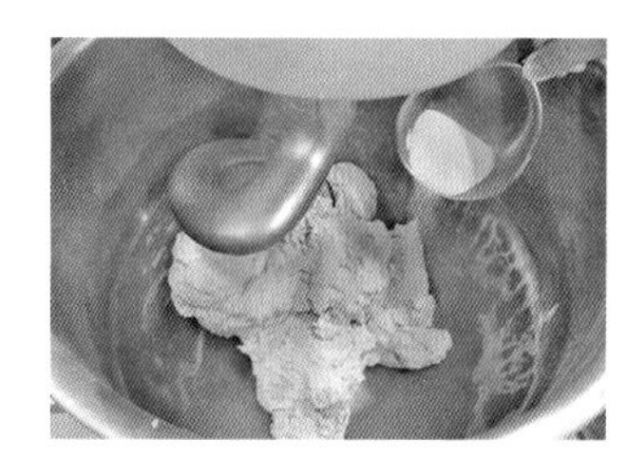

2 攪拌2分鐘後撒入酵母，以L速攪拌4分鐘再轉H速攪拌3分鐘。

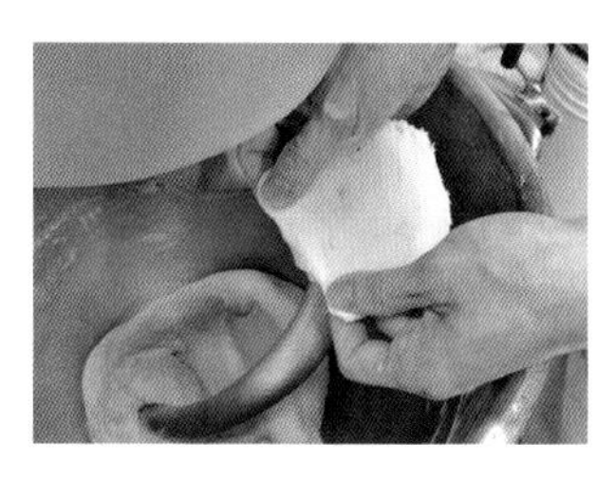

3 取部分麵團確認狀態。

＊可略略延展。

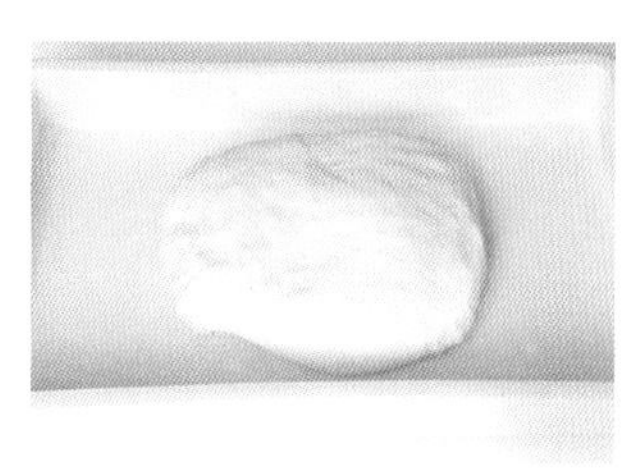

4 表面緊實地整合麵團，放入發酵箱內。

＊揉和完成的溫度目標為23˚C。

發酵

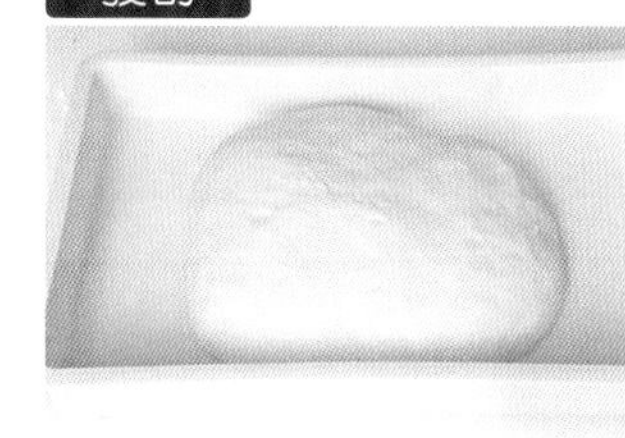

5 在溫度28˚C、濕度75%的發酵室內，發酵45分鐘。

＊揉和完成的溫度較低，因發酵時間也短，所以不太會膨脹。

分割・滾圓

6 將麵團取出至工作檯上，分切成80g。

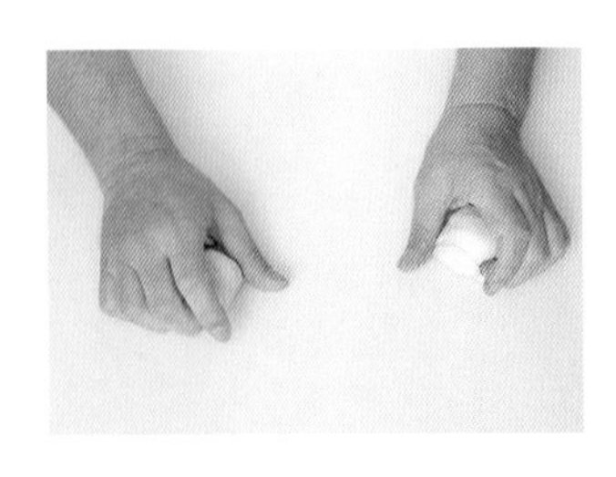

7 先滾圓。

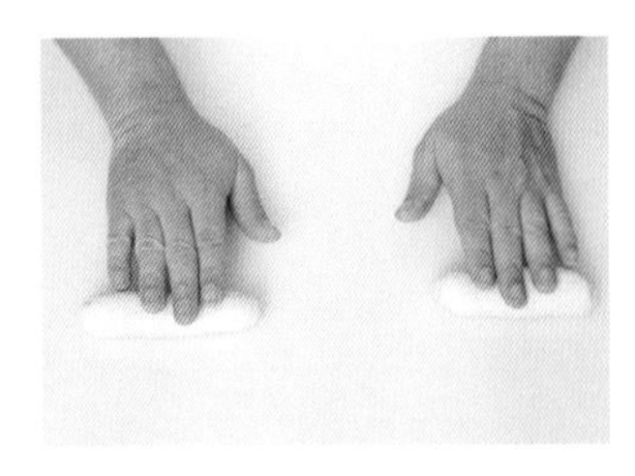

8 再搓成小圓柱狀。

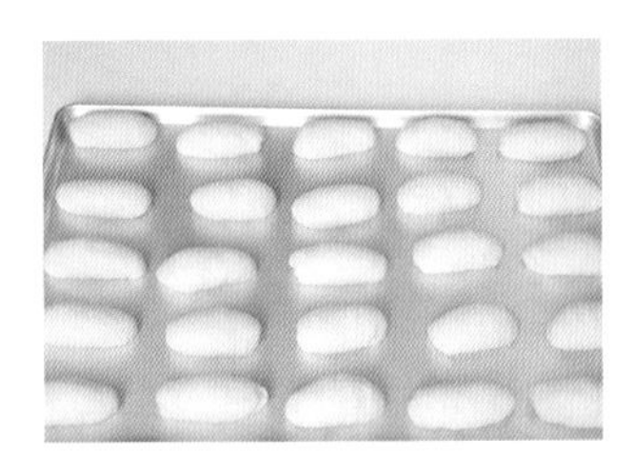

9 排放在鋪有塑膠袋的烤盤上，冷藏。

10 冷藏後取出以壓麵機擀壓成薄長的橢圓形（長徑15cm×短徑10cm）。

＊為使麵團能輕易通過壓麵機，先輕輕按壓麵團。

11 排放在鋪有塑膠袋的烤盤上。放入溫度-3℃的冷凍庫內保存。

整型

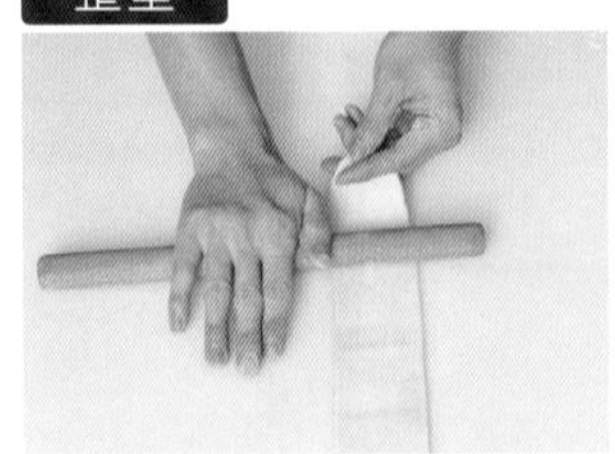

12 取出回溫用擀麵棍擀長。

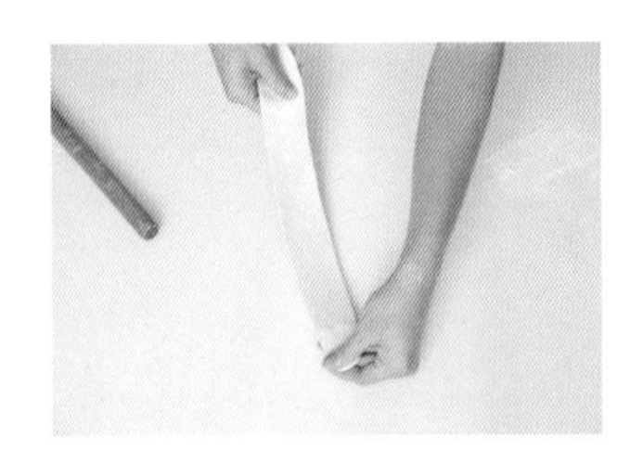

13 由外側邊緣略為反折，並輕輕按壓。

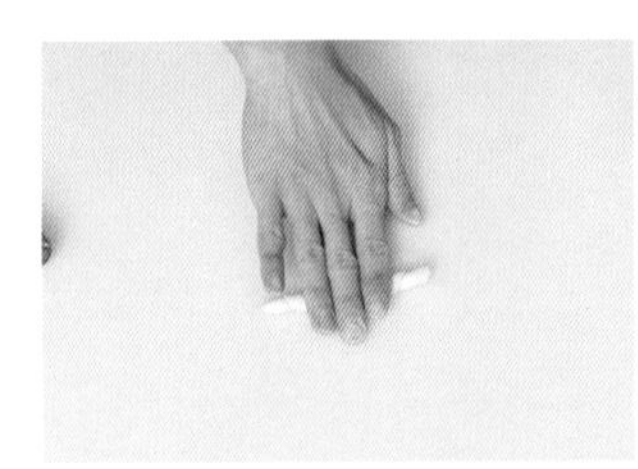

14 按壓反折的部分，用另一側的手輕輕拉開麵團，延展。

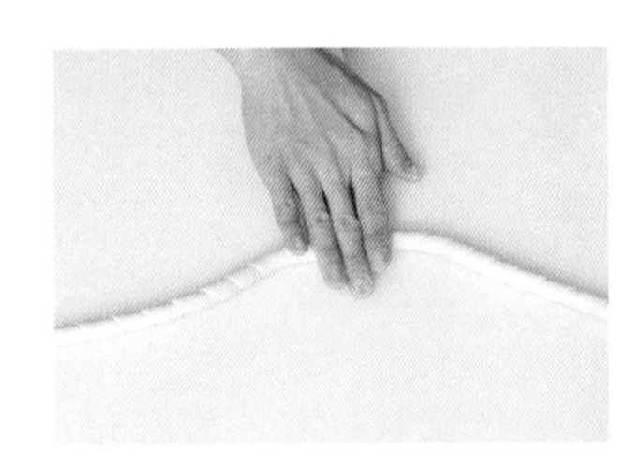

15 由上按壓並朝自己方向捲入。

＊避免捲入空氣。

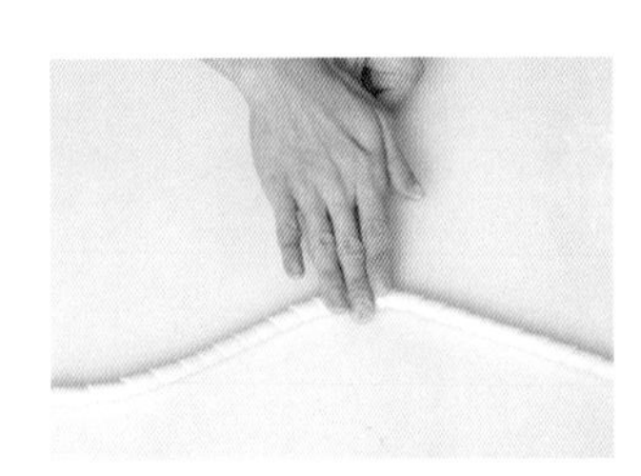

16 重覆12和13的作業，就能緊實地捲起麵團，成為長20cm的棒狀。

＊藉由邊拉開麵團邊捲動的作業，使麵團的寬度越來越細，而成為漂亮的捲紋。

17 捲起接口處朝下地，調整彎曲形狀的排放在烤盤上。

＊S型的撒上起司粉。

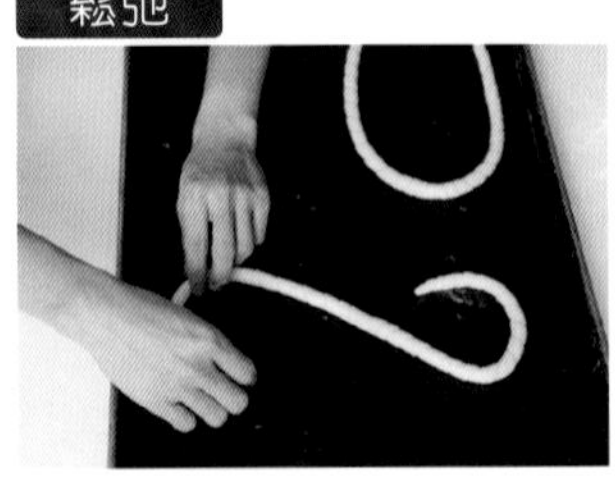

18 室溫鬆弛10分鐘。

＊發酵不足時，烘烤時會造成麵團捲起處的裂紋，而過度發酵時捲紋也會變得不清楚。

烘焙

19 以上火200℃、下火180℃的烤箱，放入蒸氣，烘烤約15分鐘。

吐司類

吐司是介於軟質系列和硬質系列中間的麵包，既非RICH類(高糖油) 也不是LEAN類(低糖油配方)，不屬於軟質系列也無法歸於硬質系列。在一般麵包配方的麵粉、酵母、水、鹽等4種基本材料外，添加了糖類、脫脂奶粉、油脂等。在這系列中收錄了野上師傅著名的脆皮吐司 Pain de mie與蜂蜜吐司 Pain de mie au miel配方。

脆皮吐司
Pain de mie
ハードトースト

做法 →P.50

蜂蜜吐司
Pain de mie au miel
ハチミツ食パン

做法 →P.52

脆皮吐司 Pain de mie
ハードトースト

製法　冷藏法

材料　2.5kg(約3個)

	配方(%)	分量(g)
SUN STONE (サンストーン)	20.0	500
S-Mélanger (超級麥嵐綺歐式麵包專用粉)	60.0	1500
麥芽糖漿(1:1稀釋)	1.0	25
海藻糖(trehalose)	3.0	75
即溶酵母SAF紅	0.6	15
鹽	1.4	35
水	60	1500
奶油	3.0	75
法國麵包發酵麵團(P.F)	34.0	850
合計	**183**	**4575**

正式麵團攪拌	螺旋式攪拌機 L速2分鐘↓L速5分鐘↓ 奶油　L速2分鐘H速2分鐘 揉和完成溫度22°C
發酵	30分鐘 28°C 75%→冷藏4°C 12H～ 復溫15°C以上
分割	400g×3個 (模型麵團比容積4)
中間發酵	30分鐘
整型	橢圓形(3斤模型中放入3個)
最後發酵	90分鐘 28°C 75%
烘焙	使用蒸氣 45分鐘～ 上火200°C 下火230°C

＊法國麵包發酵麵團(P.F)→P.153

＊3斤的吐司模噴油防沾備用

☑ 表層外皮薄

☑ 柔軟內側具部分粗大氣泡

攪拌

1 將所有的材料放入攪拌缽盆內，以L速攪拌2分鐘。

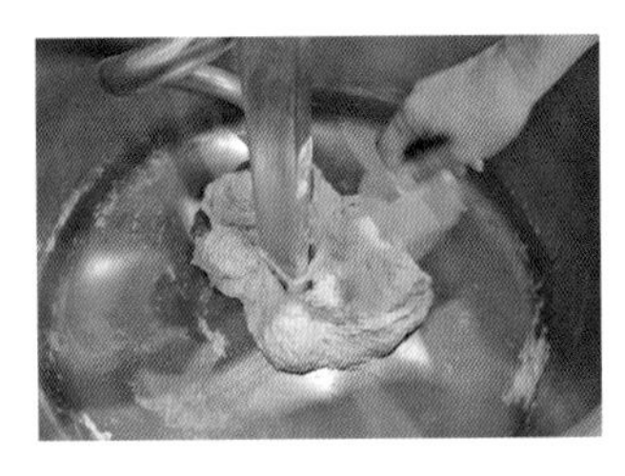

2 撒入酵母後，以L速攪拌5分鐘。

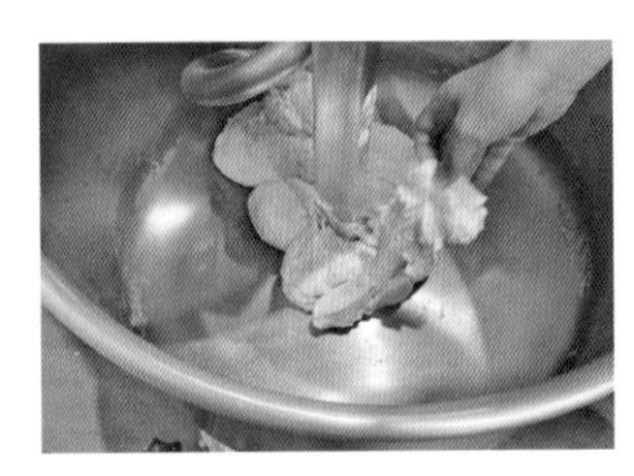

3 放入剝成小塊的法國麵包發酵麵團(P.F)。

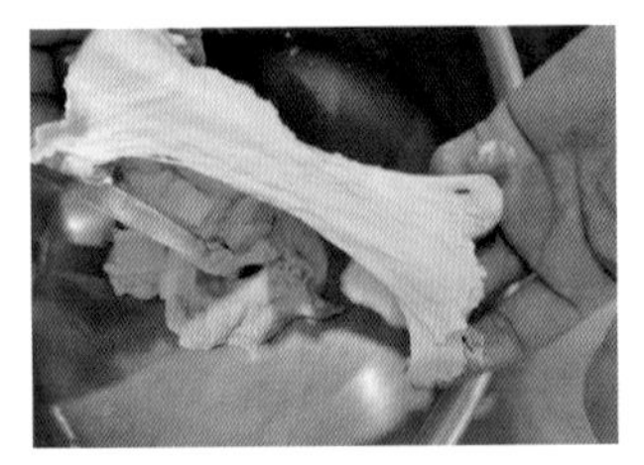

4 確認麵團狀態。

＊材料均勻混拌，但麵團連結較弱，仍沾黏。

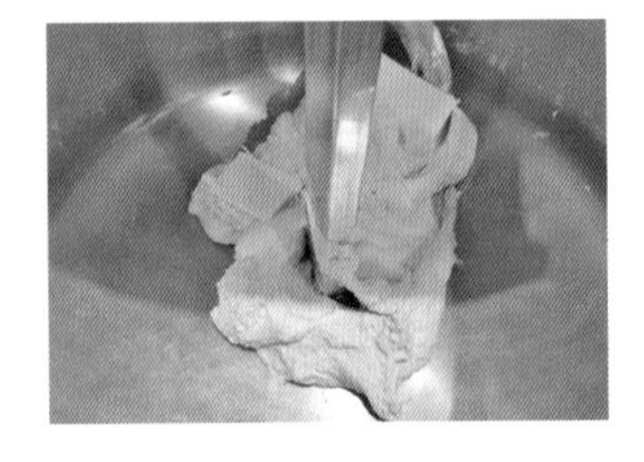

5 加入奶油以L速攪拌2分鐘，轉為H速拌2分鐘。

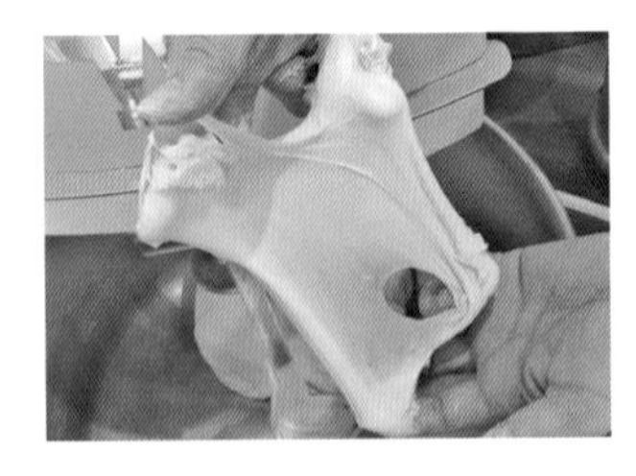

6 確認麵團狀態。

＊可以薄薄地延展麵團延了。

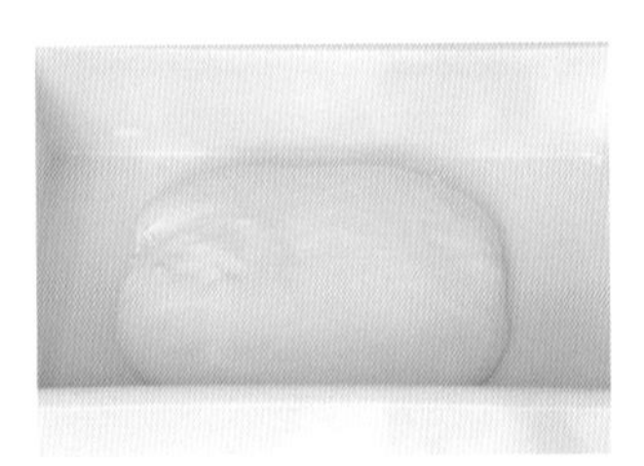

7 使表面緊實地整合麵團，放入發酵箱。

＊揉和完成的溫度目標為22°C。

發酵

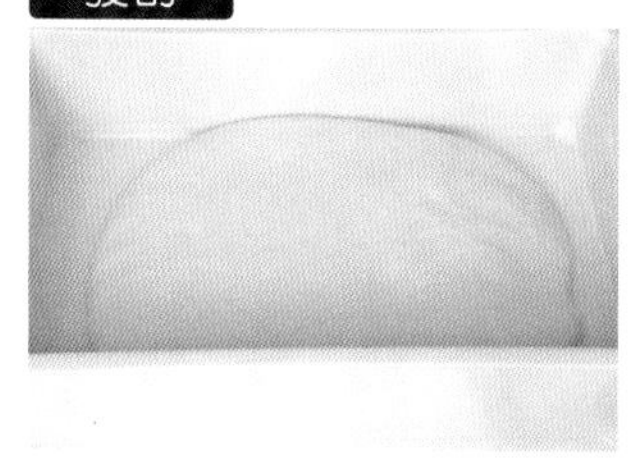

8 在溫度28℃、濕度75%的發酵室內，發酵30分鐘。再移入3℃冷藏發酵至少12個小時。

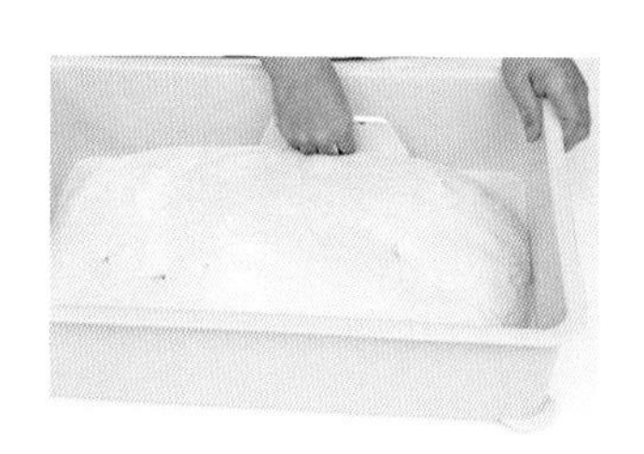

9 取出麵團復溫至15℃以上。

分割・成形

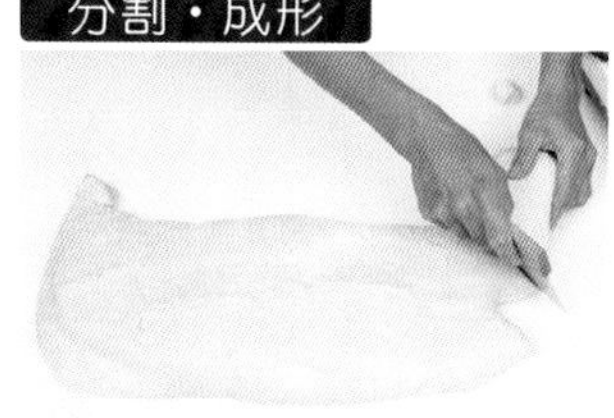

10 將麵團取出至工作檯上，分切成400g。

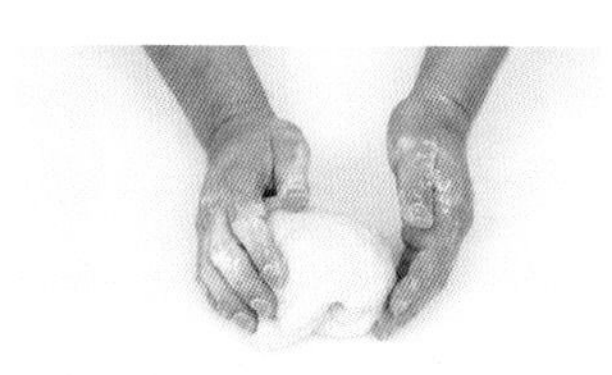

11 輕輕滾圓麵團。排放在木板上。

＊避免麵團斷裂地輕輕滾圓。

中間發酵

12 在與發酵時相同條件的發酵室，靜置30分鐘。

＊充分靜置麵團至緊縮的彈力消失為止。

整型

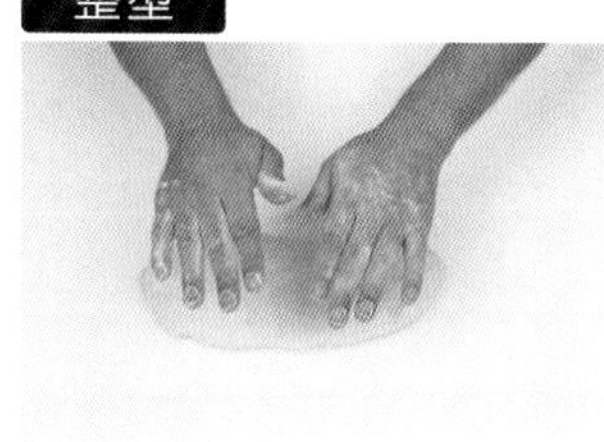

13 用手掌按壓麵團，排出氣體。

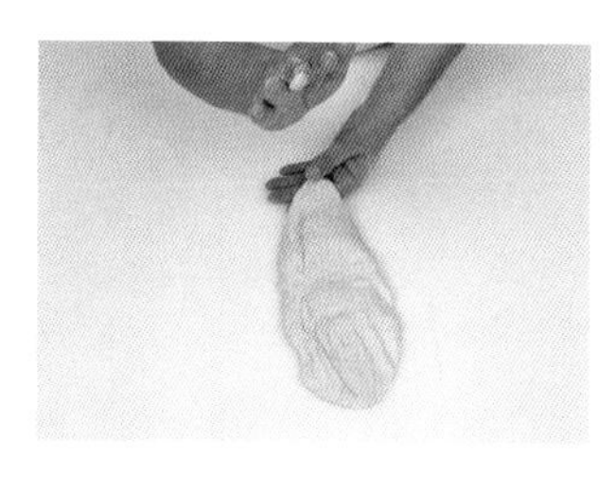

14 用手掌壓扁成橢圓形。

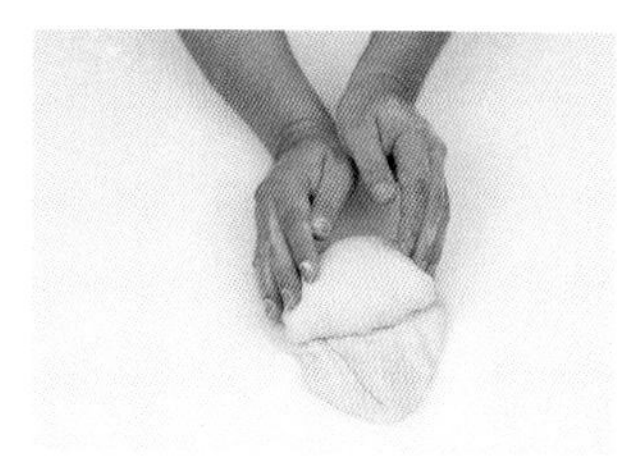

15 從身體的方向朝外捲起

16 閉合底部。閉合接口處朝下地在模型內排入3個麵團。

17 在溫度28℃、濕度75%的發酵室內，發酵90分鐘。

＊充分發酵使麵團上方膨脹至模型邊緣為止。

烘焙

18 在麵團上劃切割紋。

19 以上火210℃、下火230℃的烤箱，放入蒸氣，烘烤45分鐘左右。

＊由烤箱取時，連同模型一起摔落至板子上，立刻脫模。

製法　發酵種法

材料　2.5kg（約2個）

	配方(%)	分量(g)
・發酵種		
Mélanger （麥嵐綺歐式麵包專用粉）	30.0	750
麵包職人（パン職人）	20.0	500
新鮮酵母	1.5	37.5
海藻糖（trehalose）	3.0	75
水	33.0	825
・正式麵團		
麵包職人（パン職人）	50.0	1250
蜂蜜	16.0	400
鹽	1.8	45
新鮮酵母	0.5	12.5
雞蛋	5.0	125
酪乳粉 （Butter milk powder）	2.0	50
水	25	625
奶油	5.0	125
合計	**105.3**	**2632.5**

發酵種的攪拌	直立式攪拌機 L速5分鐘 揉和完成溫度25℃
發酵	30分鐘→冷藏 4℃　75%
正式麵團攪拌	螺旋式攪拌機 L速2分鐘↓L速2分鐘↓ H速3分鐘 奶油　L速2分鐘H速2分鐘 揉和完成溫度26℃
發酵	30分 33℃　75%
分割	250g×5個　（模型比容積4）
中間發酵	25分鐘
整型	圓柱形（3斤模型中放入5個）
最後發酵	50分鐘　33℃　75%
烘焙	蓋上模型蓋 35～40分鐘 上火200℃　下火220℃

＊3斤的吐司模噴油防沾備用

發酵種的攪拌

1 發酵種的材料放入攪拌缽盆內。

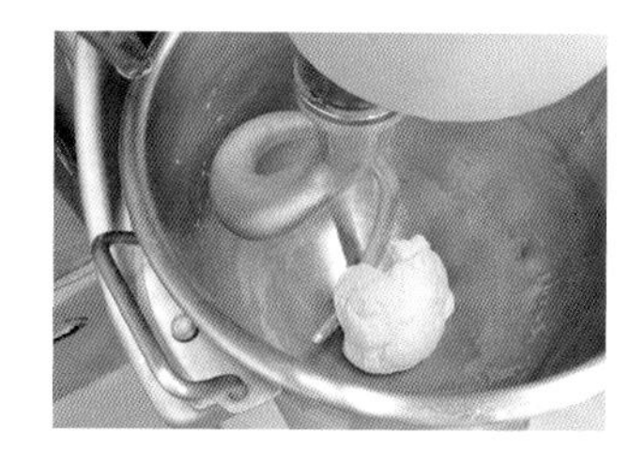

2 以L速攪拌5分鐘。整合麵團，放入發酵箱內。

＊揉和完成的溫度目標為24℃。

發酵

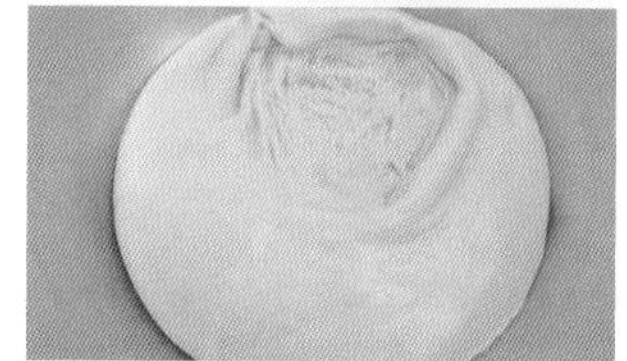

3 在溫度28℃、濕度75%的冷藏室內，發酵12～16小時。

正式麵團攪拌

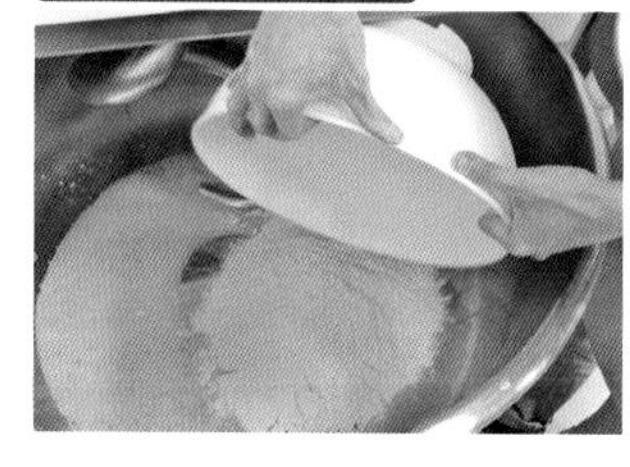

4 除了奶油、新鮮酵母以外的材料放入攪拌缽盆中，以L速攪拌2分鐘。

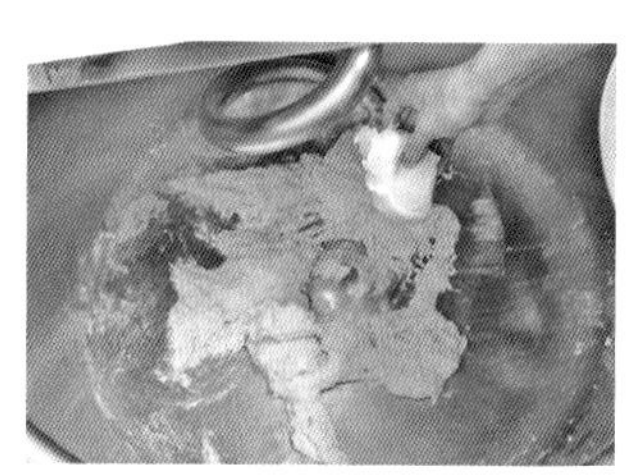

5 放入剝成小塊的發酵種，均勻混入後，以L速攪拌2分鐘。

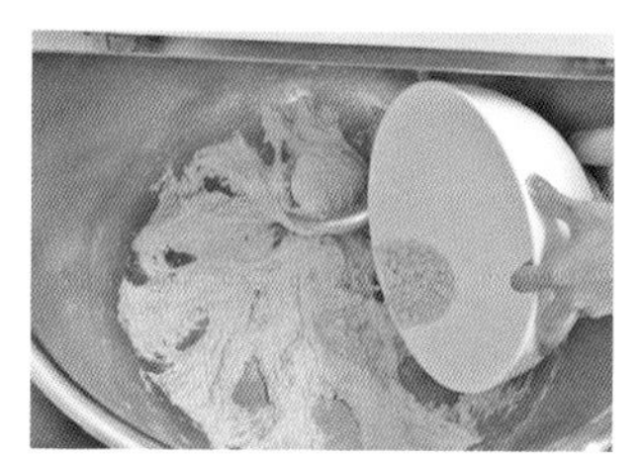

6 再撒入新鮮酵母，以H速攪拌3分鐘。

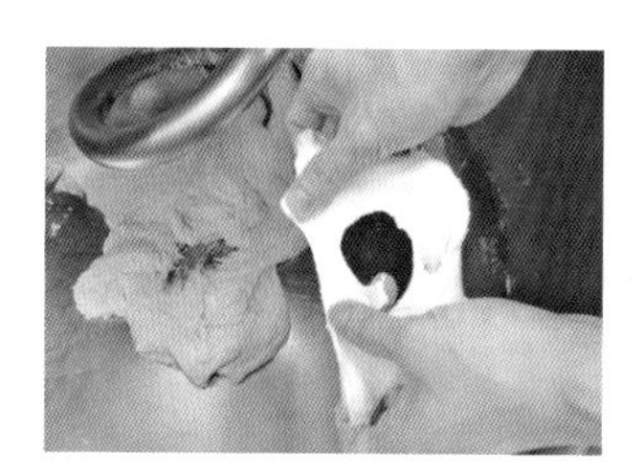

7 確認麵團狀態。

＊沾黏略少，開始能薄薄延展開麵團但仍不均勻。

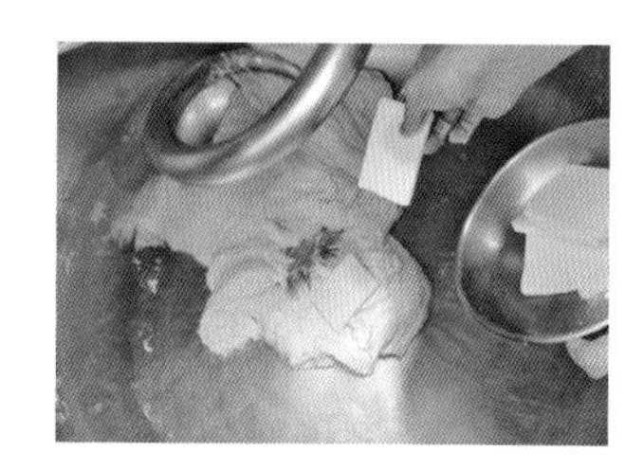

8 添加奶油，以2速攪拌2分鐘，H速攪拌3分鐘。

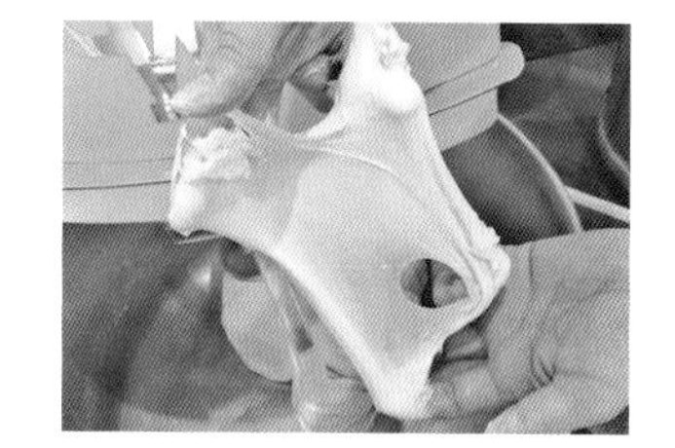

9 確認麵團狀態。

＊麵團連結再次變強，可以薄薄均勻地延展開麵團了。

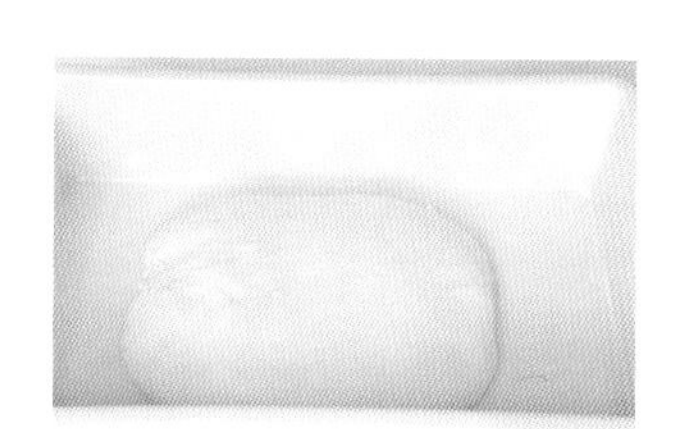

10 表面緊實地整合麵團，放入發酵箱內。

＊揉和完成的溫度目標為27℃。

發酵

11 在溫度33℃、濕度75%的發酵室內，發酵30分鐘。

分割・成形

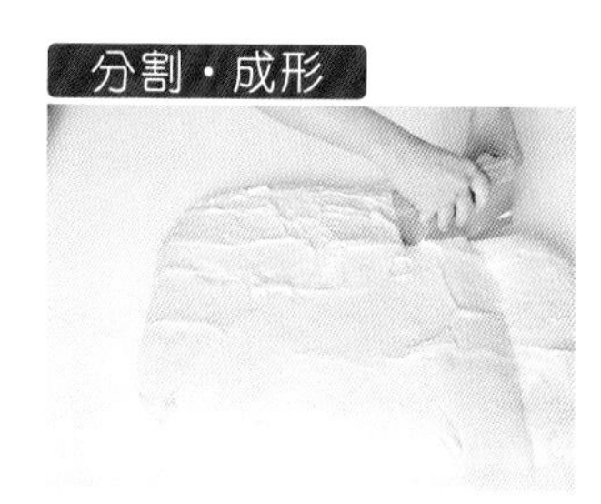

12 將麵團取出至工作檯上，分切成250g。

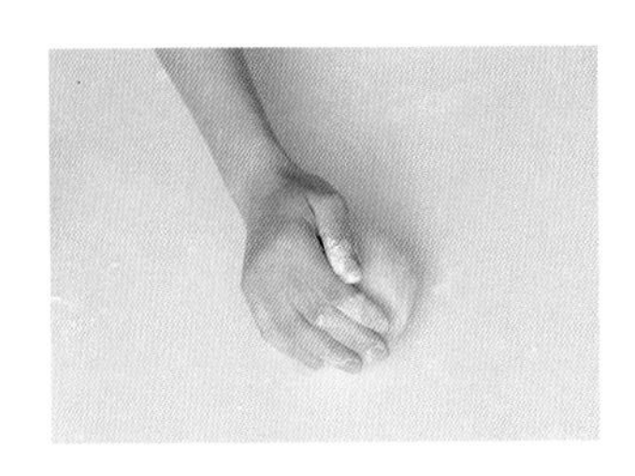

13 確實滾圓麵團。排放在發酵箱內。

中間發酵

14 放置於與發酵時相同條件的發酵室內，靜置25分鐘。

整型

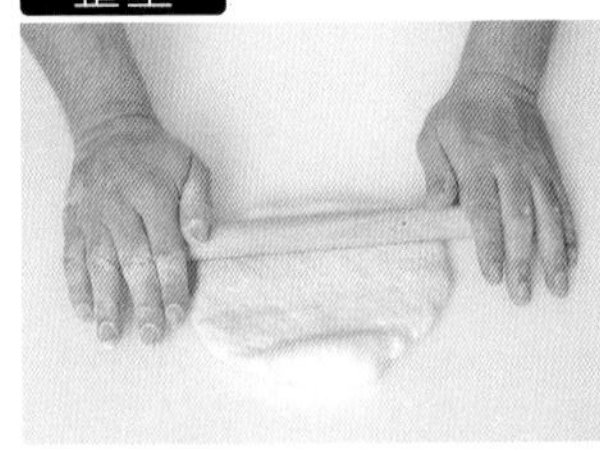

15 用手拍扁麵團，用擀麵棍擀壓麵團，確實排出氣體。

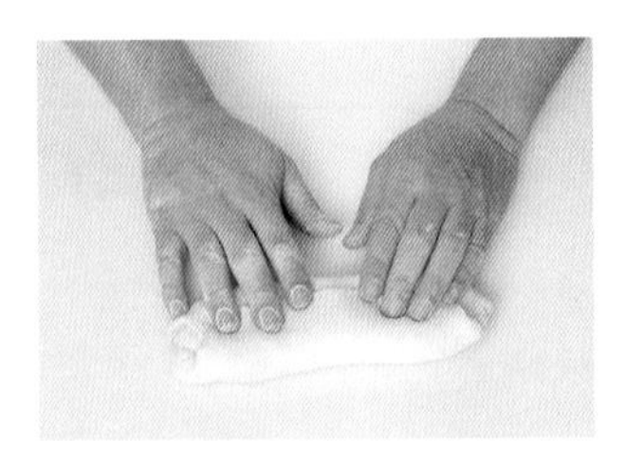

16 平順光滑面朝下，由外側朝中央折入⅓並按壓，靠近自己的方向也同樣向前折疊⅓並按壓。

＊儘量使麵團的厚度一致，比較能捲成漂亮的圓柱形。

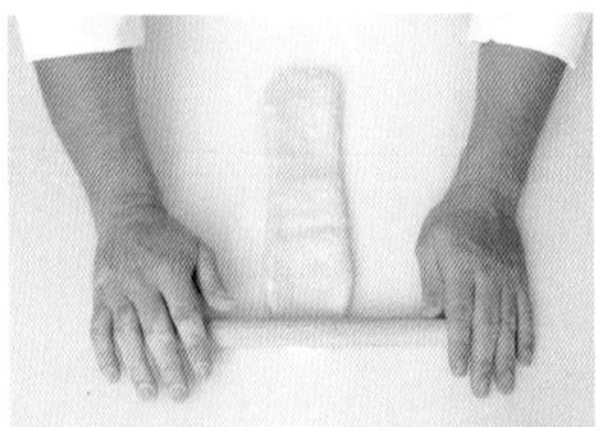

17 麵團轉90度，用擀麵棍擀壓成長條狀。

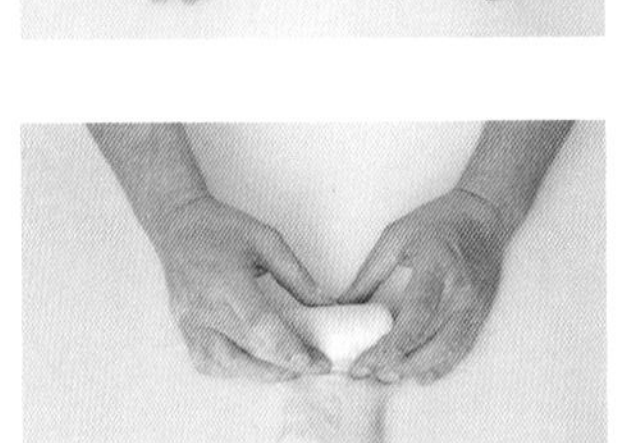

18 從身體方向朝外捲起。

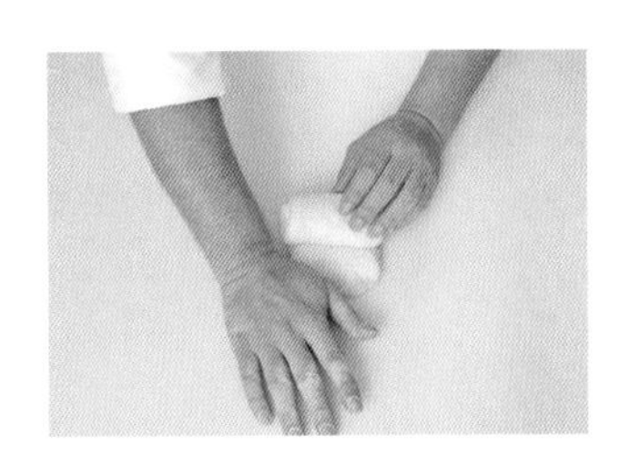

19 捲好後，用手掌按壓將接口壓薄貼合。

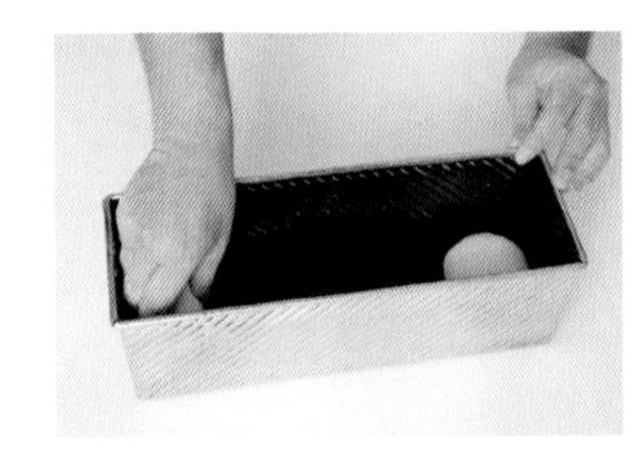

20 閉合接口處朝下地將5個麵團排放在模型內。

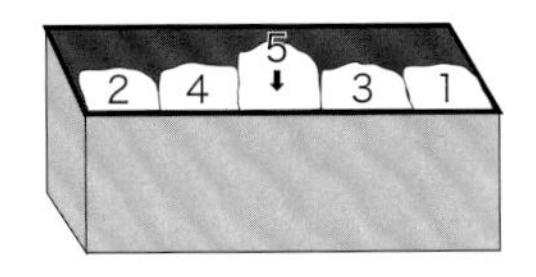

最後發酵

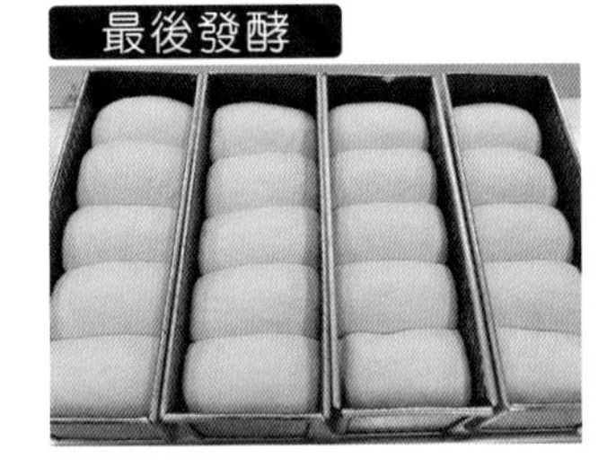

21 在溫度33℃、濕度75%的發酵室內，發酵50分鐘。

＊充分發酵至麵團頂端膨脹至模型高度的8成左右。 因要蓋上模型蓋，所以不要過度發酵。

烘焙

22 蓋上模型蓋。以上火200℃、下火220℃的烤箱，烘烤35～40分鐘。

＊由烤箱取出時，連同模型一起摔落至板子上，立刻脫模。

吐司麵團擀捲次數越多，口感就越強，反之則越軟。

☑ 表層外皮較厚

☑ 柔軟內側高密度地佈滿細且圓的氣泡

柔軟系列麵包

柔軟系列也就是軟質RICH類（高糖油）的麵團，添加了較高成分的糖與油脂，包括：玉米麵包 コーンパン、葡萄乾辮子麵包Rosinenzopf、布里歐麵團Brioche變化出的系列麵包、加入了糖漬橙皮的西班牙麵包La mouna、以及最受歡迎如糕點一般的紅豆麵包、奶油麵包、菠蘿麵包麵包…等等。

玉米麵包
Pain du maïs
コーンパン

製法　湯種法

材料　2kg

	配方(%)	分量(g)
・湯種		
麵包職人(パン職人)	100.0	200
熱水	100.0	200
海藻糖(trehalose)	3.0	60
合計	**203**	**460**

	配方(%)	分量(g)
・正式麵團		
麵包職人(パン職人)	80.0	1600
砂糖	7.0	140
海藻糖(trehalose)	3.0	60
酪乳粉 (Butter milk powder)	5.0	100
即溶酵母SAF紅	0.9	18
鹽	1.1	22
麥芽糖漿(1:1稀釋)	1.0	20
雞蛋	10.0	200
水	42.0	840
奶油	5.0	100
法國麵包發酵麵團(P.F)	34.0	680
湯種	20.0	400
玉米粒	35.0	700
合計	**244**	**4880**

湯種的攪拌	直立式攪拌機 L速6分鐘~
正式麵團攪拌	螺旋式攪拌機 L速3分鐘H速2分鐘↓ L速3分鐘H速2分鐘 揉和完成溫度26℃
發酵	60分鐘 85℃ 75%
分割	圓形(120克40個) 扭轉(200克24個) 橢圓形(300克16個)
中間發酵	25分鐘
整型	請參考製作方法
最後發酵	50分鐘 33℃ 75%
烘焙	使用蒸氣 14分鐘 上火210℃ 下火180℃

*法國麵包發酵麵團(P.F)→P.153

☑ 扁平橢圓形的大小氣泡
☑ 柔軟內側口感潤澤
☑ 外皮薄且口感香脆
☑ 玉米均勻分散在其中

湯種的攪拌

1 湯種的粉類材料放入攪拌缽盆內。將沸騰的熱水沖入。

2 以L速攪拌6分鐘以上至均勻。

3 整合麵團，放入鋼盆內備用。

正式麵團攪拌

4 將所有的材料除了法國麵包發酵麵團，都放入攪拌缽盆內，以L速攪拌3分鐘。

5 放入剝成小塊的法國麵包發酵麵團(P.F)與湯種麵團，以H速攪拌2分鐘。

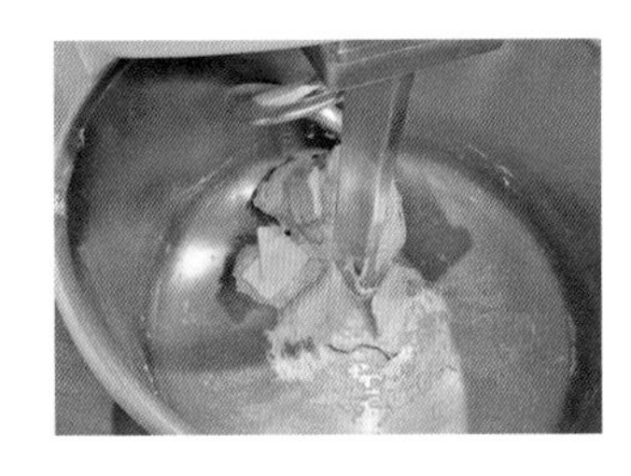

6 放入奶油後，以L速攪拌3分鐘。

7 倒入玉米粒，以H速攪拌2分鐘。

8 使表面緊實地整合麵團，放入發酵箱。

＊揉和完成的溫度目標為26℃。

發酵

9 在溫度33℃、濕度75%的發酵室內，發酵60分鐘。

分割・成形

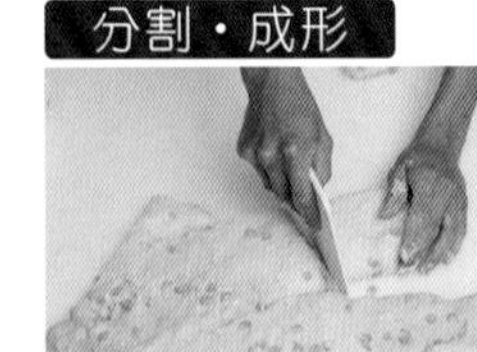

10 將麵團取出至工作檯上，分切成所需重量的麵團。

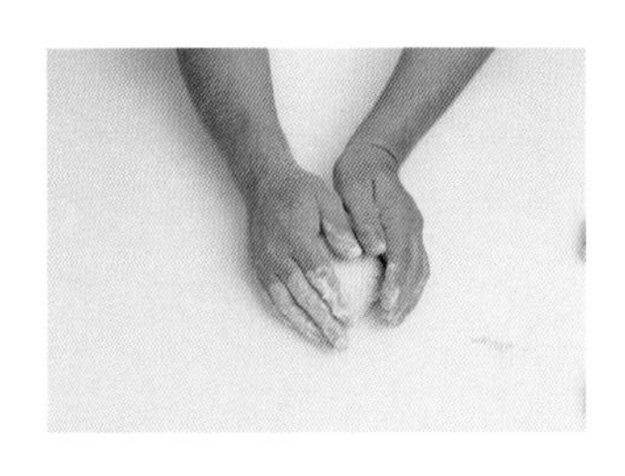

11 輕輕滾圓麵團。

12 排放在鋪有帆布的木板上。

中間發酵

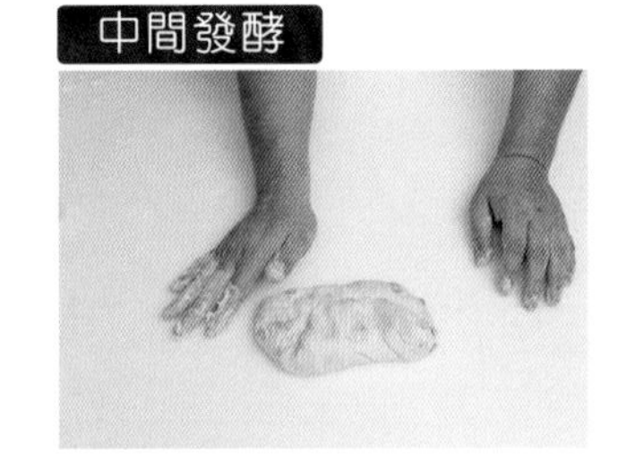

13 在與發酵時相同條件的發酵室，靜置25分鐘。

＊充分靜置麵團至緊縮的彈力消失為止。

整型－橢圓形

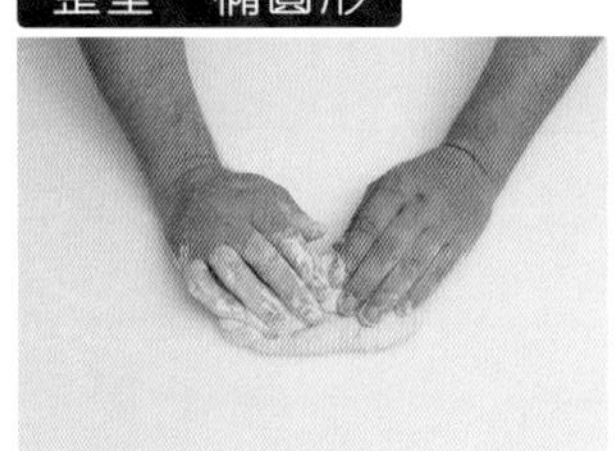

14 用手掌按壓麵團，排出氣體。壓扁成橢圓形。

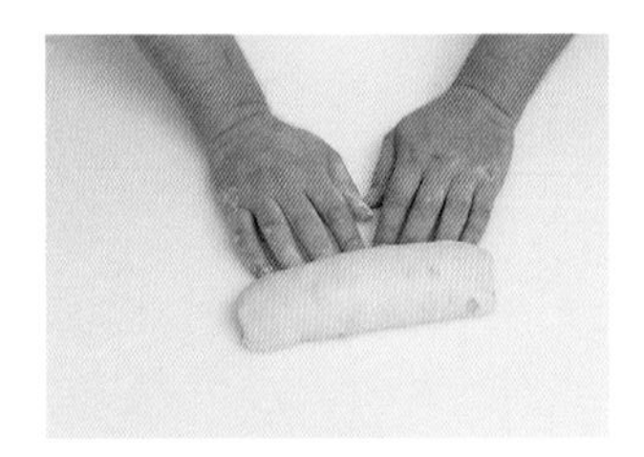

15 從身體的方向朝外捲起。閉合底部。

16 在板子上鋪放帆布，以帆布做出間隔，接口處朝下排放在帆布上。

玉米扭轉麵包
Tordu du maïs
トルデュ

做法 →P.57

☑ 扁平橢圓形的大小氣泡
☑ 柔軟內側口感潤澤
☑ 玉米均勻分散在其中

整型－扭轉

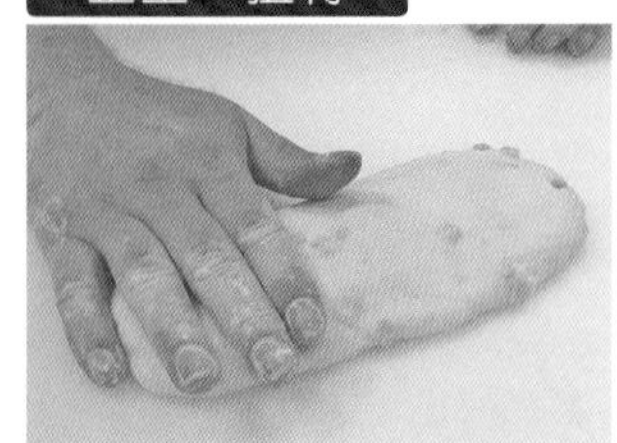

17 用手掌按壓麵團，排出氣體。

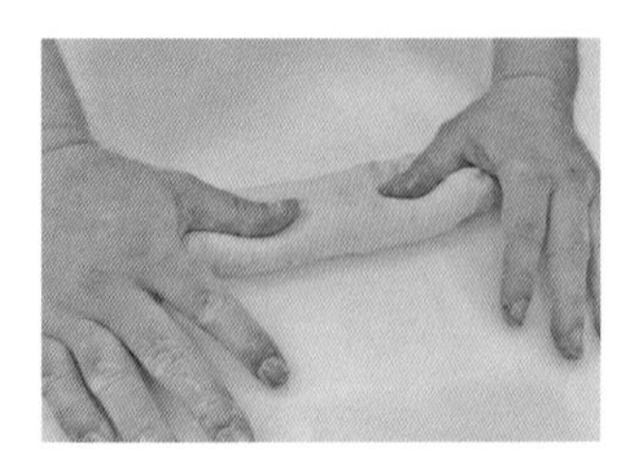

18 平順光滑面朝下，由外側朝中央折入⅓，以手掌根部按壓折疊的麵團邊緣貼合。

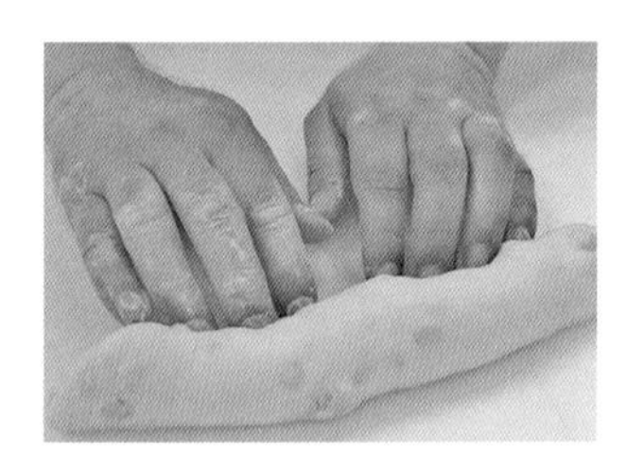

19 麵團下方同樣地折疊⅓貼合。由外側朝內對折，並確實按壓麵團邊緣閉合。

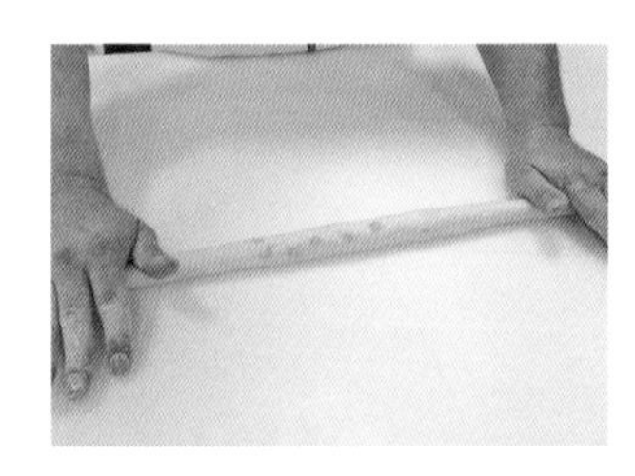

20 一邊由上輕輕按壓，一邊轉動麵團，成為25cm的棒狀。

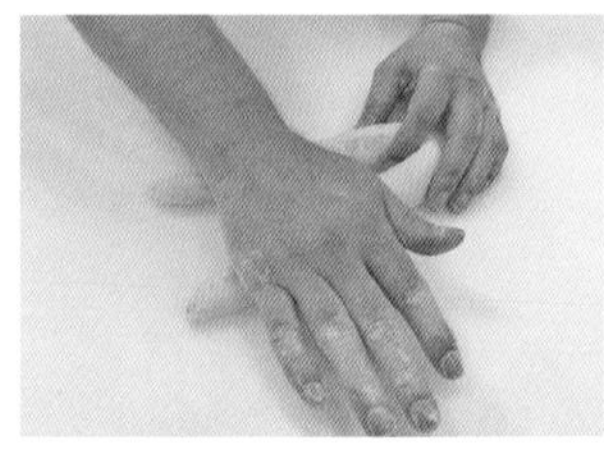

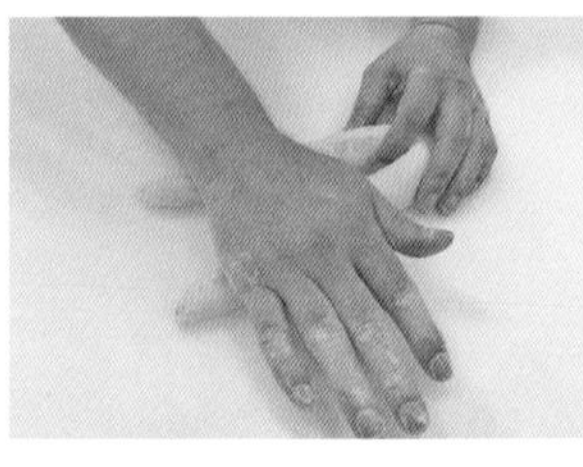

21 固定中央將兩端麵團扭轉在一起。

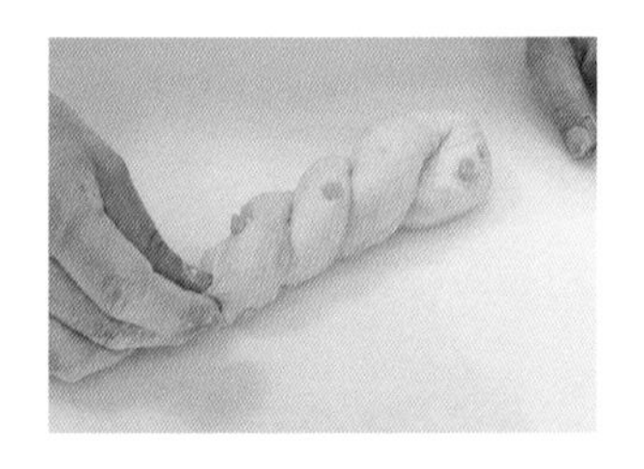

22 閉合接口。

23 在板子上鋪放帆布，以帆布做出間隔排放在帆布上。

最後發酵

24 在溫度33℃、濕度85%的發酵室內，發酵50分鐘。

烘焙

25 在麵團上劃切割紋。（圓麵包劃十字割紋）。

26 以上火210 ℃、下火180℃的烤箱，放入蒸氣，烘烤14分鐘。

葡萄乾辮子
Rosinenzopf
ロジーネンツォップフ

做法 →P.63

- ☑ 柔軟內側由較細小的氣泡所構成
- ☑ 表層外皮薄
- ☑ 葡萄乾均勻分散在其中

葡萄乾吐司
Pain de mie au raisin
レーズンブレット

製法 發酵種法

材料 3kg

	配方(%)	分量(g)
S-Mélanger (超級麥嵐綺歐式麵包專用粉)	60.0	1800
Mélanger (麥嵐綺歐式麵包專用粉)	20.0	600
砂糖	15.0	450
海藻糖(trehalose)	3.0	90
鹽	1.1	33
新鮮酵母	4.5	135
酪乳粉 (Butter milk powder)	5.0	150
檸檬皮(lemon zest)		2個
雞蛋	15.0	450
水	30.0	900
奶油	35.0	1050
法國麵包發酵麵團(P.F)	34.0	1020
葡萄乾	45.0	1350
糖漬橙皮(orange peel)	5.0	150
合計	**164**	**8238**

蛋液	適量
珍珠糖	適量
杏仁片	適量
糖粉	適量

正式麵團攪拌	螺旋式攪拌機 L速2分鐘↓L速2分鐘↓ L速3分鐘H速3分鐘 揉和完成溫度25°C
發酵	45分鐘 28°C 75%
分割	小吐司形(21×9×6cm模型放入450克1個)共18個 辮子形(400克20個)
中間發酵	10分鐘
整型	請參考製作方法
最後發酵	50分鐘 28°C 75%
烘焙	使用蒸氣 25分鐘 上火180°C 下火220°C

＊法國麵包發酵麵團(P.F)→P.153

＊吐司模噴油防沾備用

攪拌

1 刨下的檸檬皮放入砂糖中用手搓揉出香氣。

2 除了新鮮酵母、奶油、葡萄乾和法國麵包發酵麵團以外的材料放入攪拌缽盆中。

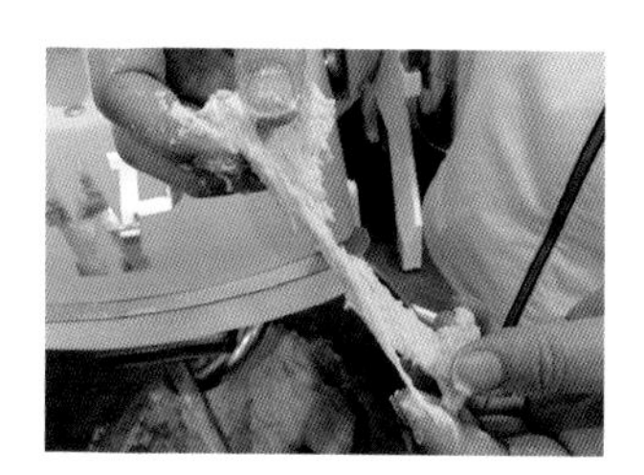

3 攪拌3分鐘後。取部分麵團延展確認狀態並撒入新鮮酵母。

4 以L速攪拌2分鐘，加入剝成小塊的法國麵包發酵麵團。

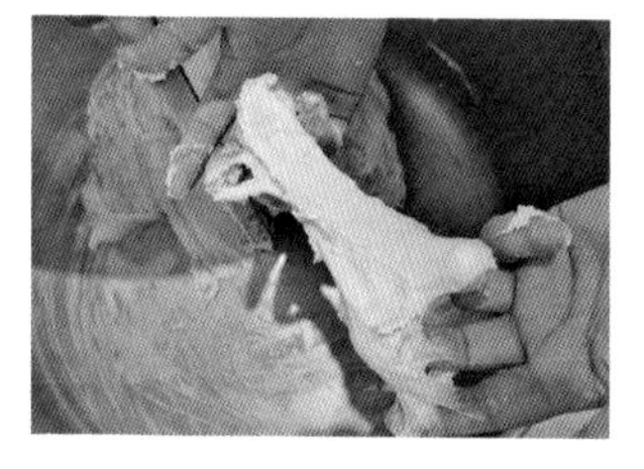

5 以L速攪拌3分鐘，確認麵團狀態。

＊雖然連結變強，但仍是沾黏狀態。

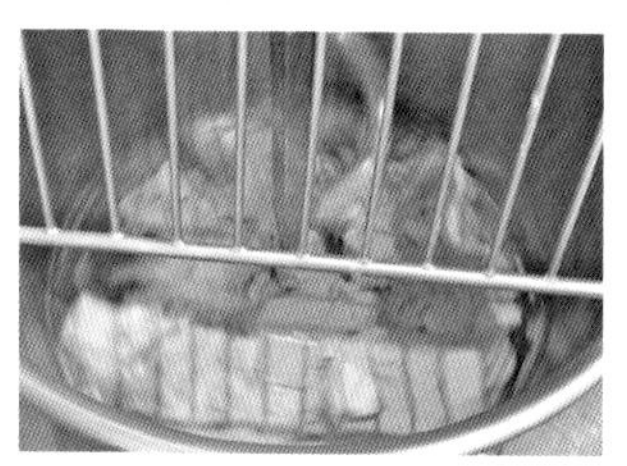

6 加入奶油以H速攪拌3分鐘，確認麵團狀態。

＊不再沾黏，開始能薄薄延展開麵團但仍不均勻。

＊因添加了較多奶油，麵團的連結變弱，延展時也容易破損。

7 加入葡萄乾，以L速攪拌。

＊混拌至全體均勻時即完成。

8 表面緊實地整合麵團，放入發酵箱內。

＊揉和完成的溫度目標為25℃。

發酵

9 在溫度28～30℃、濕度75%的發酵室內，發酵45分鐘。

分割・成形

10 將麵團取出至工作檯上，分切成所需的重量。

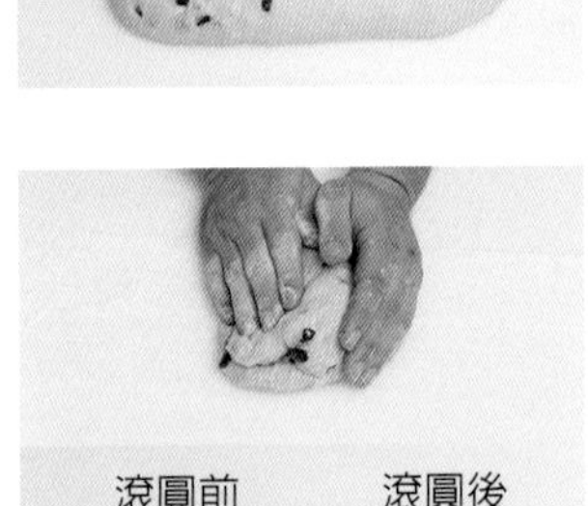

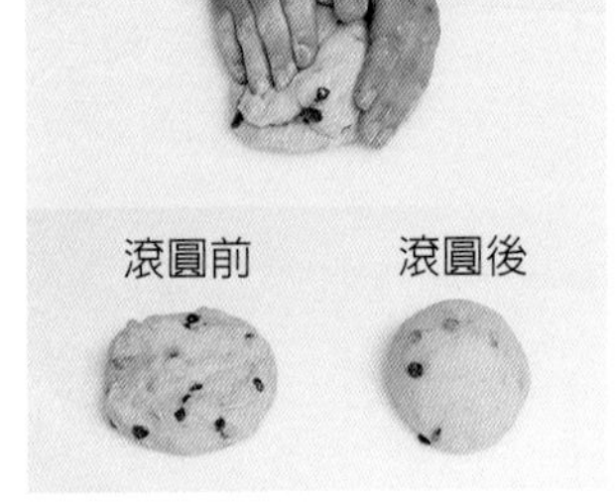

11 確實滾圓麵團。

中間發酵

12 收口朝上排放在舖有帆布的板子上。放置於與發酵時相同條件的發酵室內，靜置10分鐘。

＊滾圓後收口朝上反放，收口要鬆鬆的，麵團不需要有力的膨脹。

＊充分靜置麵團至緊縮的彈力消失為止。

整型－小吐司形

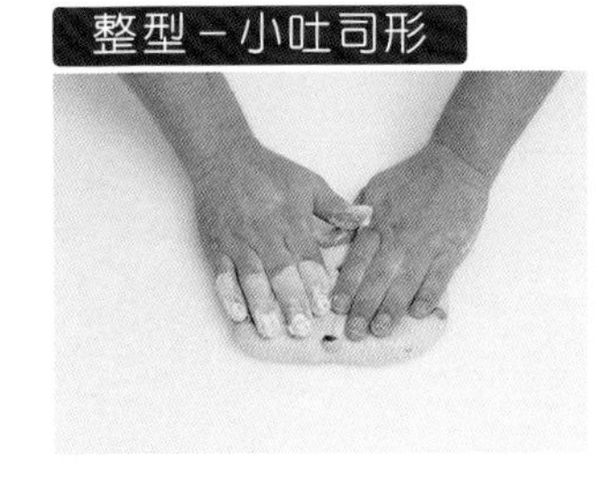

13 用手掌按壓麵團，排出氣體。

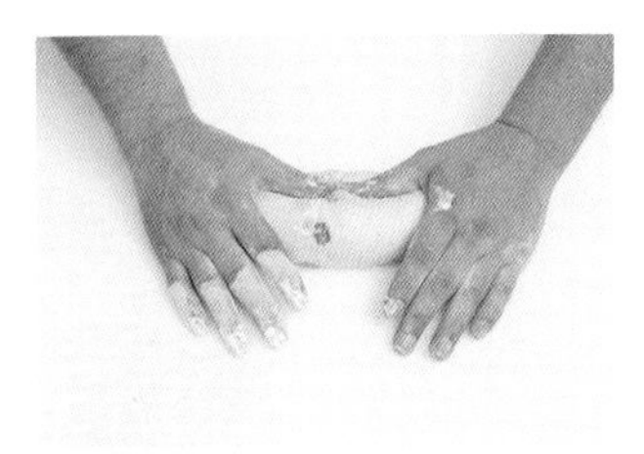

14 平順光滑面朝下，由外側朝中央折入⅓，以手掌根部按壓折疊的麵團邊緣貼合。麵團滾動180度，同樣地折疊⅓貼合。

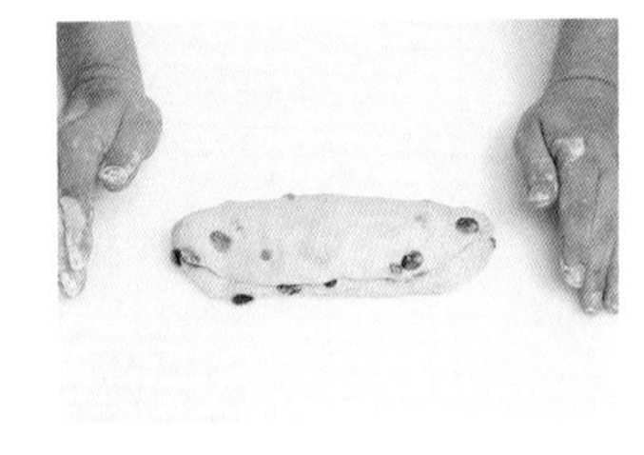

15 由外側朝內對折，並確實按壓麵團邊緣閉合。成為19cm圓柱狀。

＊葡萄乾露出表面時烘烤時會焦黑，所以必須包覆於麵團中。

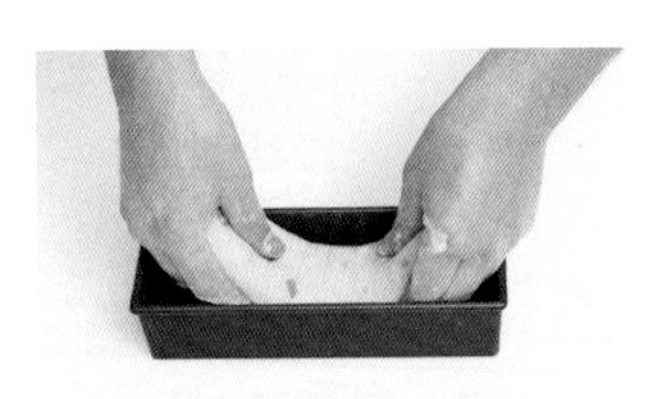

16 放入噴上油的小吐司模中。

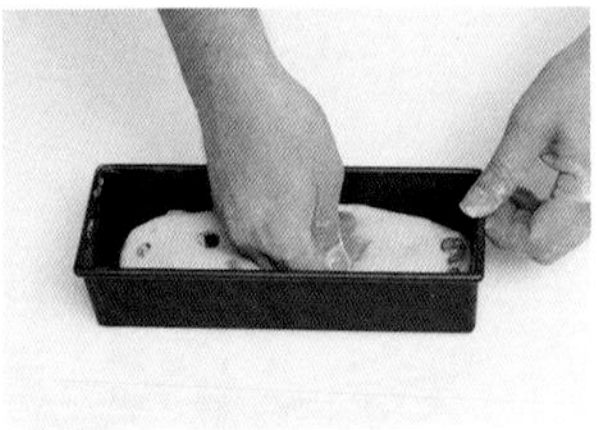

17 用手指向下按壓讓麵團與模型底部貼合。

整型－辮子形

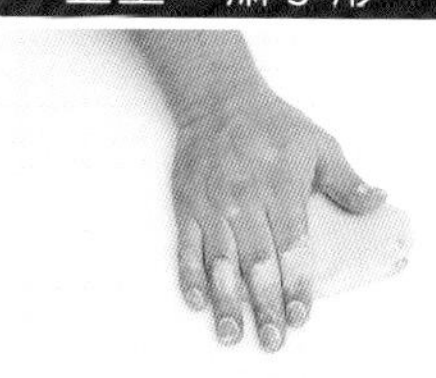

18 用手掌按壓麵團，排出氣體。

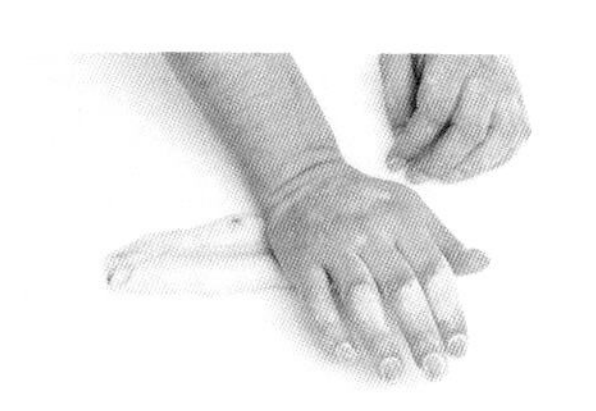

19 平順光滑面朝下，由外側朝中央折入⅓，以手掌根部按壓折疊的麵團邊緣貼合。麵團滾動180度，同樣地折疊⅓貼合。

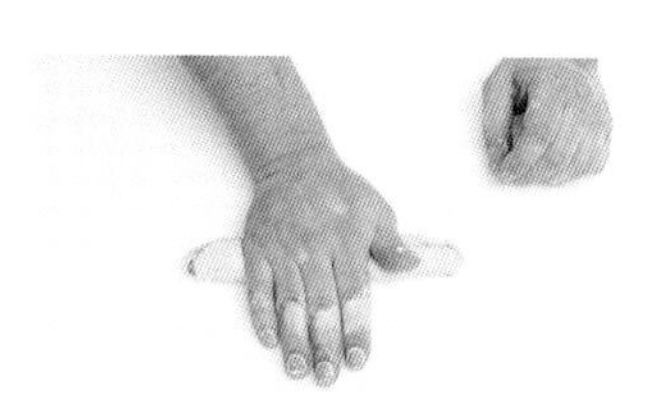

20 由外側朝內對折，並確實按壓麵團邊緣閉合。成為10cm棍狀。

＊接口處若有葡萄乾時則無法完整地閉合，請多加留意。

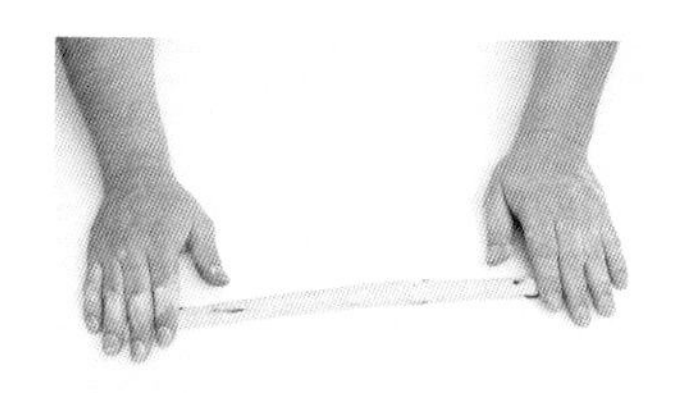

21 雙手搓長成30cm。

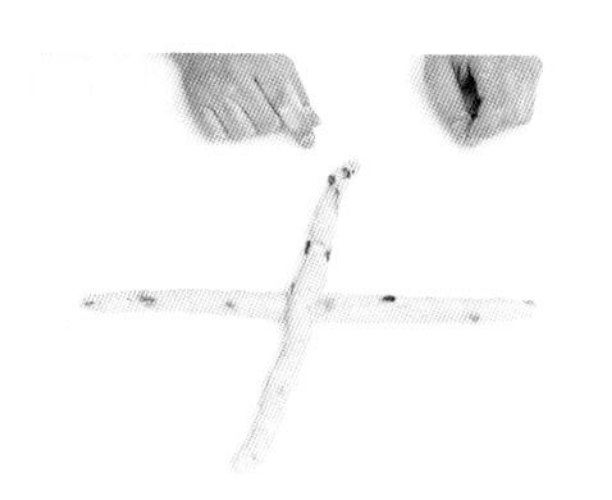

22 取2條十字交錯擺放。

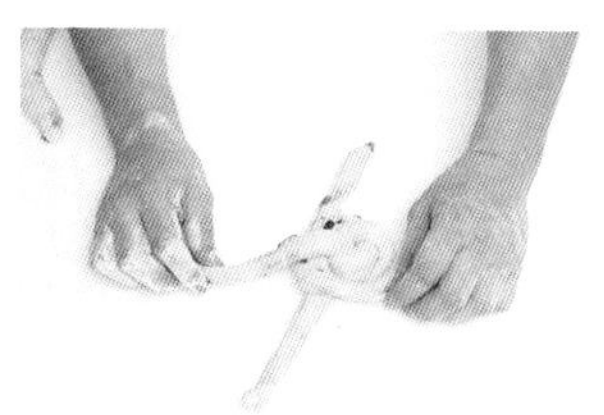

23 交錯編成辮子型。參考P.151十字辮子型的編法。

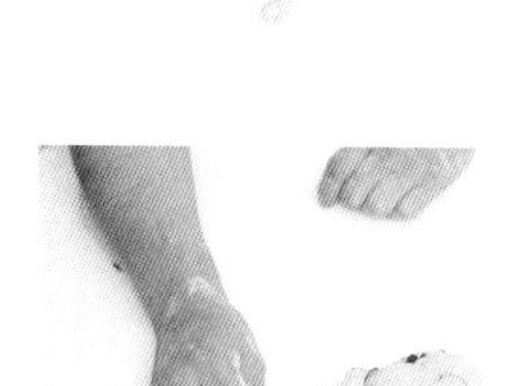

24 完成後確實使接口緊密貼合。

最後發酵

25 在溫度28℃、濕度75%的發酵室內，發酵50分鐘。

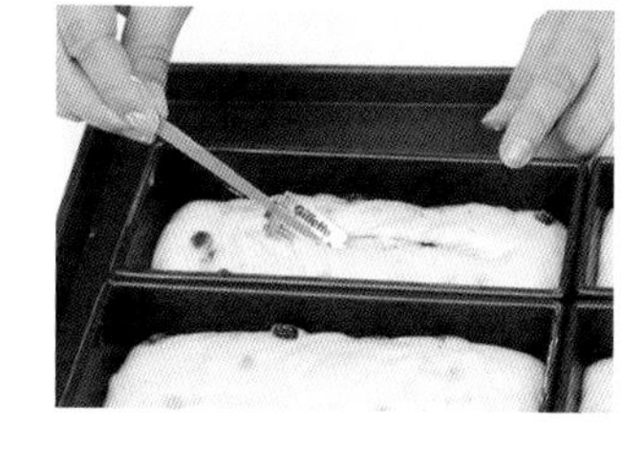

26 在小吐司形麵團上劃切割紋，再將刀刃斜向在切開的麵團內左右斜劃開各1刀。

＊再斜劃一刀可幫助裂紋更寬更明顯。

27 在割紋處擠上軟化的奶油。辮子形刷塗蛋液，撒上珍珠糖。小雙結形刷塗蛋液，撒上杏仁片。

烘焙

28 以上火210℃、下火180℃烤箱，放入蒸氣烘烤25分鐘。

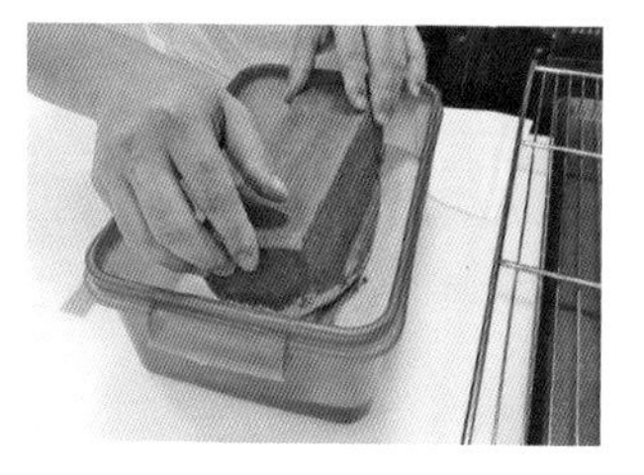

29 小吐司形出爐後脫模，趁溫熱刷塗上澄清奶油、頂層沾裹上混合好的肉桂糖與糖粉。

布里歐
Brioche a tête
ブリオッシュ・ア・テート

製法　發酵種法

材料　2kg

	配方(%)	分量(g)
麵包職人(パン職人)	80.0	1600
砂糖	10.0	200
海藻糖(trehalose)	5.0	100
鹽	1.6	32
麥芽糖漿(1:1稀釋)	1.0	20
新鮮酵母	3.0	60
酪乳粉(Butter milk powder)	1.5	30
雞蛋	55.0	1100
奶油	45.0	900
法國麵包發酵麵團(P.F)	34.0	680
合計	**226.1**	**4722**

卡士達奶油	適量
杏仁奶油餡	適量
珍珠糖	適量
酒漬葡萄乾	適量
杏仁片	適量

麵團攪拌	螺旋式攪拌機 L速2分鐘(自我分解30分鐘)↓ L速3分鐘M速5分鐘↓M速3分鐘～ 揉和完成溫度23℃
發酵	60分鐘→冷藏3℃ 3～48小時
分割	Tête、muffin杯 (40克118個) 6股辮子、圓形 (70克×6 11個) Chinois [100克 / 200克 共15個] Picot / Éclair (40克×8 14個)
鬆弛	30分鐘以上
整型	請參考製作方法
最後發酵	60分鐘 28℃ 75%
烘焙	Tête 上火220℃、下火200℃ 8～9分鐘 Picot / Éclair上火180℃ 下火210℃ 18分鐘 muffin杯上火180℃ 下火200℃ 10分鐘 辮子 上火160℃ 下火140℃ 25分鐘 花型模(大) / Chinois 上火180℃ 下火200℃ 18～20分鐘

＊法國麵包發酵麵團(P.F)→P.153

＊模型噴油防沾備用

攪拌

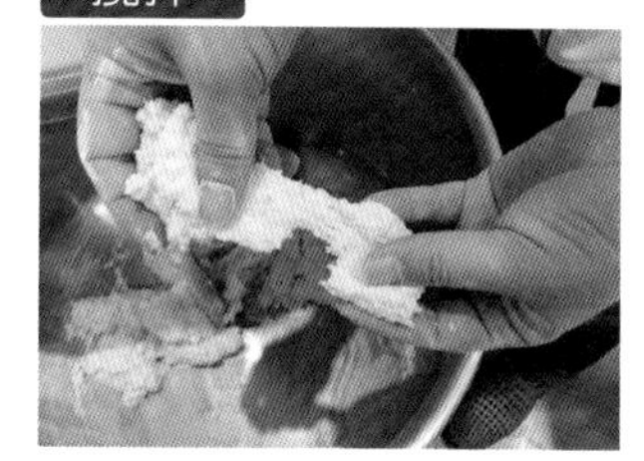

1 除了新鮮酵母、法國麵包發酵麵團(P.F)、鹽、奶油以外的材料放入攪拌缽盆中，以L速攪拌3分鐘。取部分麵團延展確認狀態。

2 靜置自我分解30分鐘。放入新鮮酵母、與剝成小塊的法國麵包發酵麵團(P.F)，以M速攪拌5分鐘。

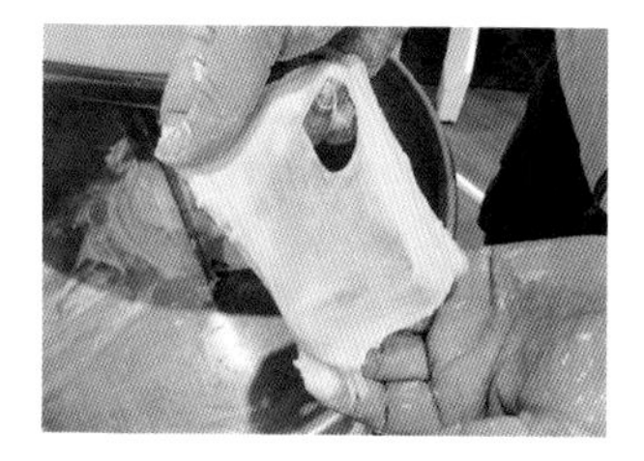

3 確認麵團狀態，已經可以延展出薄膜。

＊不再沾黏，開始能均勻且薄薄地延展開。

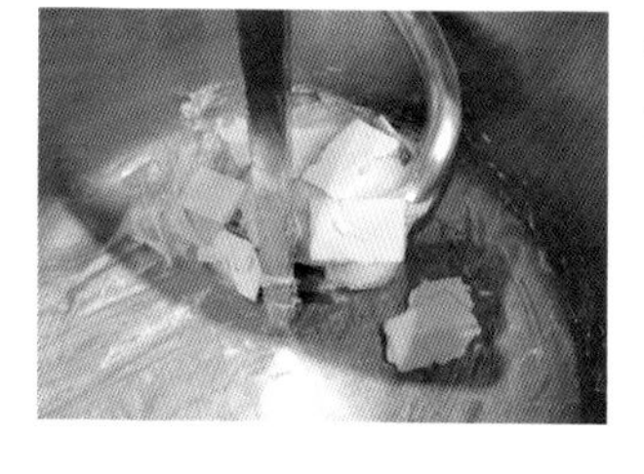

4 添加奶油，以M速攪拌3分鐘。

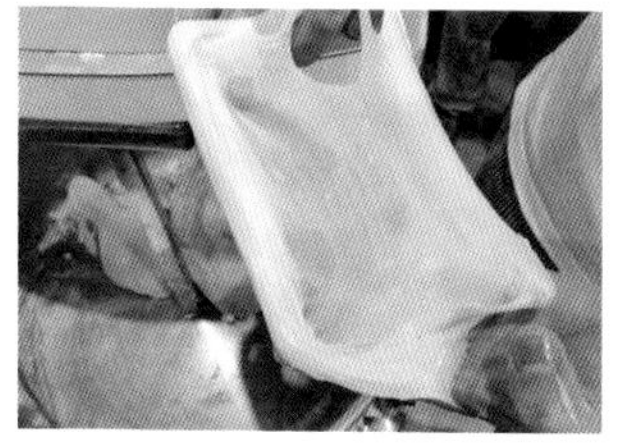

5 確認麵團狀態。

＊光滑平順，可以非常薄地延展開麵團。

6 表面緊實地整合麵團，放入發酵箱內。

＊揉和完成的溫度目標為23℃。

發酵

7 在溫度25℃、濕度75%的發酵室內，發酵60分鐘。

壓平排氣

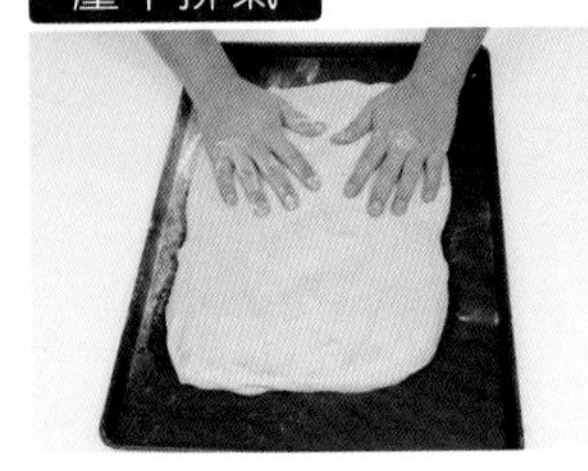

8 按壓全體，從左右朝中央折疊進行”稍強的壓平排氣”，擺放在烤盤上。再次按壓全體平整地放入塑膠袋內。

＊為使能均勻冷卻地使麵團整體厚度均勻。壓平排氣後，再次按壓，形成強力的壓平排氣。

冷藏發酵

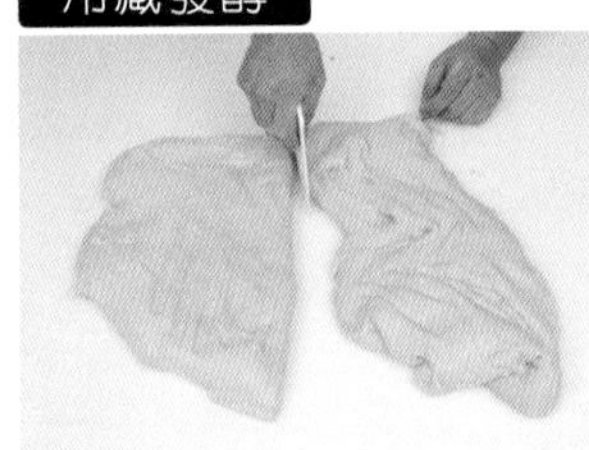

9 為方便進行分割作業將麵團分成適當的分量，用手壓扁。

10 放在烤盤上，並覆蓋上塑膠袋。放入溫度3℃的冷藏庫內，發酵3～48小時。

＊按壓是為了使麵團變薄而能較快降溫。因為是非常柔軟的麵團，冷卻變硬後會更方便作業，所以採取冷藏發酵。

分割

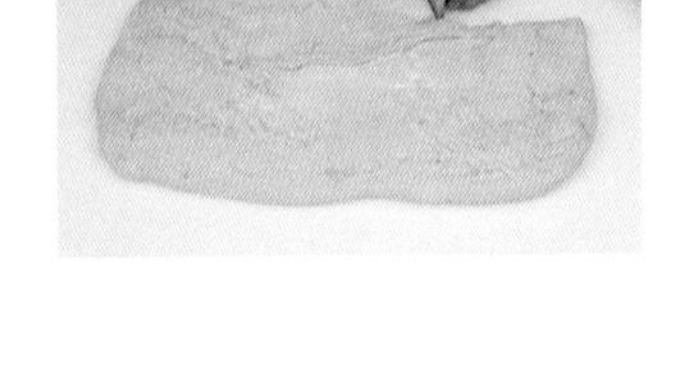

11 分割成所需的重量。

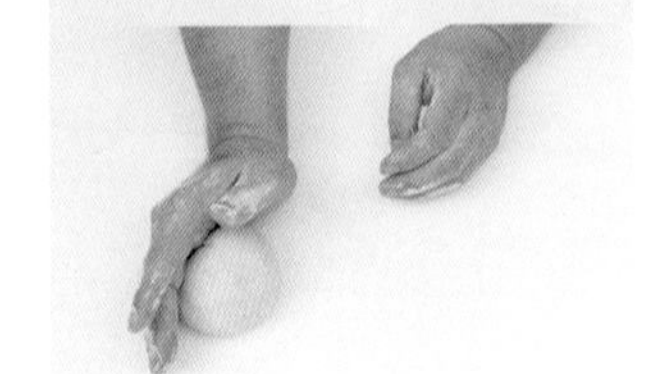

12 依照之後的整形所需，進行滾圓或折疊成棒狀。

鬆弛

13 排放在烤盤上，並覆蓋上塑膠袋。在冷藏室3℃靜置30分鐘以上。

整型－圓形(大／小)

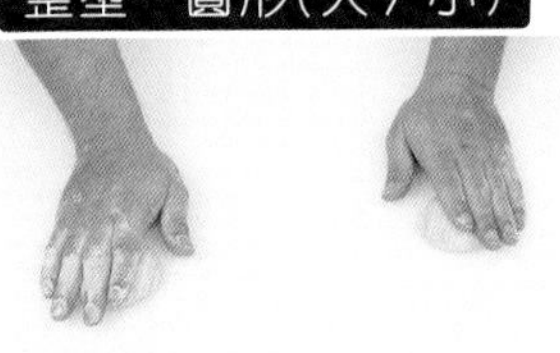

14 用手掌按壓麵團，確實排出氣體。

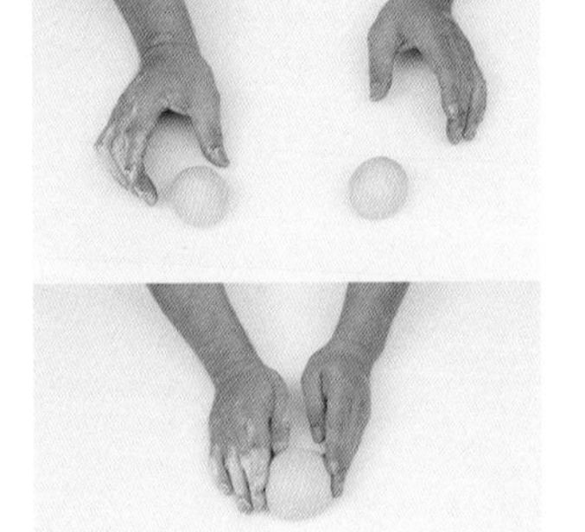

15 以平順光滑面做為表面地滾圓，並捏合麵團底部。

＊使表面緊實地確實進行滾圓。

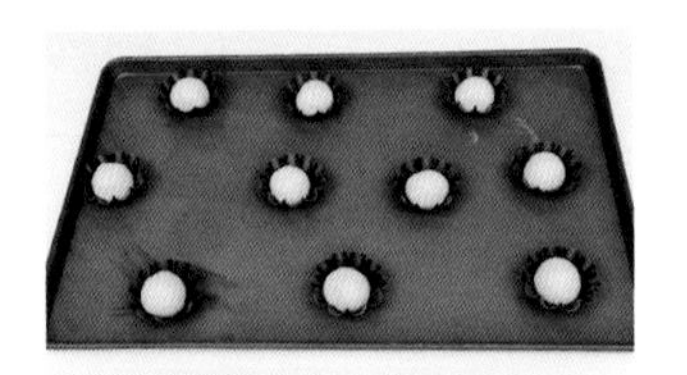

16 底部朝下放入上徑7cm下徑4cm高2.5cm，以及上徑15cm下徑7.5cm高6cm的花形模中，模型預先噴上油。

最後發酵

17 在溫度28℃、濕度75%的發酵室內，發酵90分鐘。

烘焙

18 用刷子刷塗蛋液。

19 剪刀呈45度角，剪出一周切口。

20 以上火180 ℃、下火220℃的烤箱，大的烘烤20分鐘／小的烘烤8～9分鐘。

整型－Tête

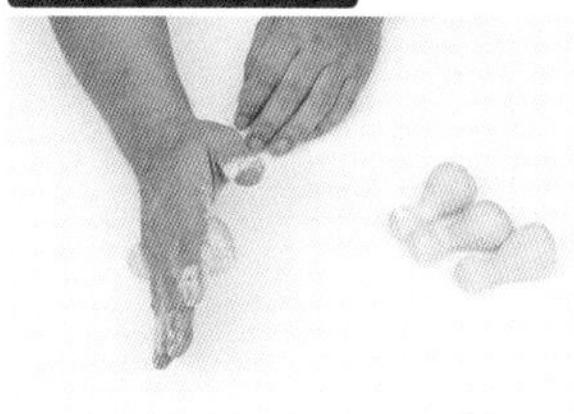

21 和步驟15相同滾圓，側面放置麵團以閉合接口處，利用小指側面前後滾動麵團，在閉合接口處的 處做出凹陷。將麵團滾動至即將切分開來的狀態。

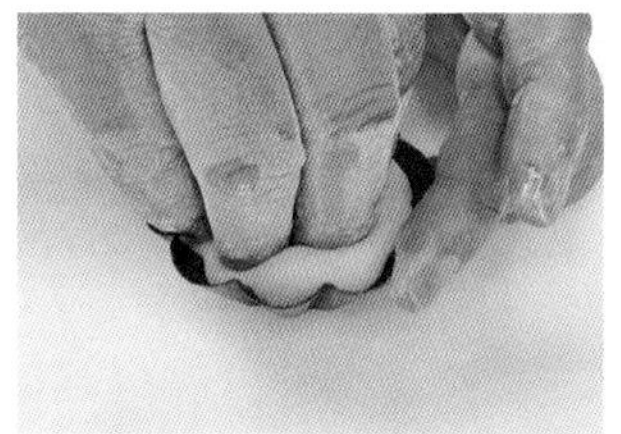

22 拿起麵團將較大的部分放入模型中。

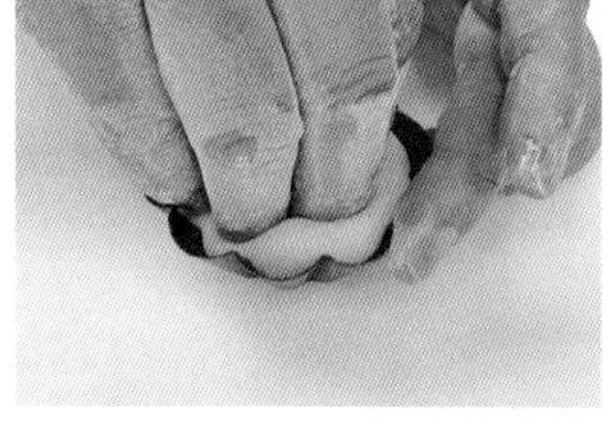

23 小的麵團則是按壓至大麵團中央。

＊指尖觸及模型底部地按壓。

最後發酵

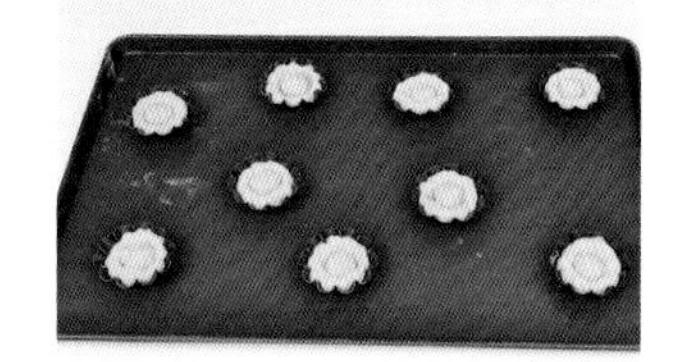

24 排放在烤盤上。在溫度28 ℃、濕度75%的發酵室內，發酵70分鐘。

烘焙

25 用刷子刷塗蛋液。

26 以上火220℃、下火200℃的烤箱，烘烤8～9分鐘。

☑ 厚且鬆脆的表層外皮
☑ 柔軟內側略呈粗糙狀
☑ 蛋黃較多因此略帶黃色

布里歐辮子
Brioche Zopf
ブリオッシュツオップ

做法 →P.67

布里歐卡士達
Brioche à la crème patissière

ブリオッシュ

做法 →P.67

☑ 厚且鬆脆的表層外皮
☑ 內餡居中
☑ 蛋黃較多因此略帶黃色

整型－6股辮子

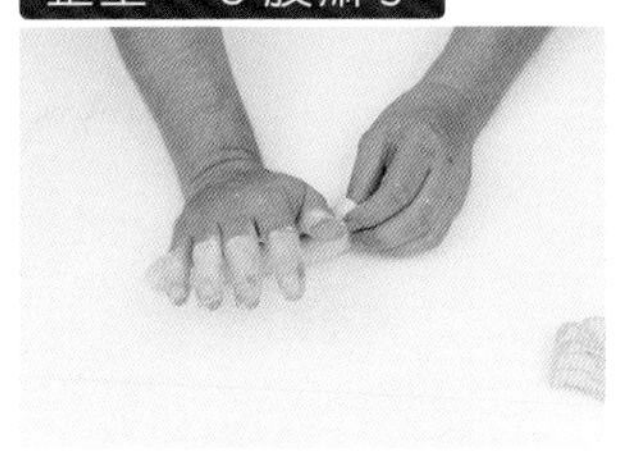

27 用手掌按壓麵團，排出氣體。平順光滑面朝下，由外側朝中央折入⅓，以手掌根部按壓折疊的麵團邊緣貼合。下方麵團，同樣地折疊⅓貼合。

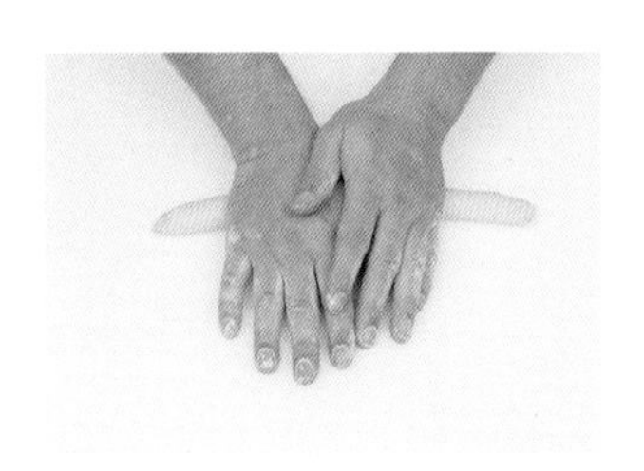

28 由外側朝內對折，並確實按壓麵團邊緣閉合。成為15cm棍狀。

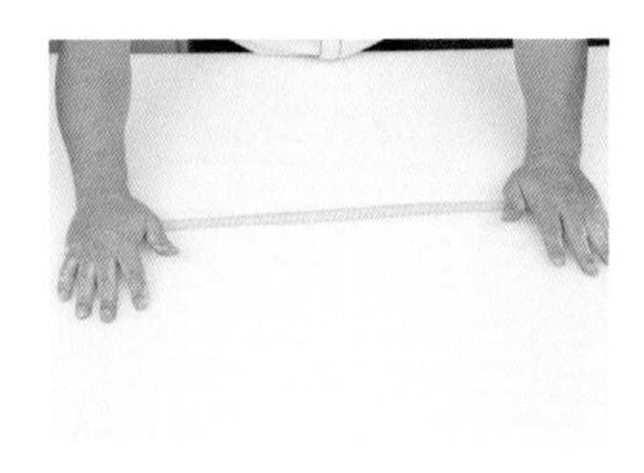

29 雙手搓長成25～30cm。

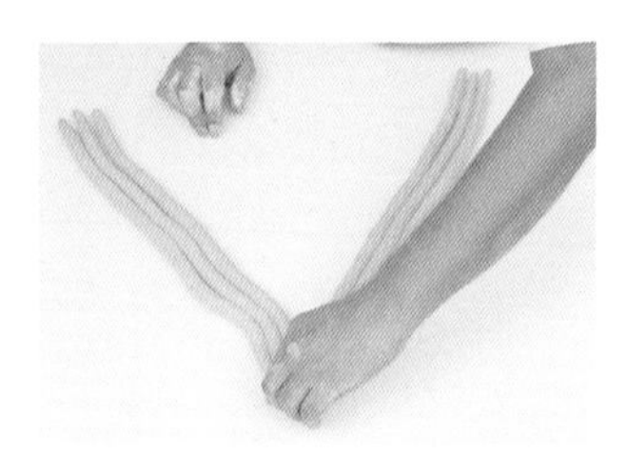

30 取6條壓緊一端。

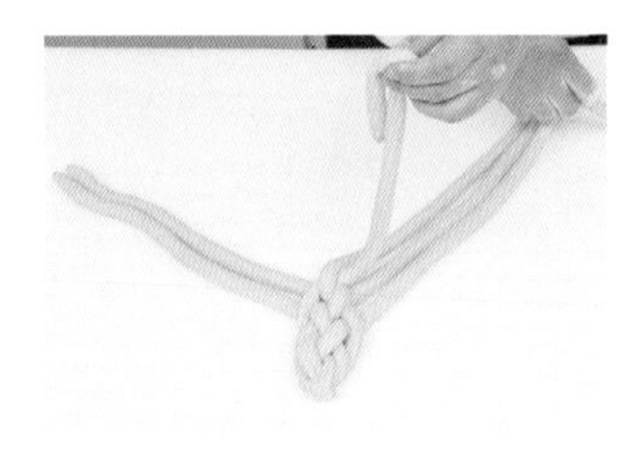

31 交錯編成辮子型(請參考151頁6股辮子麵包的編法)。

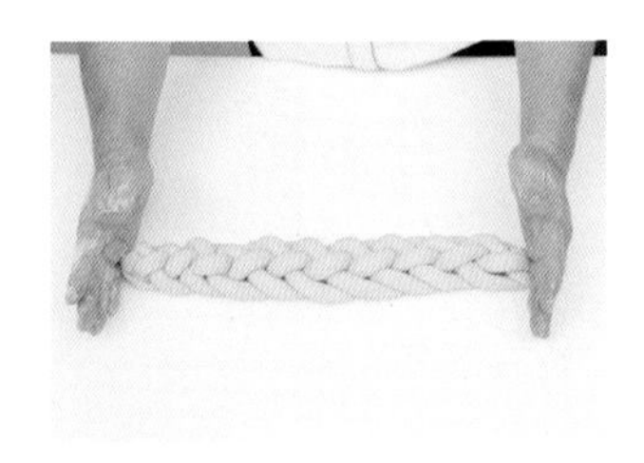

32 完成後確實使接口緊密貼合。

33 拉鬆編好的麵團。

＊預留發酵後的空間。

34 彎成U型。

最後發酵

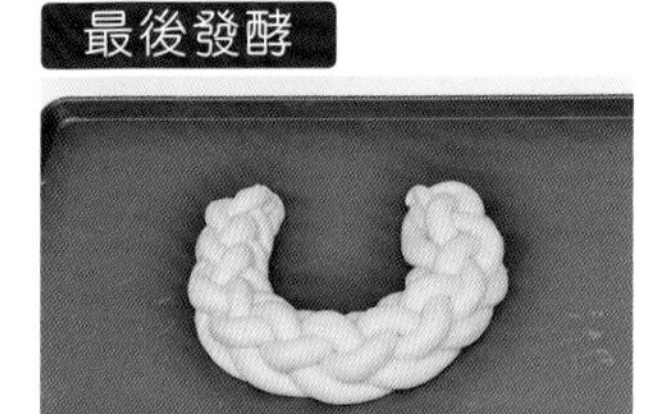

35 在溫度28℃、濕度75%的發酵室內，發酵70分鐘。

烘焙

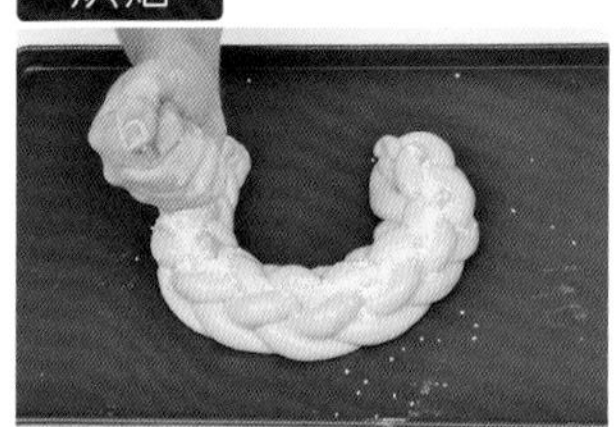

36 用刷子刷塗蛋液。撒上珍珠糖。

37 以上火160℃、下火140℃的烤箱，烘烤25～30分鐘。

整型－muffin杯

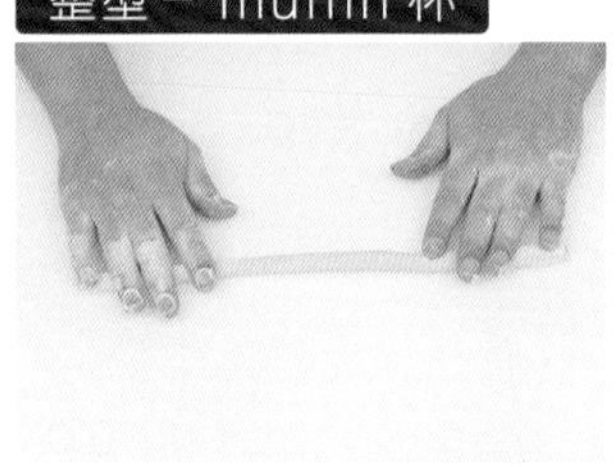

38 和步驟29-30一樣，將麵團搓長成15cm。

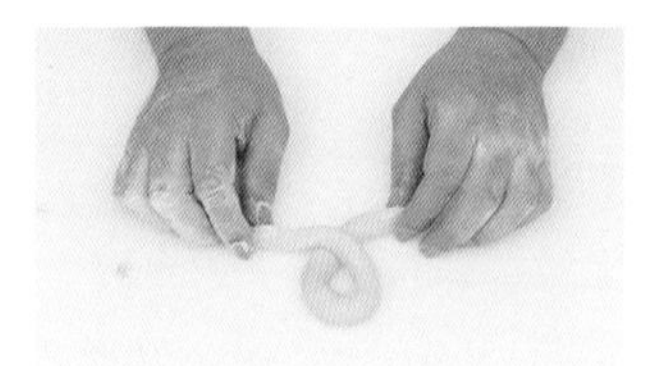

39 取一條打成單結狀。

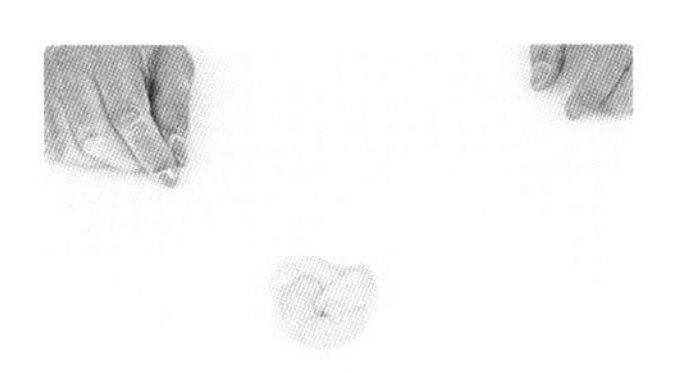

40 將尾端收入底部。

41 放入馬芬杯中。

＊也可以滾圓麵團後放入馬芬杯中。

最後發酵

42 在溫度28℃、濕度75%的發酵室內，發酵60分鐘。

烘焙

43 用刷子刷塗蛋液。以擠花袋將卡士達奶油醬從中央擠入底部，擠得不夠深會影響外型。

44 撒上珍珠糖。

45 以上火180℃、下火200℃的烤箱，烘烤10分鐘。

整型 – Picot / Éclair

46 用手掌按壓麵團，排出氣體。

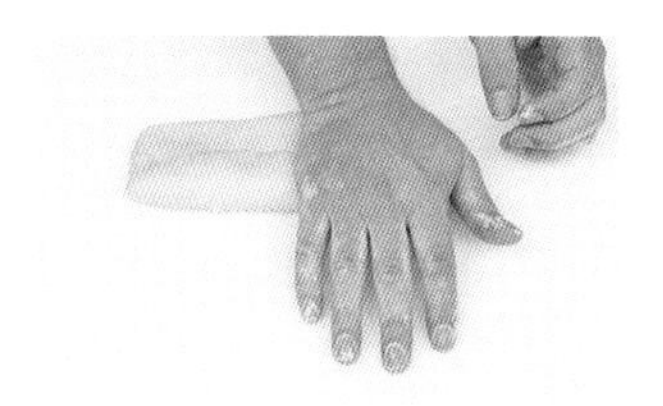

47 平順光滑面朝下，由外側朝中央折入⅓，以手掌根部按壓折疊的麵團邊緣貼合。麵團滾動180度，同樣地折疊⅓貼合。

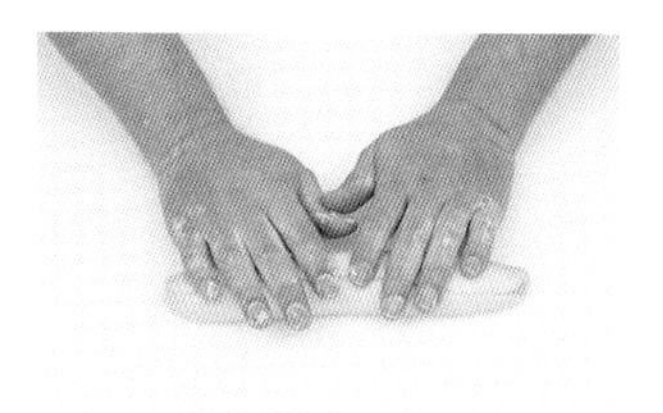

48 由外側朝內對折，並確實按壓麵團邊緣閉合。成為15cm棍狀。

49 放入21×9×6cm預先噴上油防沾的吐司模中。

最後發酵

50 在溫度28℃、濕度75%的發酵室內，發酵90分鐘。

烘焙

51 用刷子在表面刷塗蛋液。剪刀垂直在一側剪出切口(Picot)。另一種則是剪刀交錯在中央剪出切口(Éclair)，撒上珍珠糖。

53 以上火180℃、下火220℃的烤箱，烘烤20分鐘。

整型－Chinois

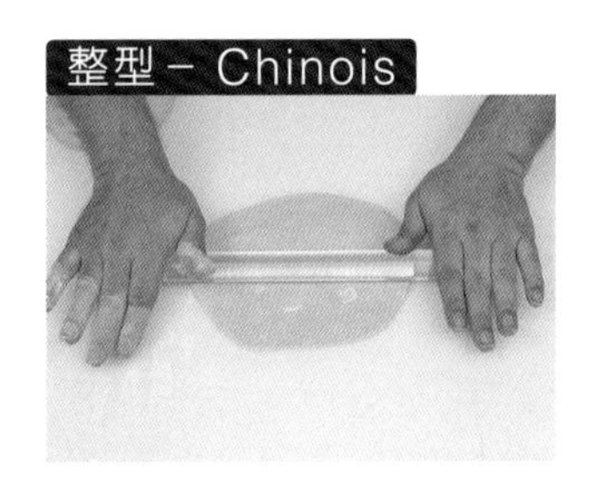

54 取100克的麵團擀壓成圓片狀。

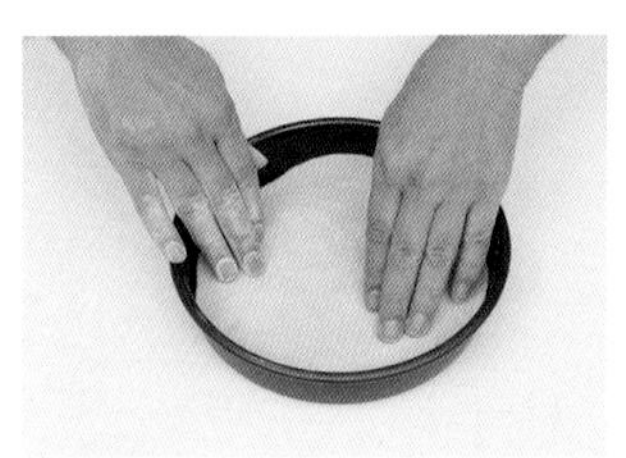

55 放入準備好的模型底部。

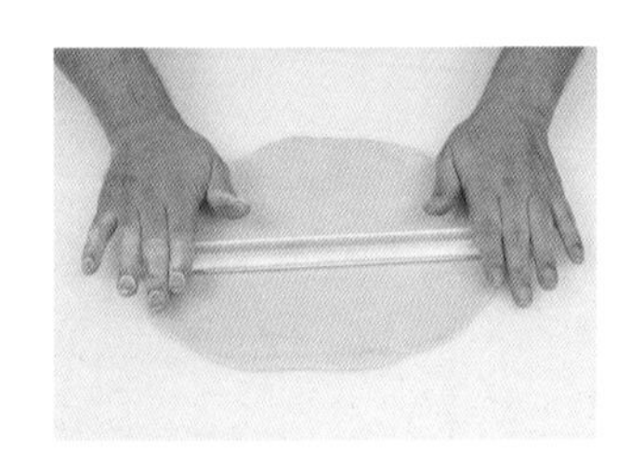

56 取200克的麵團擀壓成20cm×12cm的長方片狀。

57 以擠花袋擠上杏仁奶油餡約10克。

58 以刮板鋪平，再撒上酒漬葡萄乾。

59 對折後擀平。

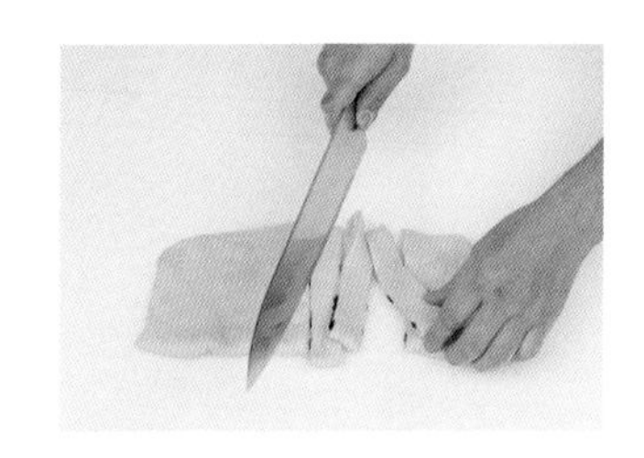

60 分切成3.5cm寬的條狀。

61 打一個單結放入模型中。

62 共放入7個。

最後發酵

63 在溫度28℃、濕度75%的發酵室內，發酵60分鐘。

烘焙

64 用刷子刷塗蛋液。

65 撒上珍珠糖或杏仁片。以上火180℃、下火210℃的烤箱，烘烤18分鐘。

布里歐閃電
Brioche Picot・Éclair
ピコット・エクレア

做法 →P.67

- ☑ 厚且鬆脆的表層外皮
- ☑ 柔軟內側略呈粗糙狀
- ☑ 蛋黃較多因此略帶黃色

布里歐花冠
Brioche Chinois
ブリオッシュ シノワ

做法 →P.67

西班牙麵包(大)
La mouna
ラ・ムーナ

做法 →P.78

☑ 厚且鬆脆的表層外皮
☑ 桔皮均勻分布
☑ 蛋黃較多因此略帶黃色

西班牙皇冠
La mouna
ラ・ムーナ

做法 →P.78

☑ 厚且鬆脆的表層外皮
☑ 桔皮均勻分布
☑ 橢圓扁平的小型氣泡

製法　發酵種法

材料　2kg

	配方(%)	分量(g)
麵包職人(パン職人)	80.0	1600
砂糖	27.0	540
海藻糖(trehalose)	5.0	100
鹽	1.4	28
麥芽糖漿(1:1稀釋)	1.0	20
新鮮酵母	4.0	80
酪乳粉 (Butter milk powder)	3.0	60
雞蛋	30.0	600
水	16.0	320
奶油	30.0	600
法國麵包發酵麵團(P.F)	34.0	680
橙花水	3.0	60
糖漬橙皮	20	400
合計	**254.4**	**5088**

珍珠糖	適量

麵團攪拌	螺旋式攪拌機 L速2分↓L速2分↓(P.F)　L速 4分鐘↓L速4分鐘～↓L速 4分鐘↓L速1分鐘 揉和完成溫度24°C
發酵	90分鐘→45分鐘時翻麵
分割	小(90克56個) 大(200克25個) 圈狀(500克10個)
中間發酵	25分鐘 28°C　75%
整型	請參考製作方法
最後發酵	70分鐘～　28°C　75%
烘焙	muffin杯 上火180°C　下火190°C 16分鐘 筒狀 上火180°C　下火190°C 35分鐘 圈狀 上火180°C　下火190°C 25分鐘

＊法國麵包發酵麵團(P.F) → P.153

攪拌

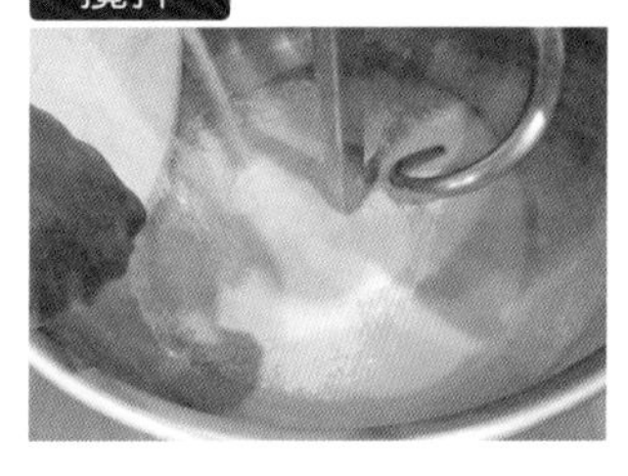

1 除了新鮮酵母、法國麵包發酵麵團(P.F)、一半的砂糖、奶油、糖漬橙皮，其餘的材料放入攪拌缽盆中，以L速攪拌1～2分鐘，放入酵母以L速攪拌2分鐘。

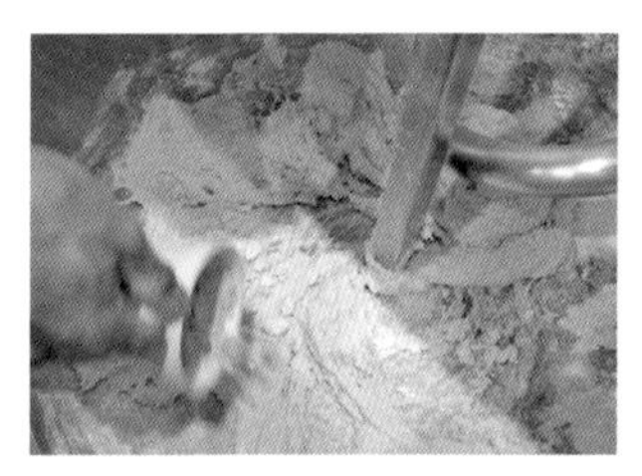

2 放入新鮮酵母，以L速攪拌2分鐘。

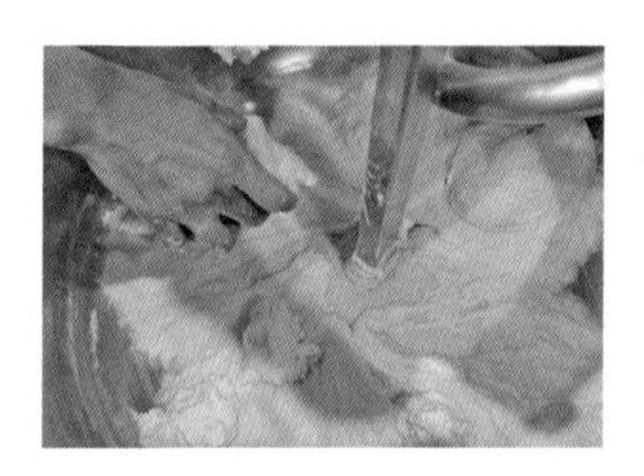

3 法國麵包發酵麵團(P.F)，以L速攪拌2分鐘。

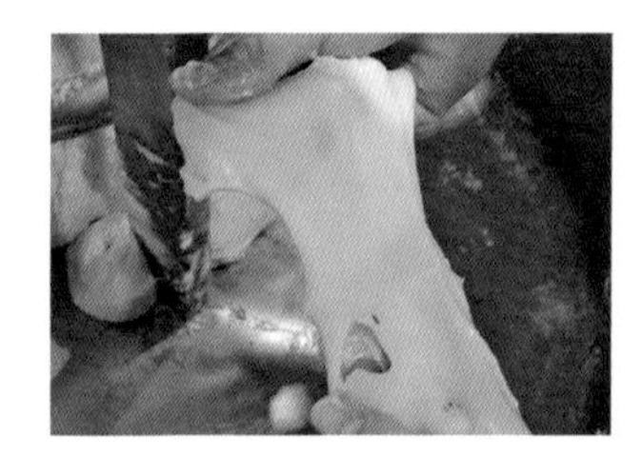

4 確認麵團狀態。

5 放入預留一半的砂糖，以L速攪拌4分鐘。

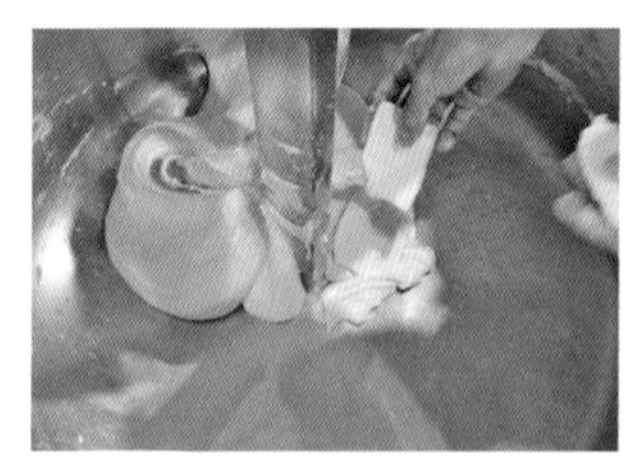

6 添加奶油，以M速攪拌3分鐘。

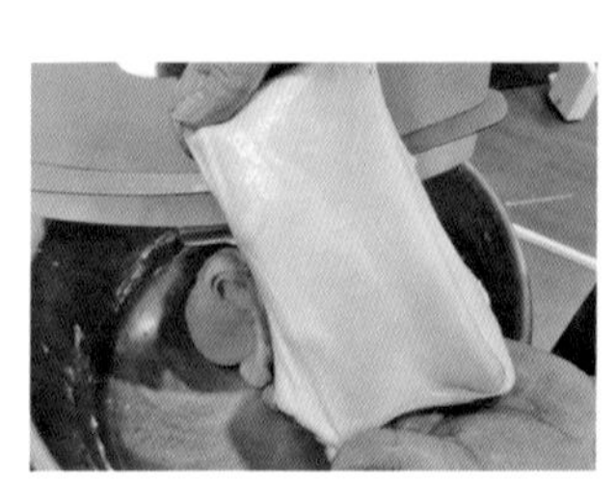

7 確認麵團狀態，已經可以延展出薄膜。

＊光滑平順，可以非常薄地延展開來。

8 撒入糖漬橙皮攪拌至均勻。

9 表面緊實地整合麵團，放入發酵箱內。

＊揉和完成的溫度目標為23℃。

10 在溫度28℃、濕度75%的發酵室內，發酵90分鐘。

壓平排氣

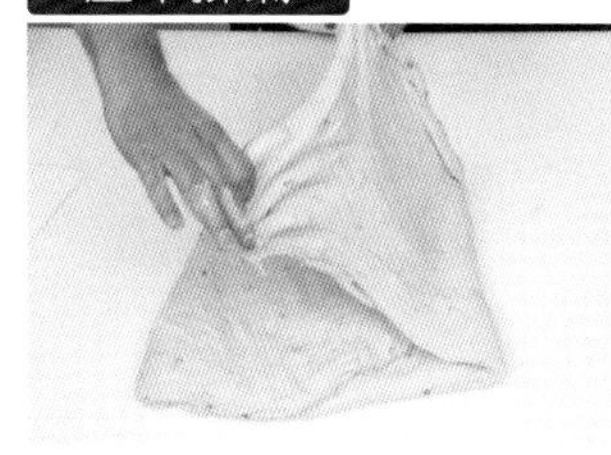

11 按壓全體，從左右朝中央、上下朝中央折疊進行”稍強的壓平排氣”，擺放在烤盤上。再次按壓全體平整地放入發酵箱內。

＊為使能均勻冷卻地使麵團整體厚度均勻。壓平排氣後，再次按壓，形成強力的壓平排氣。

發酵

12 放回相同條件的發酵室內，再繼續發酵45分鐘。

分割

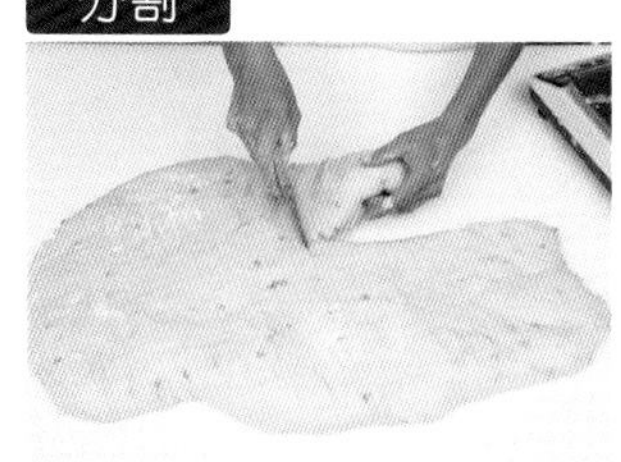

13 分割成所需的重量。依照之後的整形所需，進行滾圓。

中間發酵

14 在室溫下靜置30分鐘。

整型－小

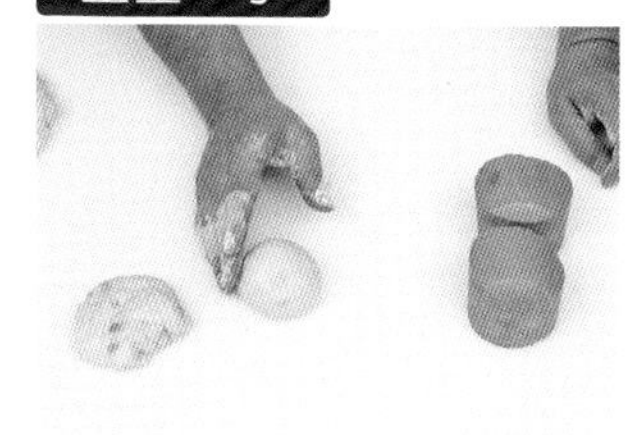

15 用手掌按壓麵團，確實排出氣體。以平順光滑面做為表面地滾圓，並捏合麵團底部。

＊使表面緊實地確實進行滾圓。

16 放入直徑7cm的小muffin紙模中。排放在烤盤上。

整型－大

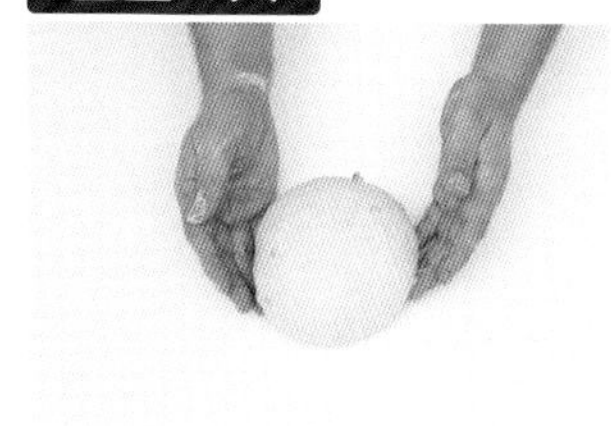

17 用手掌按壓麵團，確實排出氣體。以平順光滑面做為表面地滾圓，並捏合麵團底部。

＊使表面緊實地確實進行滾圓。

18 底部朝下放入直徑12cm的紙模內。

整型－圈狀

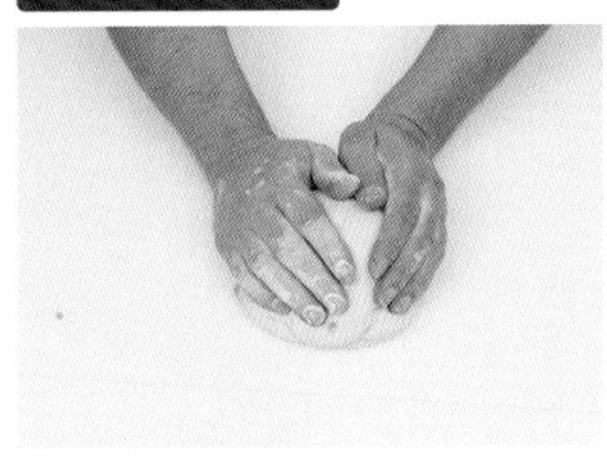

19 用手掌按壓麵團，確實排出氣體。以平順光滑面做為表面地滾圓，並捏合麵團底部。

＊使表面緊實地確實進行滾圓。

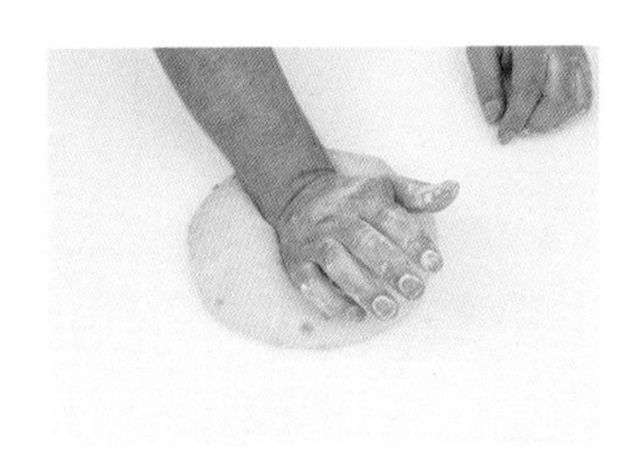

20 方法A：用手掌根部壓入麵團中央。

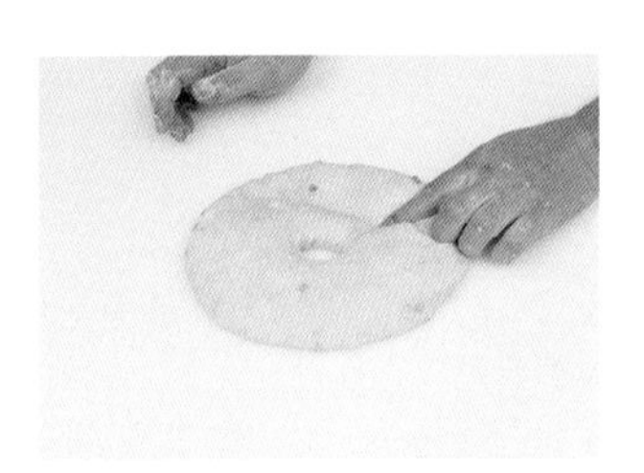

21 壓出孔洞。

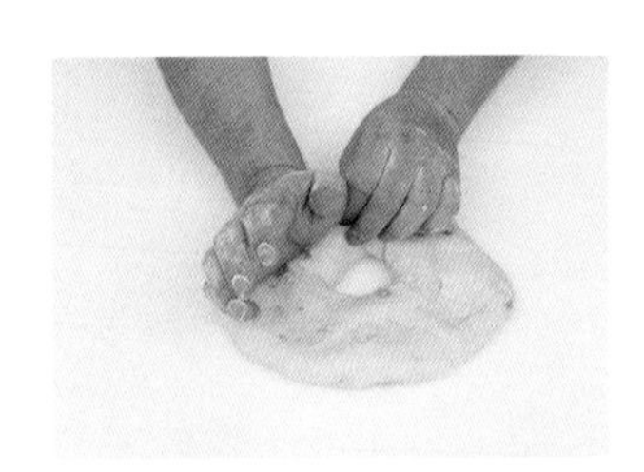

22 將外側麵團往內壓折。

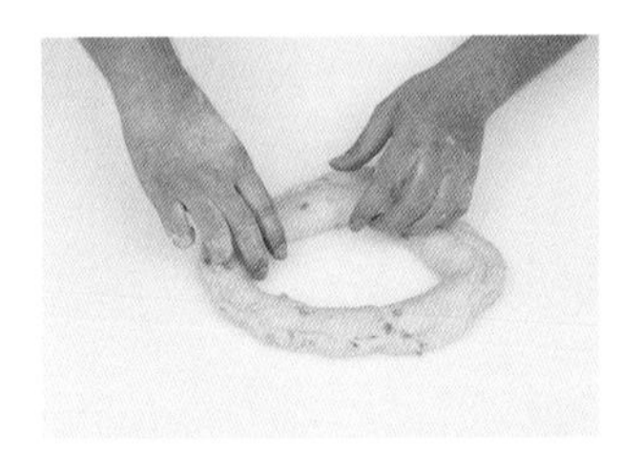

23 手掌根部按壓折疊的麵團邊緣貼合。形成圈狀。

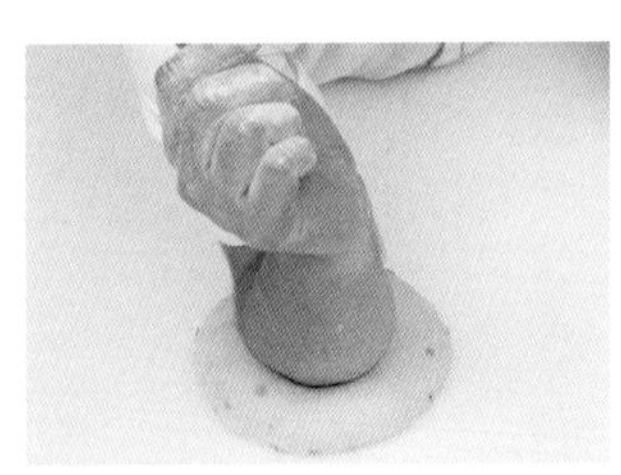

24 方法B：整型方式是以手肘壓入麵團中央。

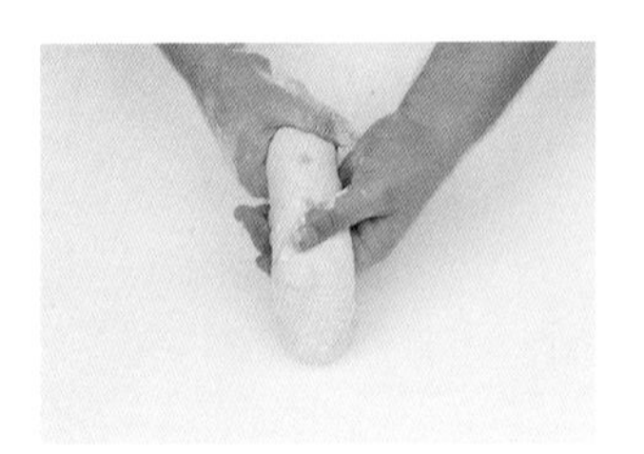

25 拿起麵團以虎口調整成圈狀。

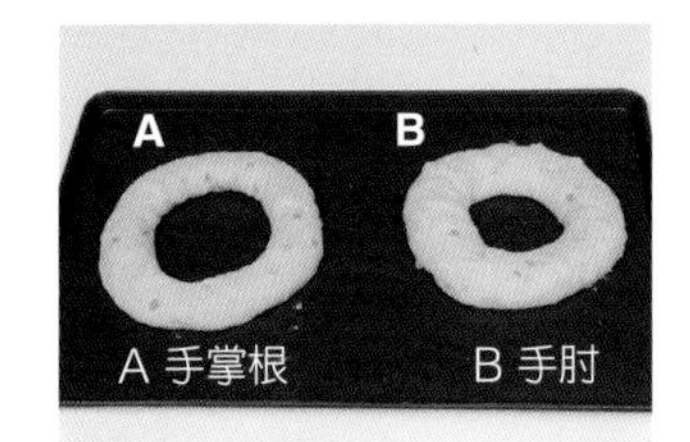

＊以手掌根整型的麵團比較紮實，較用力，發酵較慢但麵團會比較膨脹。以手肘壓入的，施力較輕，發酵快膨脹較小。

最後發酵

26 在溫度28℃、濕度75%的發酵室內，發酵70分鐘以上。

烘焙

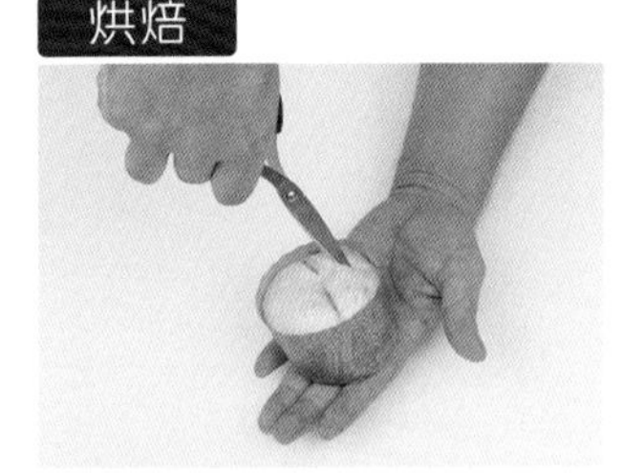

27 用刷子刷塗蛋液。muffin狀的用剪刀剪四次，剪出十字。

28 中央撒上珍珠糖。

29 筒狀的用剪刀剪四次，剪出十字。

30 圈狀手肘整型的再次用刷子刷塗蛋液。撒上珍珠糖，掌根整型的劃切井字割紋。

33 以上火180℃、下火190℃的烤箱，muffin狀的烘烤16分鐘／筒狀烘烤35分鐘／圈狀的烘烤25分鐘。

西班牙麵包(小)
La mouna
ラ・ムーナ

做法 →P.78

☑ 厚且鬆脆的表層外皮
☑ 柔軟內側略呈粗糙狀
☑ 蛋黃較多因此略帶黃色

紅豆麵包・芋泥麵包
あんパン・里芋パン

製法 直接法

材料 2kg

	配方(%)	分量(g)
麵包職人(パン職人)	80.0	1600
低筋麵粉	20.0	400
新鮮酵母	4.0	80
砂糖	22.0	440
海藻糖(trehalose)	3.0	60
鹽	1.0	20
脫脂奶粉	3.0	60
雞蛋	20.0	400
水	40.0	800
奶油	10.0	200
合計	**203**	**4060**

紅豆餡(參考P.154)	每顆45
芋頭餡	每顆45
黑白芝麻	適量
卡士達奶油餡(參考P.154)	每顆50
巧克力奶油餡(參考P.154)	每顆50
菠蘿麵團(參考P.154)	每顆30
細砂糖	適量

麵團攪拌	螺旋式攪拌機 L速2分鐘↓L速3分鐘H速 4分鐘↓L速3分鐘H速5分鐘 揉和完成溫度26℃
發酵	60分鐘 33℃、濕度75%
分割	40～50克 81個 冷藏保存於0℃～2℃
中間發酵	麵團溫度回到15℃以上
整型	請參考製作方法
最後發酵	1小時 33℃ 75% (菠蘿麵團需在奶油不會融化的溫度下進行最後發酵)
烘焙	上火220℃ 下火180℃ 紅豆/芋泥麵包 8分鐘 奶油麵包 8分鐘 螺卷麵包 8分鐘 菠蘿麵包 12分鐘

＊螺卷模噴油防沾備用

攪拌

1 除了新鮮酵母與奶油以外的麵團材料放入攪拌缽盆內，以L速攪拌2分鐘。

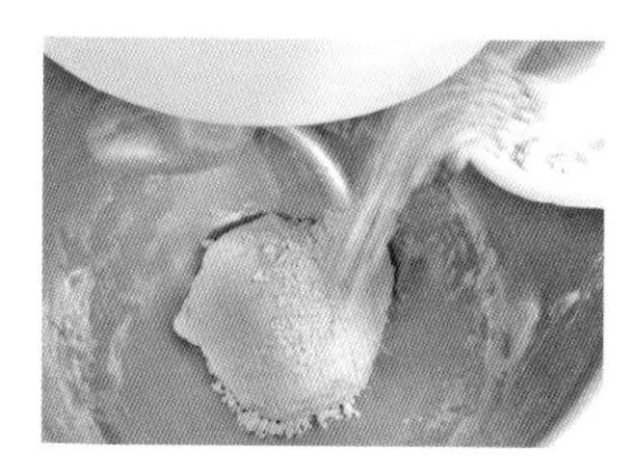

2 放入新鮮酵母以L速攪拌3分鐘。

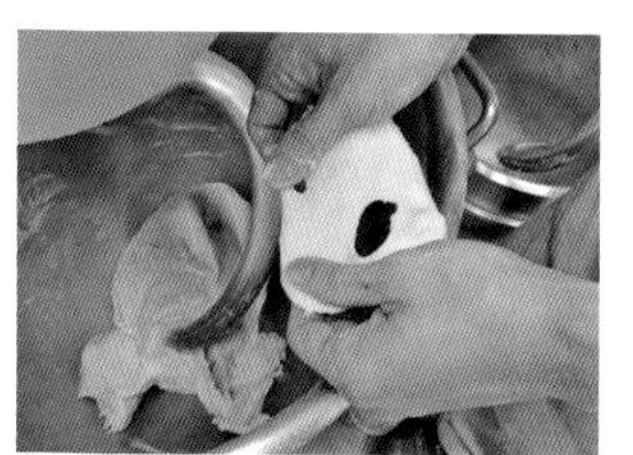

3 確認麵團狀態。

＊麵團整合成團，麵團連結增強，但延展麵團時即會破損。

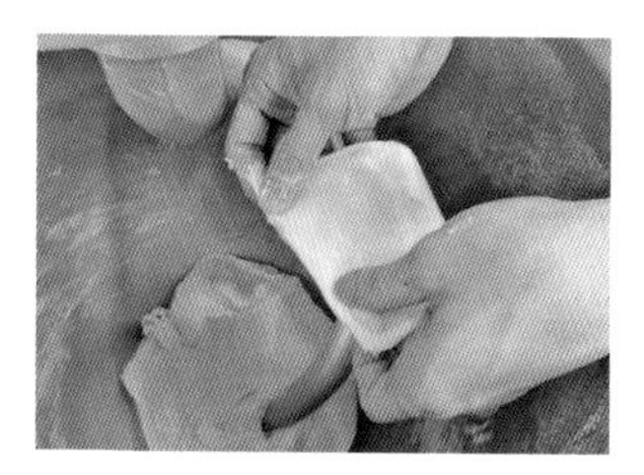

4 以H速攪拌4分鐘，確認麵團狀態。

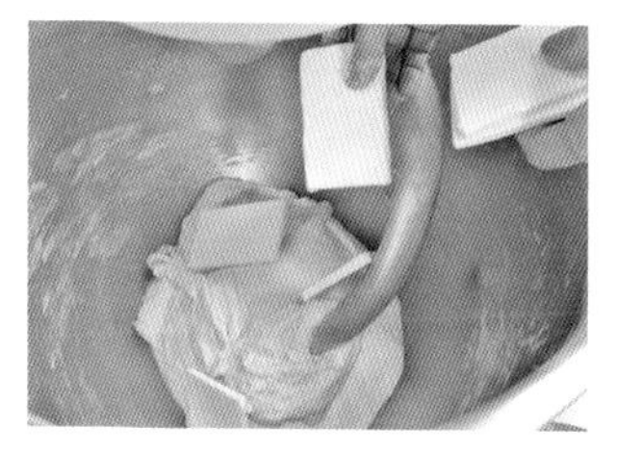

5 加入奶油以L速攪拌3分鐘，改H速攪拌5分鐘。

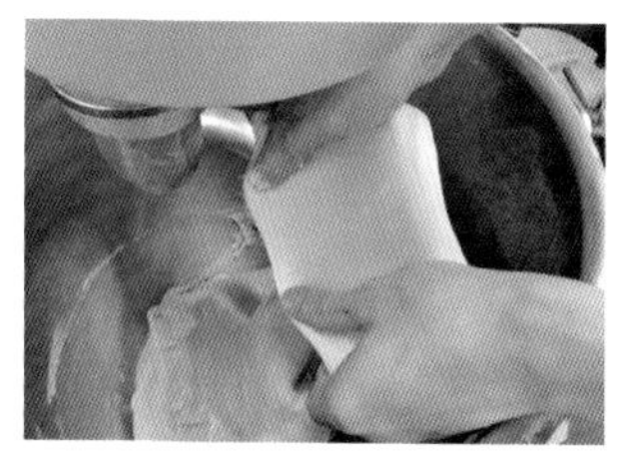

6 確認麵團狀態。

＊非常光滑平順，可以延展成薄膜狀態。

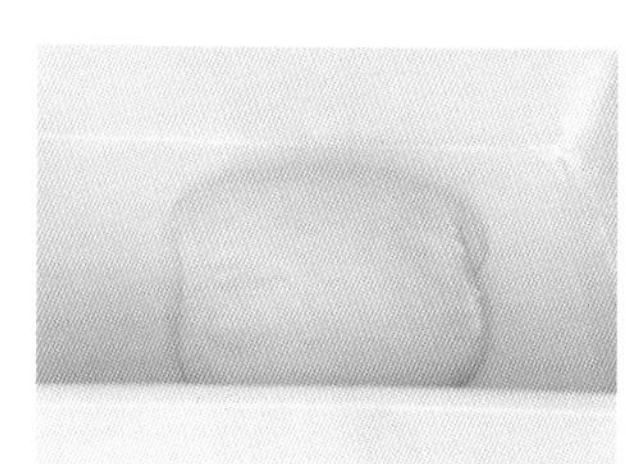

7 使表面緊實地整合麵團，放入發酵箱。

＊揉和完成的溫度目標為26℃。

發酵

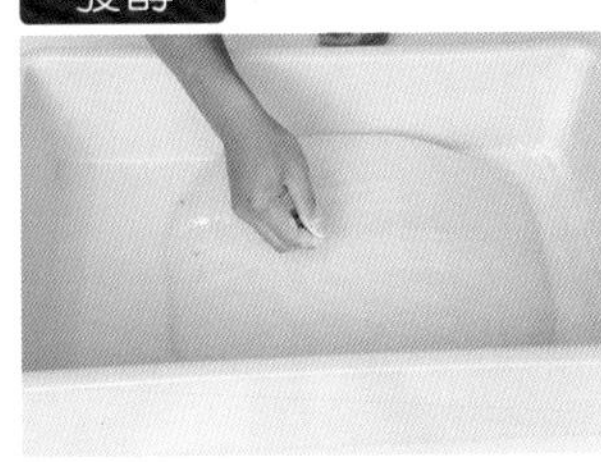

8 在溫度33°C、濕度75%的發酵室內，發酵60分鐘。

分割・滾圓

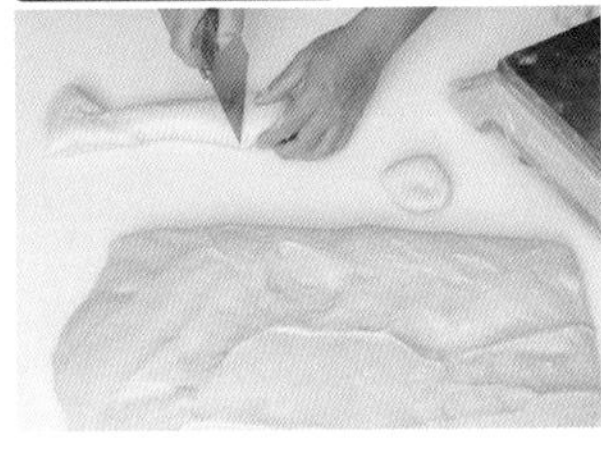

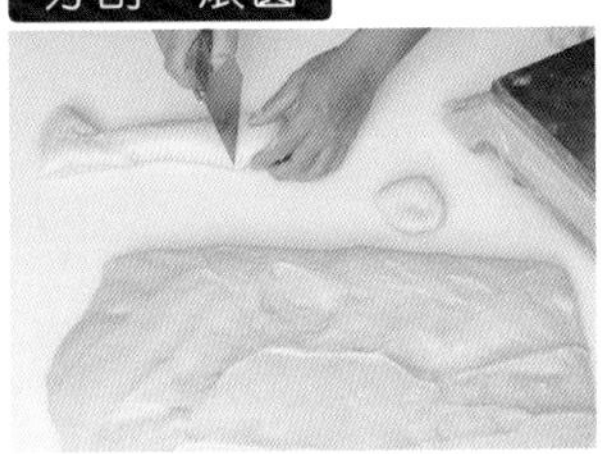

9 將麵團取出至工作檯上，分切成30克。

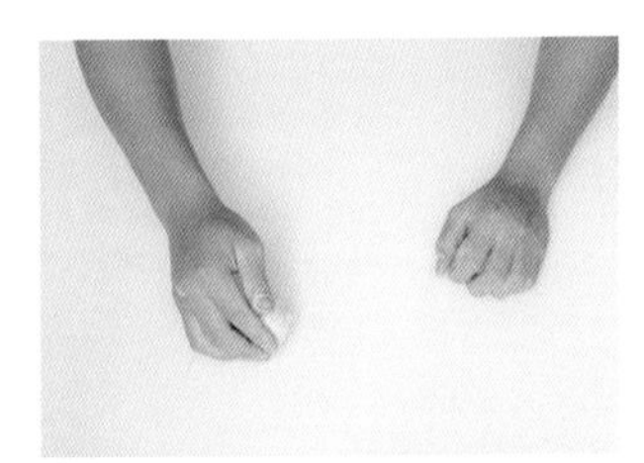

10 確實滾圓麵團。

＊確實排氣並滾圓。

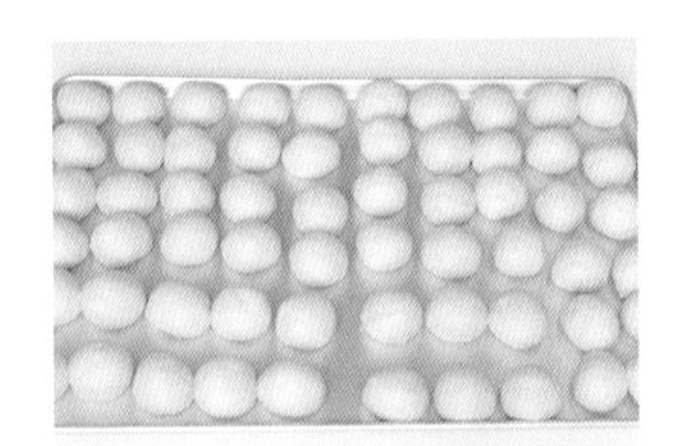

11 排放在烤盤上。放入冷藏保存於0°C～2°C。

＊充分靜置麵團至緊縮的彈力消失為止。

整型—紅豆麵包／芋頭麵包

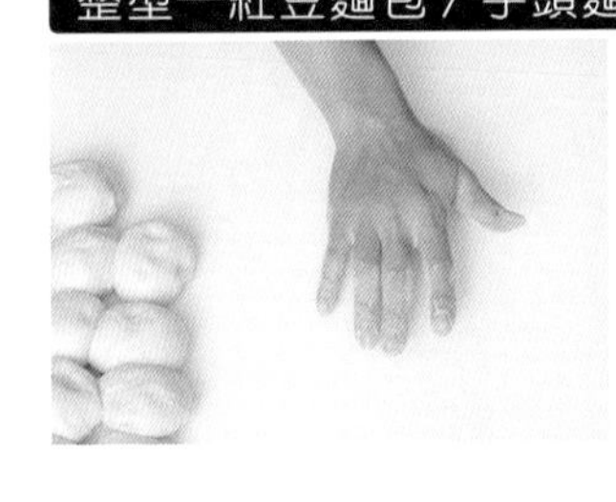

12 取出待麵團回溫至15°C以上。用手掌按壓麵團，排出氣體。

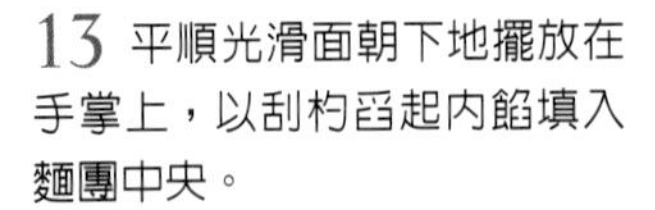

13 平順光滑面朝下地擺放在手掌上，以刮杓舀起內餡填入麵團中央。

＊內餡滿滿地放置於麵團中央處。

14 彎曲手掌，用刮杓將內餡按壓填入。

15 集中麵團邊緣，捏緊閉合。接口處朝下地排放在烤盤上，並輕輕按壓平整。

最後發酵—紅豆麵包／芋頭麵包

16 在溫度33°C、濕度75%的發酵室內，發酵60分鐘。

＊沒有充分發酵時，接口處可能會裂開流出內餡。

烘焙—紅豆麵包／芋頭麵包

17 用刷子刷塗蛋液，用前端濡濕的杯蓋蘸取白芝麻，按壓在麵團中央。

＊芋頭麵包則蘸取黑芝麻，按壓在麵團中央。

18 以上火220°C、下火180°C的烤箱，烘烤8分鐘。

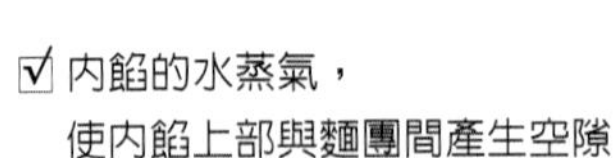

☑ 內餡的水蒸氣，使內餡上部與麵團間產生空隙

☑ 氣泡的痕跡細緻均勻

整型—奶油餡麵包

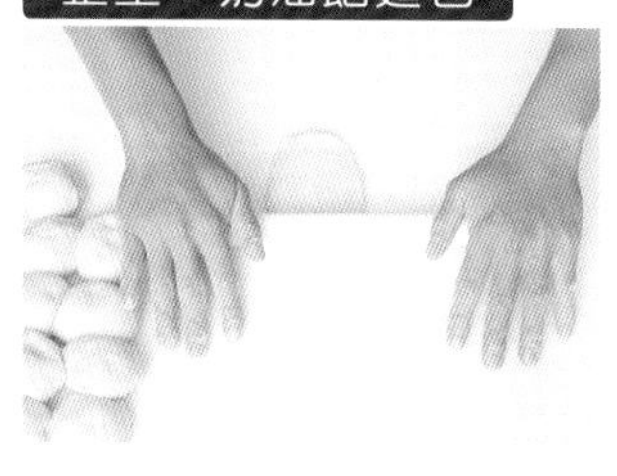

19 用手掌按壓麵團，排出氣體。將麵團擀成橢圓片狀。

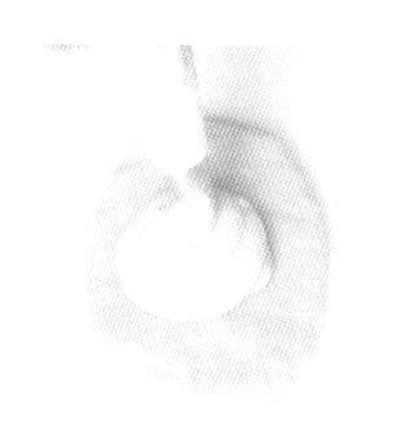

20 將奶油餡擠入麵團中央。

21 兩端折起包住奶油餡。

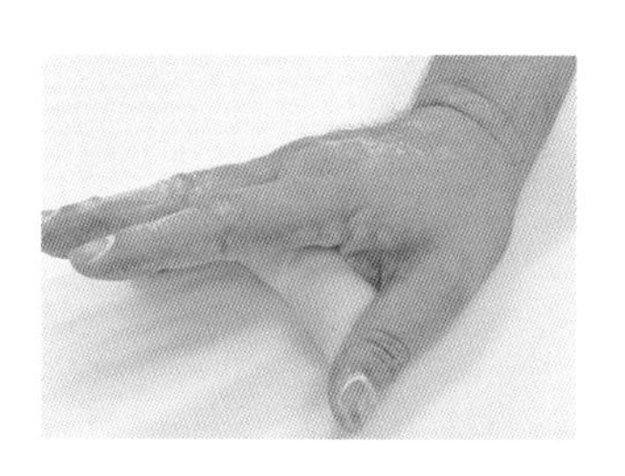

22 用手掌掌根按壓麵團邊緣使麵團閉合，整型。

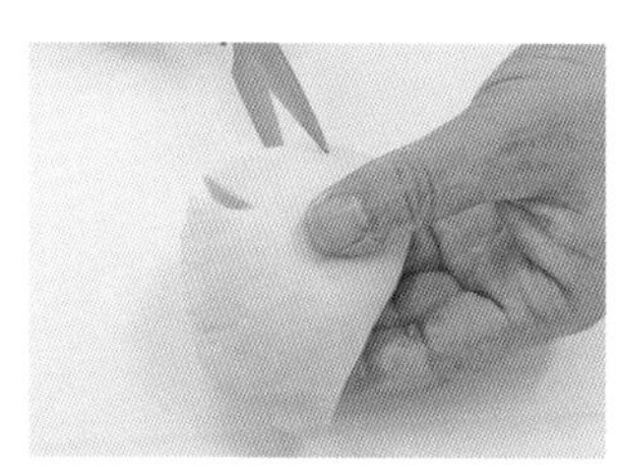

23 用剪刀在麵團邊緣剪出切口。排放在烤盤上。

＊切口若沒有深入劃切至內餡邊緣，就無法呈現漂亮的形狀。

最後發酵—奶油麵包

24 在溫度33℃、濕度75%的發酵室內，發酵60分鐘。

＊沒有充分發酵時，接口處可能會裂開，流出奶油餡。

烘焙—奶油麵包

25 用刷子刷塗蛋液。

26 以上火220℃、下火180℃的烤箱，烘烤8分鐘。

☑ 內餡的水蒸氣，使內餡上部與麵團間產生空隙
☑ 氣泡的痕跡細緻均勻
☑ 表層外皮柔軟

整型—螺卷麵包

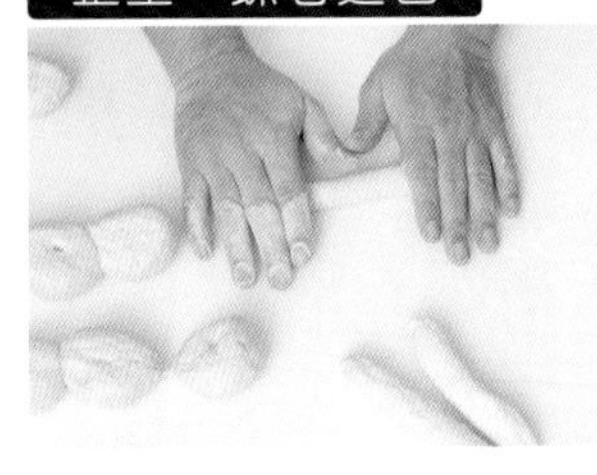

27 用手掌按壓麵團，排出氣體。平順光滑面朝下，由外側朝中央折入⅓，以手掌根部按壓折疊的麵團邊緣貼合。

28 麵團滾動180度，同樣地折疊⅓貼合。由外側朝內對折，並確實按壓麵團邊緣閉合。成為15cm棍狀。

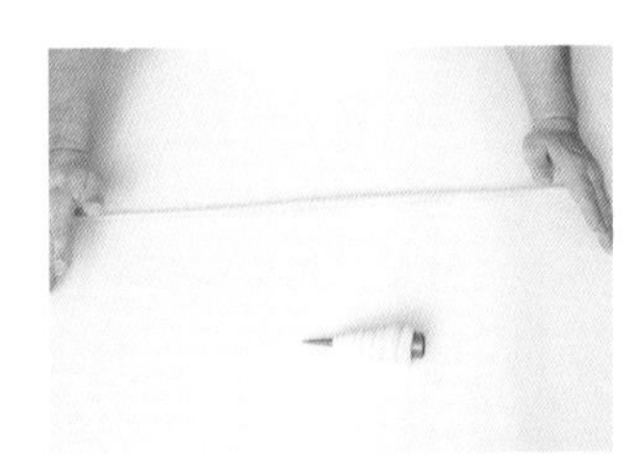

29 雙手搓長成40cm。

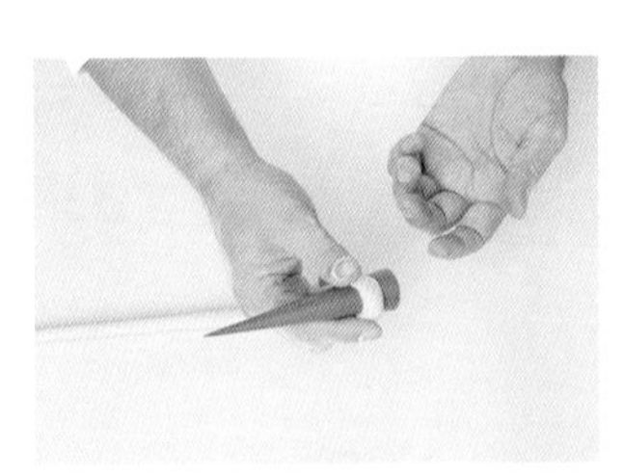

30 左手拿著噴過油防沾的螺卷模，以姆指壓著麵團一端，右手開始將麵團繞捲。

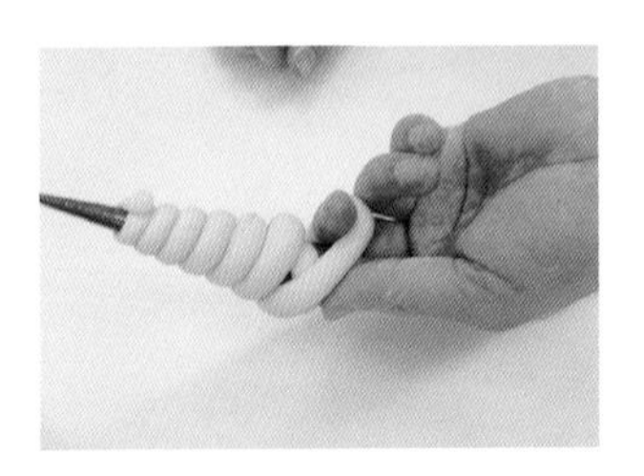

31 繞過食指，順著螺卷模將麵團繞圈。

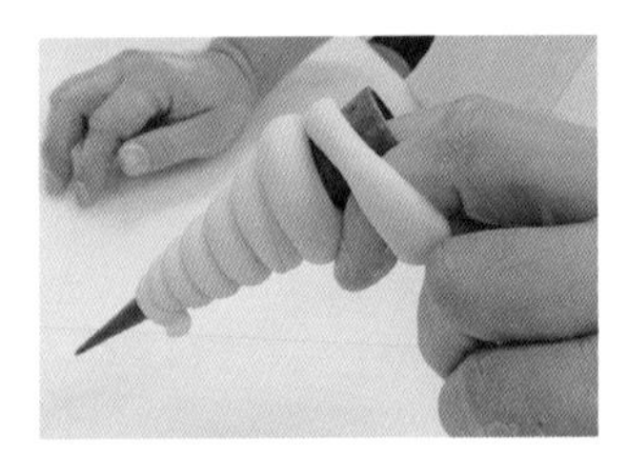

32 捲好的樣子，末端朝下擺在烤盤上固定。

最後發酵—螺卷麵包

33 在溫度33℃、濕度75%的發酵室內，發酵60分鐘。

＊充分地發酵，過度發酵時，麵團不會呈漂亮的半圓形，入口的口感也會受到影響。

烘焙—螺卷麵包

34 用刷子刷塗蛋液。

35 以上火220℃、下火180℃的烤箱，烘烤8分鐘。

36 放涼後抽出螺卷模，以擠花袋擠入卡士達奶油餡與巧克力卡士達奶油餡。

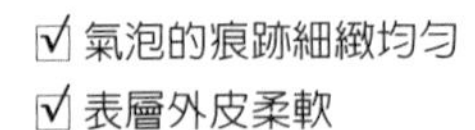

☑ 氣泡的痕跡細緻均勻
☑ 表層外皮柔軟

奶油麵包

クリームパン

做法 →P.83

奶油螺卷麵包·巧克力螺卷麵包

コロネ

做法 →P.83

整型—菠蘿麵包

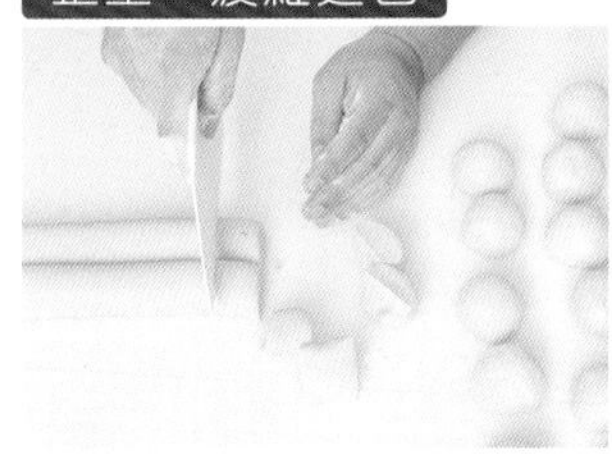

37 菠蘿麵包麵團揉和成柔軟狀態，搓成長條後分切每個約30克。

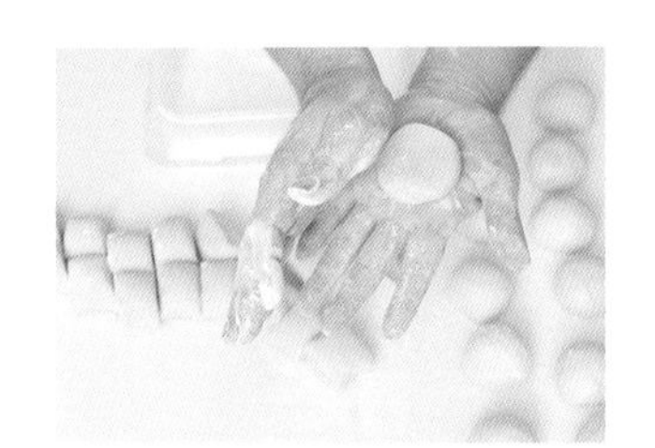

38 取一塊滾圓，按壓後成為較麵包麵團略小的扁平狀。

39 抓住麵團底部接口處，將麵包麵團壓在菠蘿麵團上並沾裹上細砂糖。

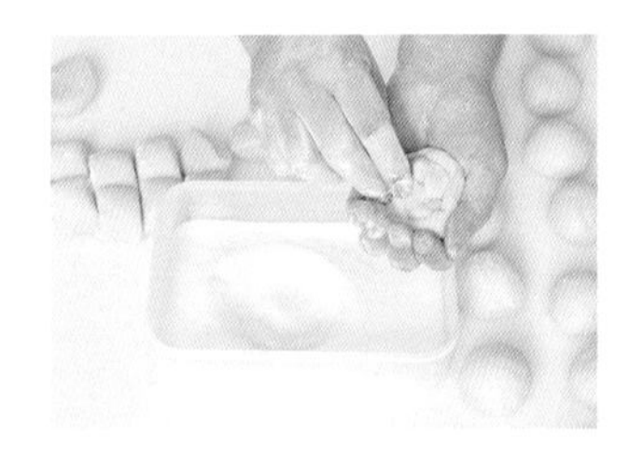

40 放置在手掌凹下處按壓密切貼合。

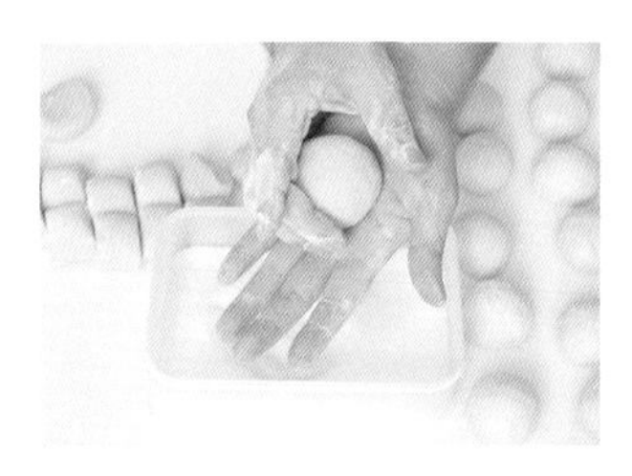

41 反面放在手掌上整理成圓形。

42 接口處朝下地排放在烤盤上，表面用刮板壓出格子狀。

最後發酵—菠蘿麵包

43 在室溫下發酵80分鐘。

＊以菠蘿麵團不會融化的溫度、表面細砂糖不會融化的溫度來進行發酵。

烘焙—菠蘿麵包

44 以上火190°C、下火170°C的烤箱，烘烤12分鐘。

＊烘烤完成時，連同烤盤一起由10cm左右高度向下落在桌上給予衝擊，以防止麵包的凹陷。

☑ 柔軟內側口感潤澤
☑ 氣泡的痕跡細緻均勻
☑ 外皮薄且口感香甜

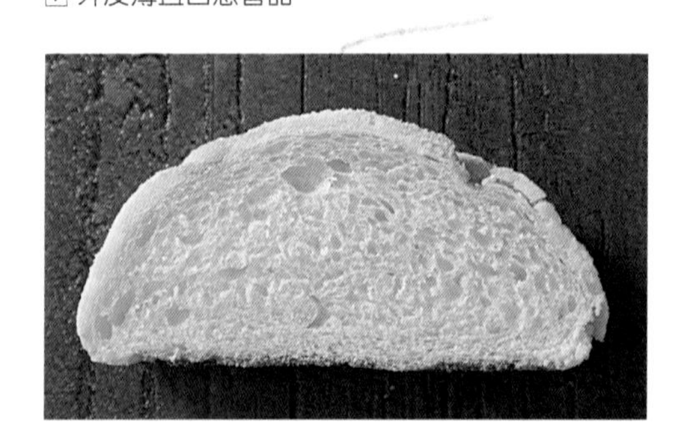

菠蘿麵包

メロンパン

做法 →P.83

鹹味咕咕洛夫(橄欖)
Gugelhupf salé
グーゲルフップ

製法　發酵種法

材料　1.5kg

	配方(%)	分量(g)
S-Mélangerr (超級麥嵐綺歐式麵包專用粉)	50.0	750
砂糖	7.0	105
海藻糖(trehalose)	5.0	75
鹽	1.0	15
酪乳粉 (Butter milk powder)	3.0	45
新鮮酵母	4.0	60
麥芽糖漿(1:1稀釋)	1.0	15
雞蛋	35.0	525
奶油	45.0	675
法國麵包發酵麵團(P.F)	85.0	1275
・配料		
綠橄欖(切片)	30.0	450
酸黃瓜	10.0	150
黑橄欖(切片)	10.0	150
起司	8.0	120
培根(切塊)	35.0	525
洋蔥(切絲)	20.0	300
肉荳蔻	0.20	3
合計	**349.2**	**2973**

披薩起司	適量
芥末籽醬	適量

＊洋蔥拌炒至呈焦糖色；炒香培根。混合炒好的洋蔥、培根，放入肉荳蔻拌勻備用。

正式麵團攪拌	直立式攪拌機 L速2分鐘(自我分解30分鐘) ↓L速3分鐘M速6分鐘↓ L速3分鐘M速3分鐘 揉和完成溫度24℃
發酵	30分鐘 28℃　75%
分割	咕咕洛夫(500克6個) 吐司模19×10×7.5cm 300克10個(比容積3.5)
中間發酵	15分鐘
整型	請參照製作方法
最後發酵	60分鐘～28℃　75%
烘焙	上火180℃　下火220℃ 30分鐘～

＊法國麵包發酵麵團(P.F)→P.153

＊模型噴油防沾備用

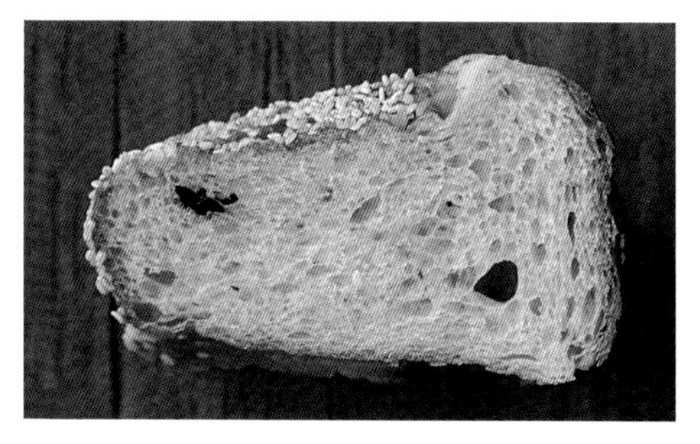

☑表層外皮厚
☑柔軟內側口感潤澤
☑橄欖分布均勻

攪拌

1 除了新鮮酵母、法國麵包發酵麵團、奶油和配料外的所有材料放入攪拌缽盆中。

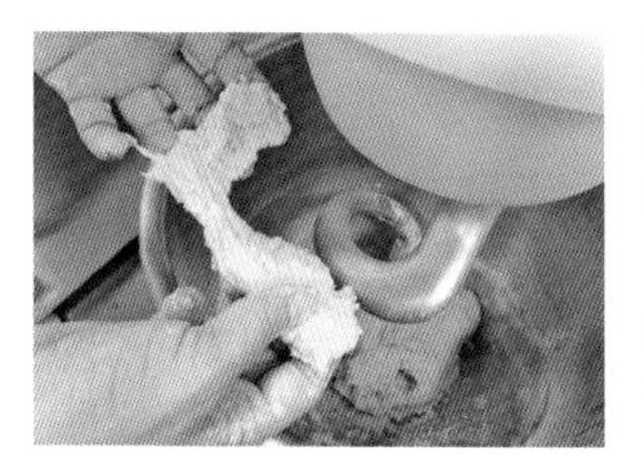

2 以L速攪拌2分鐘，靜置自我分解30分鐘。取部分麵團延展確認狀態。

＊因為是蛋黃和砂糖配方較多的麵團，因此沾黏且延展時就會扯斷麵團。

3 加入新鮮酵母、法國麵包發酵麵團，以L速3分鐘，改M速6分鐘。

4 加入鹽以L速攪拌3分鐘。

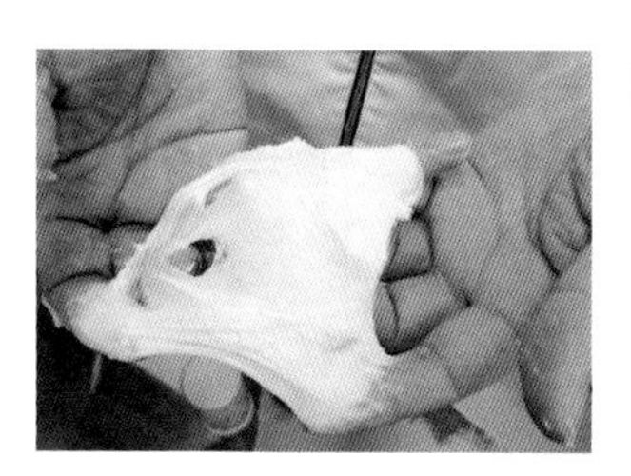

5 確認麵團狀態。

6 加入奶油後以M速攪拌3分鐘。

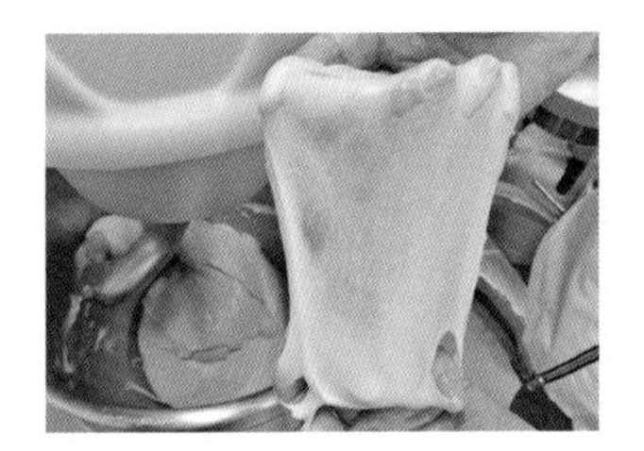

7 確認麵團狀態。

＊因加入大量奶油，使麵團連結變差，延展時會造成破損。非常柔軟的狀態。

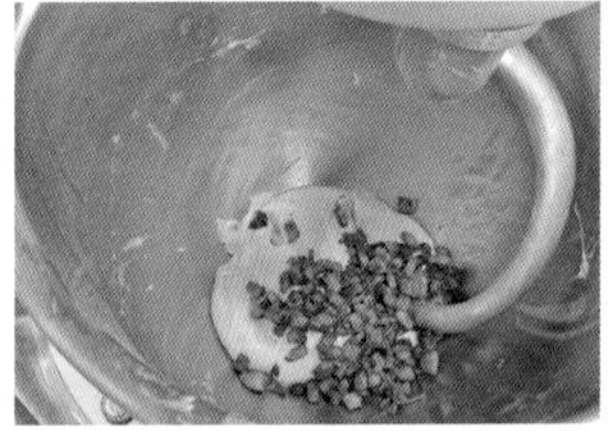

8 取一半添加混合炒好的洋蔥、培根，以L速攪拌混合全體。使表面緊實地整合麵團，放入發酵箱內。

＊另一半則加入綠橄欖、黑橄欖、酸黃瓜與起司，全體均勻混合時即完成攪拌。

＊揉和完成的溫度目標為24°C。

發酵

9 在溫度28～30°C、濕度75%的發酵室內，發酵30分鐘。

＊充分膨脹。

壓平排氣

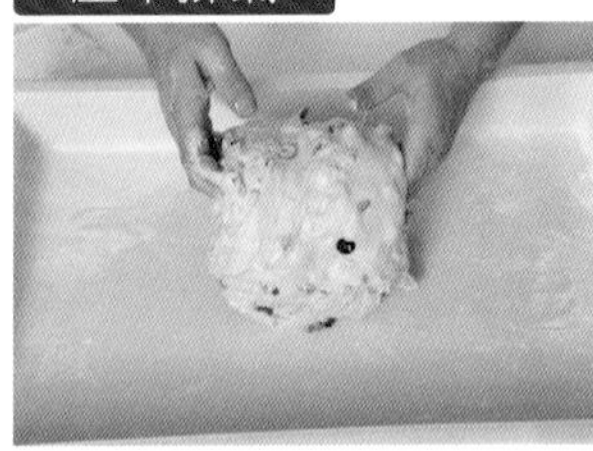

10 用切半折疊的方式。進行”壓平排氣”，再放回發酵箱內。

發酵

11 放回相同條件的發酵室內，再繼續發酵40分鐘。

＊膨脹至能殘留手指痕跡的程度。

分割

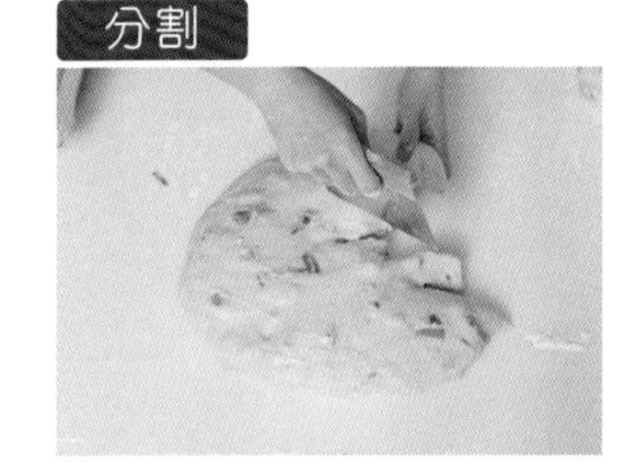

12 將麵團取出至工作檯上，分切成500克與300克。

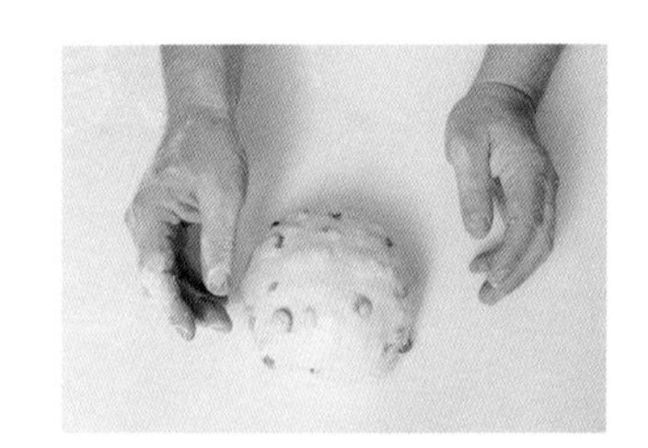

13 將500克的麵團確實滾圓，排放在舖有帆布的板子上。

＊整型只是在中央做出孔洞而已，所以此時必須確實使麵團成為圓形。

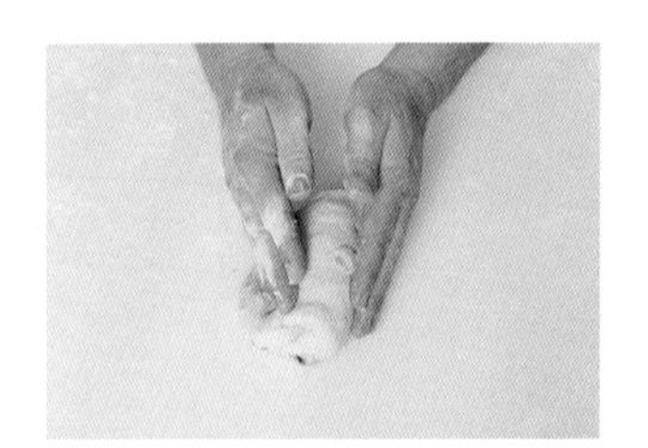

14 將300克的麵團由兩側向內折入⅓，成為橢圓棒狀。

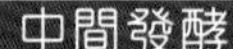

中間發酵

15 放置於與發酵時相同條件的發酵室內，靜置15分鐘。

＊中間發酵略短地完成。麵團仍稍留有彈力，較能漂亮地整型。

整型－咕咕洛夫模

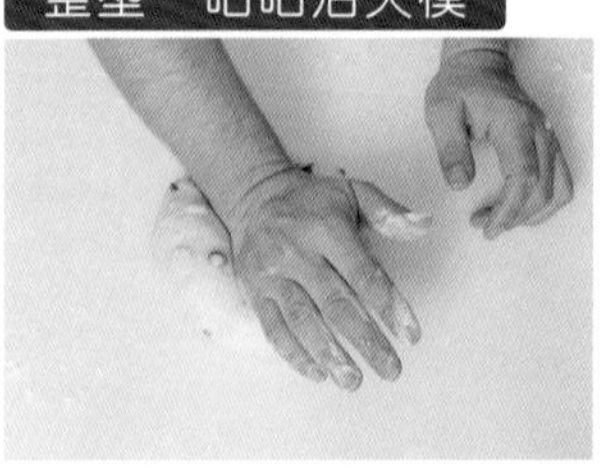

16 將500克添加橄欖的麵團用手掌壓平。

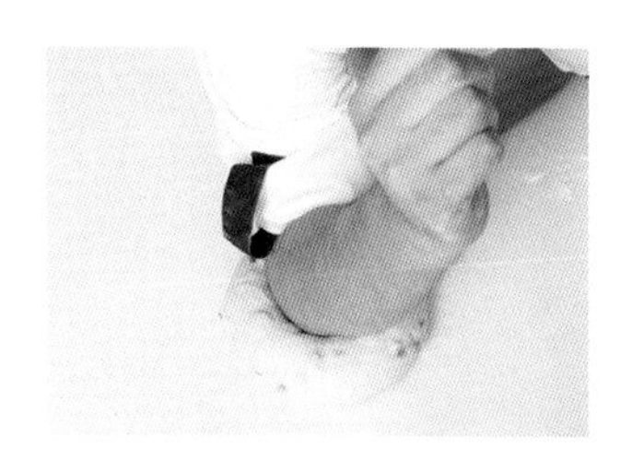

17 平順光滑面朝上，以手肘按壓在麵團中央處，以做出孔洞。

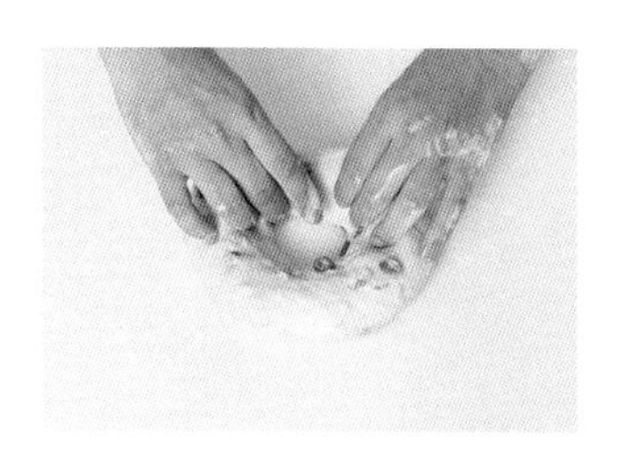

18 一邊擴大孔洞一邊將麵團整型成均勻的圈狀。

＊按壓出孔洞的是麵團表面，為使能呈現光滑平整地，將麵團整合至底部裡面。

19 光滑平整面朝下，放入已抹油均勻撒上白芝麻的模型中。

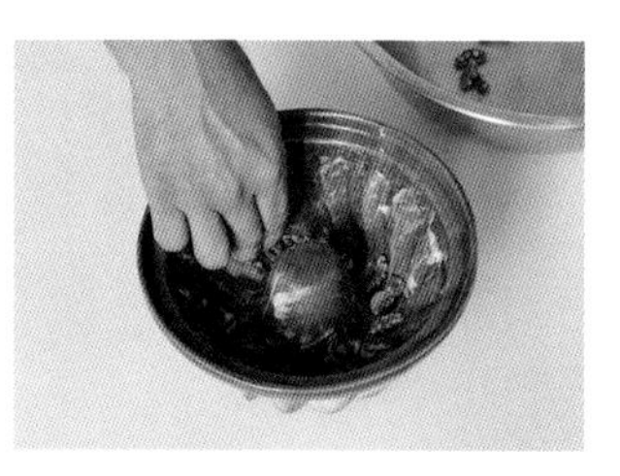

20 另一個添加洋蔥、培根的麵團則在模型底部放入浸泡過水再瀝乾的核桃。再將麵團平整面朝下放入。

＊避免空氣進入模型與麵團間，使麵團確實填滿模型。

＊核桃泡過水可避免烤焦。

整型－吐司模

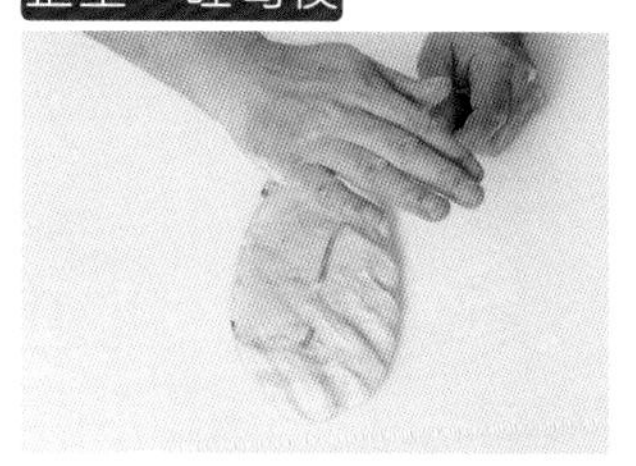

21 將300克橄欖的麵團用手掌壓平。

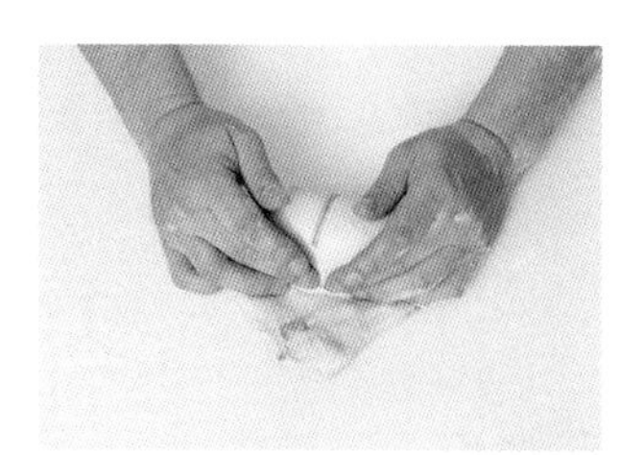

22 從自己的方向朝外捲起。

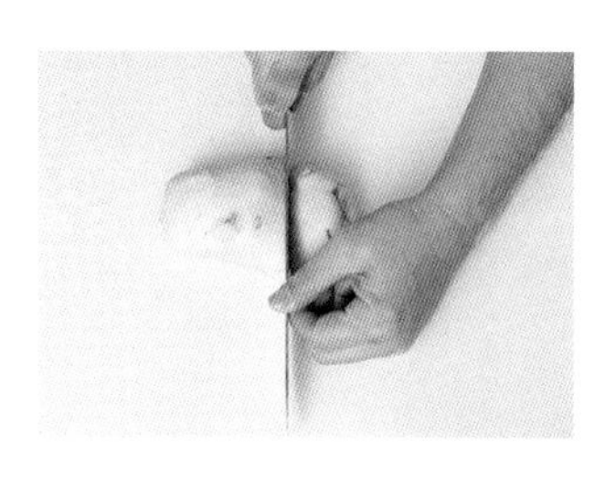

23 用刀分切成三等分。

24 切面朝上的排入吐司模中。

最後發酵

25 溫度28℃、濕度75%的發酵室內，發酵60分鐘。

＊使麵團發酵，約膨脹至模型的9成。

烘焙

26 吐司模的麵團抹上芥末籽醬並鋪上披薩起司。

27 以上火180℃、下火220℃的烤箱，烘烤30分鐘左右。取出立即脫模。

鹹味咕咕洛夫（洋蔥培根）
Gugelhupf salé
グーゲルフップ
做法 →P.91
橄欖吐司
Oliver toast
オーリブ食パン
做法 →P.91

折疊麵團類

提到折疊麵團一定不會少不了源於十七世紀左右的可頌Croissant，以及今日與可頌同等受歡迎，最常在歐式早餐中出現的巧克力可頌Chocolate Croissant。還包括以布里歐麵團加上奶油進行折疊變化出的丹麥布里歐Brioche Danish；吐司麵團變化製作的丹麥吐司Danish；以及裸麥蜂蜜麵團延伸出的火腿芝麻蜂蜜裸麥…等等。

可頌
Croissant
クロワッサン

製法　發酵種法

材料　2kg(約89個)

	配方(%)	分量(g)
S-Mélanger (超級麥嵐綺歐式麵包專用粉)	60.0	1200
Mélanger (麥嵐綺歐式麵包專用粉)	20.0	400
砂糖	8.0	160
鹽	1.6	32
麥芽糖漿(1:1稀釋)	1.0	20
雞蛋	5.0	100
牛奶	25.0	500
水	10.0	200
奶油	4.0	80
法國麵包發酵麵團(P.F)	34.0	680
新鮮酵母	3.5	70
折疊用奶油	50	1000
合計	**222.1**	**4442**

蛋液	適量

麵團攪拌	螺旋式攪拌機 L速5分鐘(自我分解30分鐘)↓ L速4分鐘H速1分鐘 揉和完成溫度23°C
發酵	28°C 75% 30分鐘→ 冷藏3°C 3～24小時
折疊	四折疊2次
分割	可頌(50克 88個) 彎月可頌(60克 74個)
中間發酵	70分鐘
整型	請參考製作方法
最後發酵	70～80分鐘 28°C 75%
烘焙	刷塗蛋液 上火220°C 下火180°C 14分鐘

＊法國麵包發酵麵團(P.F)→P.153

☑ 等距層次的旋渦狀
☑ 柔軟內側完全看不到海綿狀的氣泡
☑ 無法明確區分表皮與內側

攪拌

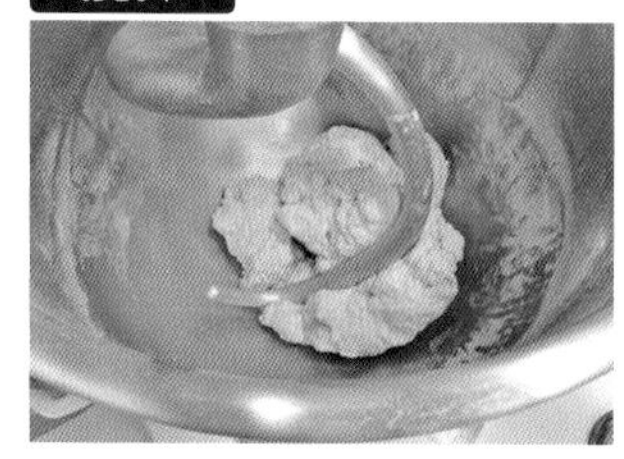

1 除法國麵包發酵麵團(P.F)及新鮮酵母、鹽以外，材料全部放入攪拌缽盆中，以L速攪拌。

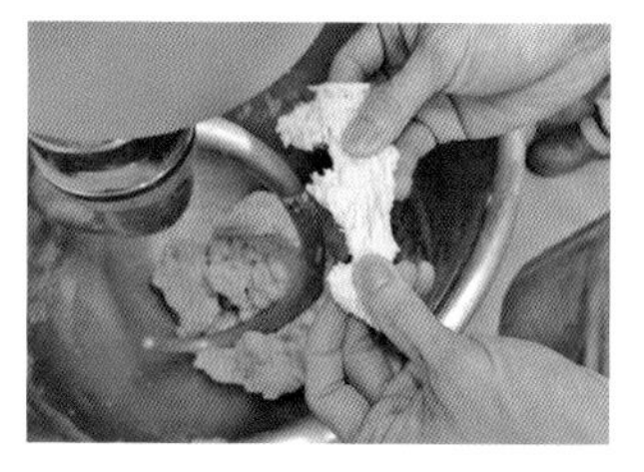

2 攪拌2分鐘時，取部分麵團延展確認狀態。靜置30分鐘進行自我分解。

＊材料全部混拌即可。麵團連結較弱、且沾黏。即使慢慢地拉開，麵團也無法延展地被扯斷。

3 放入剝成小塊的法國麵包發酵麵團(P.F)並撒入新鮮酵母，以L速攪拌2分鐘，酵母融入後加鹽L速攪拌3分鐘，再轉H速攪拌1分鐘。

4 分成二份，表面緊實地整合麵團，放入發酵箱內。

＊麵團較硬，因此在工作檯上按壓整合成圓形。
＊揉和完成的溫度目標為23°C。

發酵

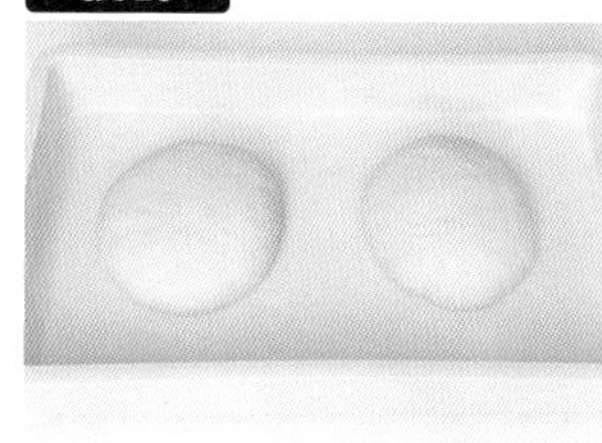

5 在溫度28°C、濕度75%的發酵室內，發酵30分鐘。

＊揉和完成的溫度較低，因發酵時間也短，所以不太會膨脹。

冷藏發酵

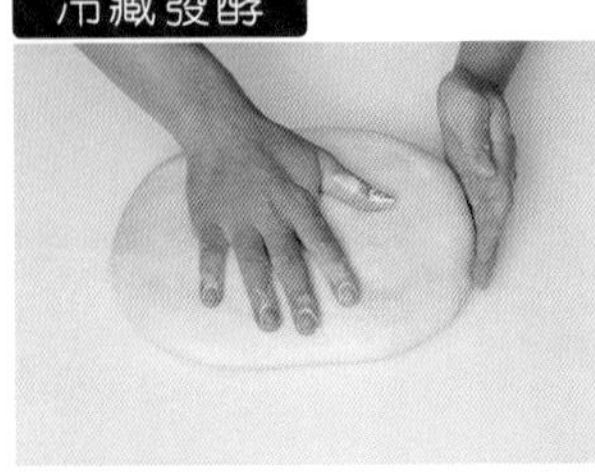

6 將麵團取出至工作檯上，輕輕按壓全體，用塑膠袋包覆。

＊將麵團壓成一致的厚度能幫助均勻冷卻。塑膠袋鬆鬆的包覆麵團。

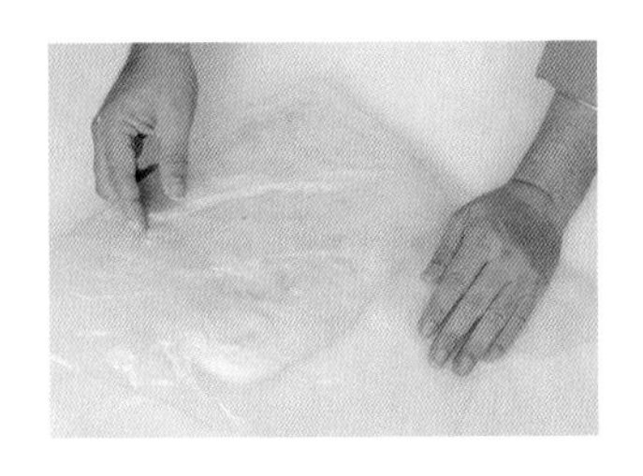

7 放入溫度3℃的冷藏室內，發酵3～24小時。

＊發酵時間最少為3小時，可以在3～24小時間進行調整。

折疊

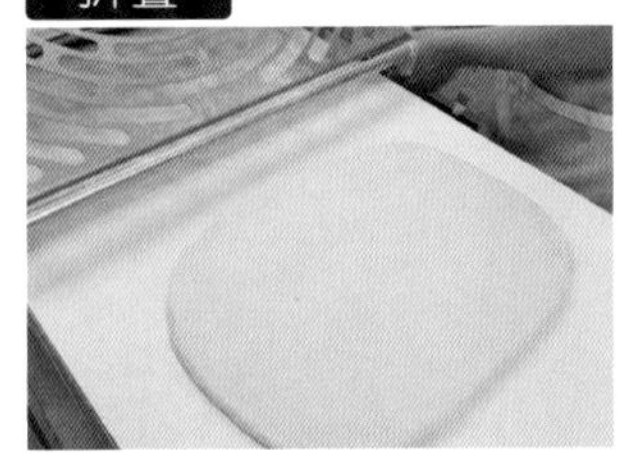

8 將麵團取出至工作檯上，撒上手粉分次用壓麵機壓成47×48cm的長方形。

＊擀壓成大於奶油的尺寸。

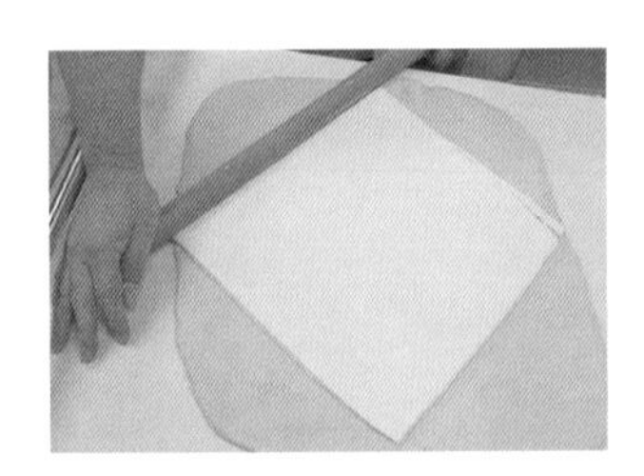

9 折疊用奶油在冰涼堅硬的狀態下取出放於工作檯上。撒上手粉用擀麵棍敲打，邊調整奶油的硬度邊將其整型成正方型。

＊整型時以寬度大於30cm來決定長度，標準約是30cm。

10 在麵團上以45度交錯的角度，擺放上折疊用奶油。

11 略微拉開，使對向麵團折入中央，按壓重疊部分貼合。其餘麵團也同樣折入，並按壓重疊部分貼合。

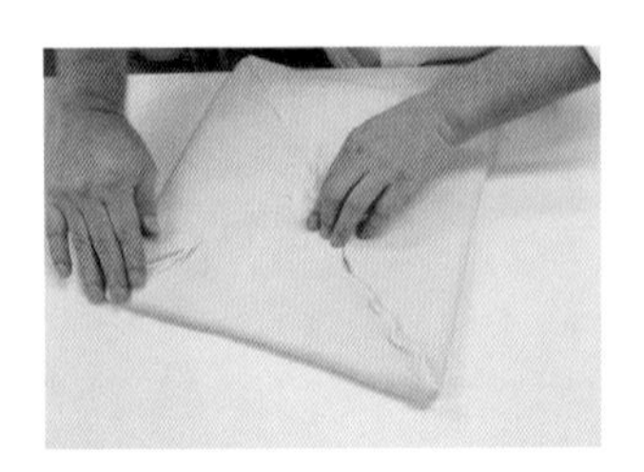

12 麵團邊緣確實捏緊閉合，完全包覆住奶油。

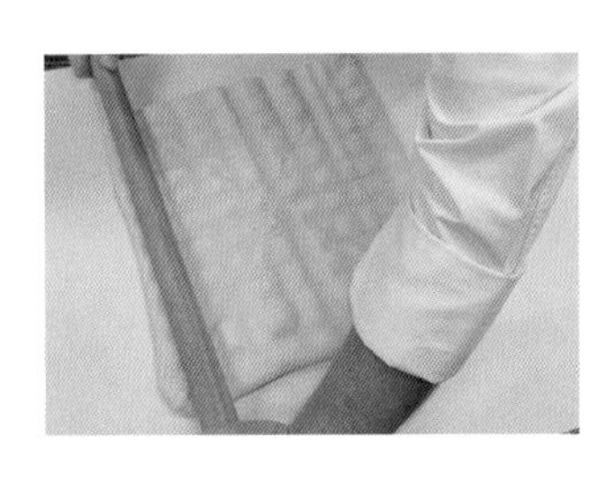

13 用擀麵棍按壓全體，再放入壓麵機內擀壓。

14 用壓麵機擀壓成寬35cm、厚5mm的大小。

＊奶油過硬時，在擀壓過程中就會斷裂只擀壓到麵團；但過度柔軟時，奶油會滲入麵團中，使得層次無法清晰呈現。

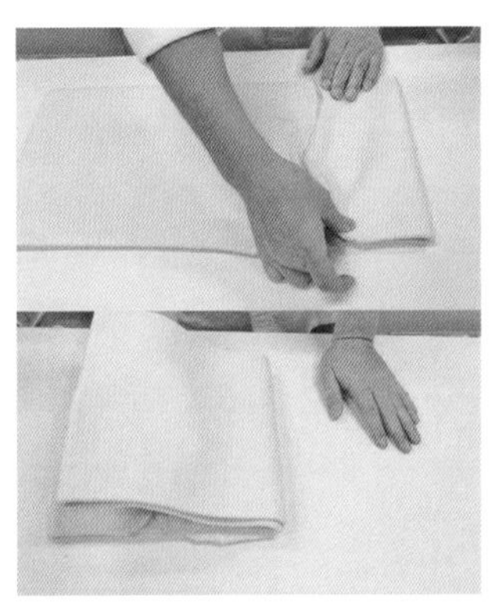

15 進行四折疊。

＊折疊時要平整地對齊尖角

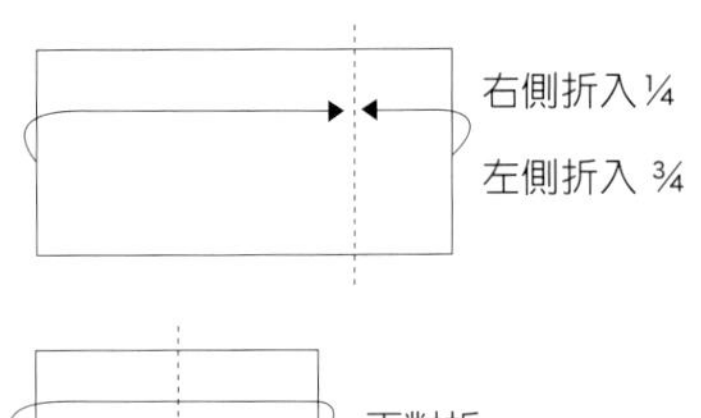

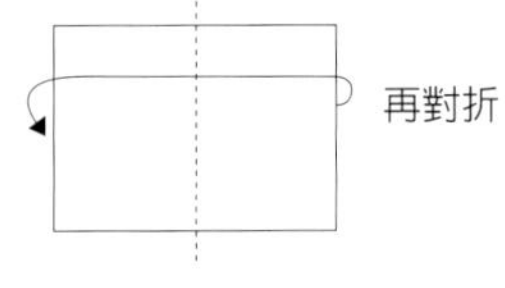

16 用塑膠袋包覆住麵團，放入-3℃的冷凍庫內靜置60分鐘。

17 改變擀壓方向與之前呈90度地放入壓麵機內。再次擀壓成厚5mm後，進行四折疊。用塑膠袋包覆住麵團，放入-3℃的冷凍庫內靜置1小時。

整型

18 改變擀壓方向，與之前呈90度地放入壓麵機內，擀壓成寬35cm、厚4mm大小。

＊作業過程中，麵團過軟時，可以用塑膠袋包覆，放入冷凍庫冷卻。

19 將麵團橫放在工作檯上，用手一邊依序地提拉起麵團鬆弛。

＊防止分切時麵團緊縮。

20 用尺量出17cm寬。將麵團切成二份。

21 再以等距量尺將麵團做出記號。在靠近自己的麵團上間隔10cm地做出記號。外側麵團則是錯開5cm地，間隔10cm做出記號。

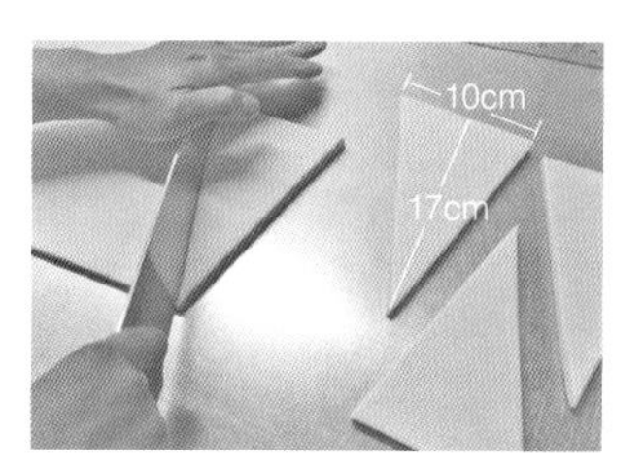

22 分切成等邊三角形。

＊為形成漂亮的層次，所有邊緣都用刀子切齊。前後拉動刀子分切，會破壞層次，所以必須由上向下壓切。

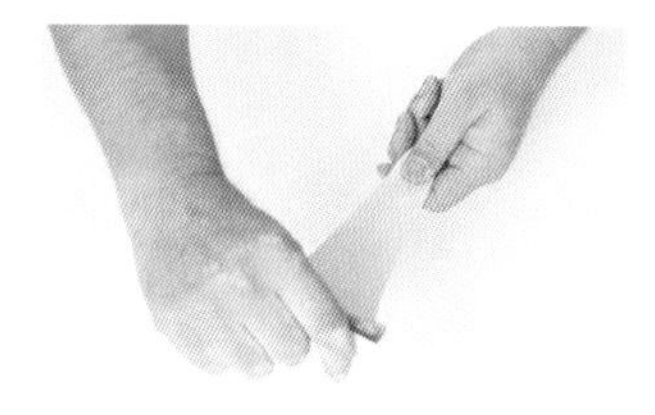

23 分開重疊的麵團，三角形底部向外，朝著自己的方向輕拉麵團。

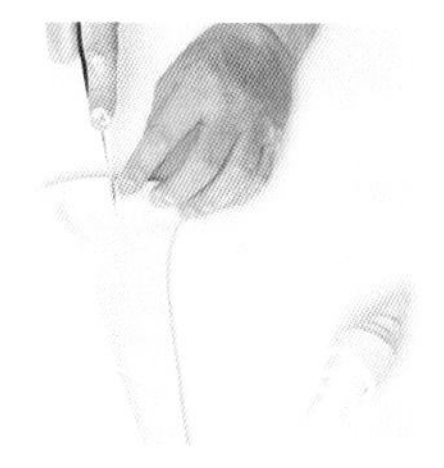

24 以小刀在三角形底部切出1cm切口。

＊直的可頌不用切。

25 從外側將少許麵團反折並輕輕按壓。

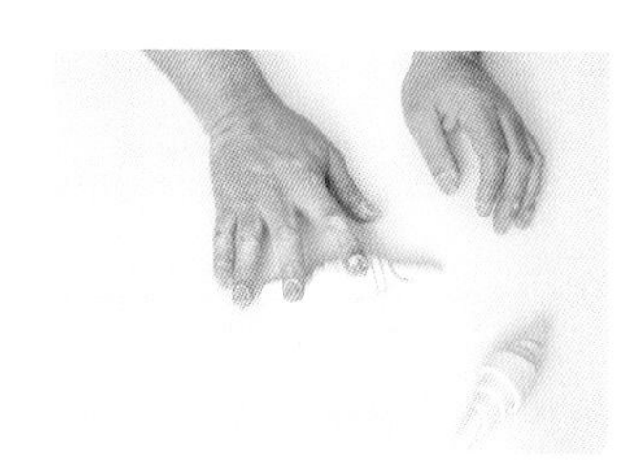

26 用兩手朝前捲起。

＊為避免層次消失，儘可能不要接觸切面地捲起。捲得過鬆無法膨脹出體積。

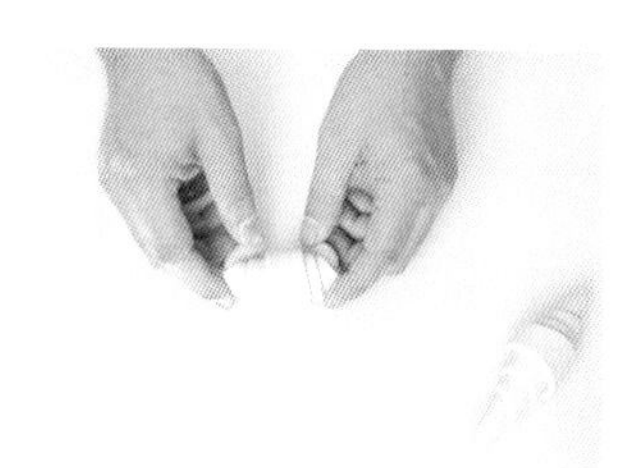

27 彎月可頌則是在捲好後將左右兩端向下彎曲。

28 兩種可頌接口處朝下排放在烤盤上。

最後發酵

29 在溫度28℃、濕度75%的發酵室內，發酵70～80分鐘。

＊溫度過高時會使奶油融出，烘焙完成時會變得太油。

烘焙

30 用刷子刷塗蛋液。

＊避免破壞層次，刷毛與捲紋平行地移動刷塗。

30 以上火220℃、下火180℃的烤箱，烘烤14分鐘。

巧克力可頌
Chocolate Croissant
チョコクロワッサン

做法 →P.97

製法　發酵種法

材料　2kg（約74個）

與可頌麵包相同。請參照P.97的材料表

	分量(g)
巧克力(8cm×1cm)	148片
蛋液	適量

攪拌～折疊	與可頌相同 請參照P.97的製程表
分割	60克　74個
整型	請參考製作方法
最後發酵	60～70分鐘　30°C　70%
烘焙	刷塗蛋液 上火220°C　下火180°C 15分鐘

攪拌～折疊～分割

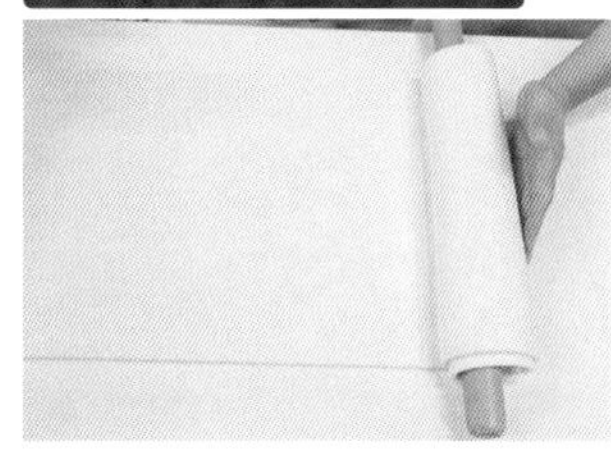

1 與可頌製作方法1～19（→P.97）相同。

2 用刀子切分成8.5cm×15cm的長方形。

＊前後拉動刀子分切，會破壞層次，所以必須由上向下直接壓切。

3 在麵團¼處擺放巧克力。

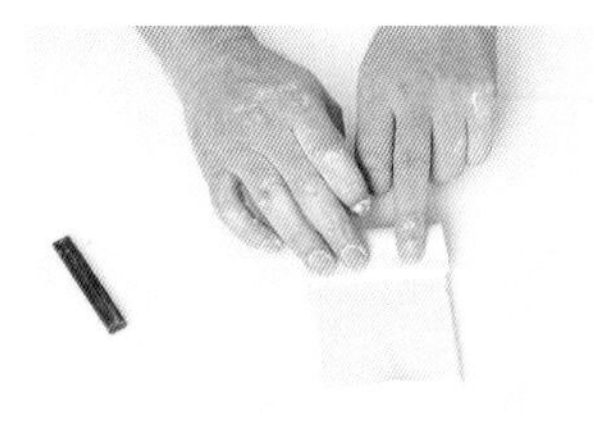

4 折起½。

5 再擺放第2條巧克力。

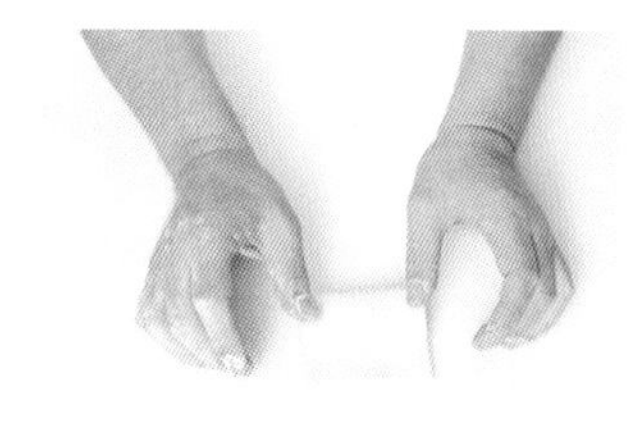

6 向外折疊麵團。

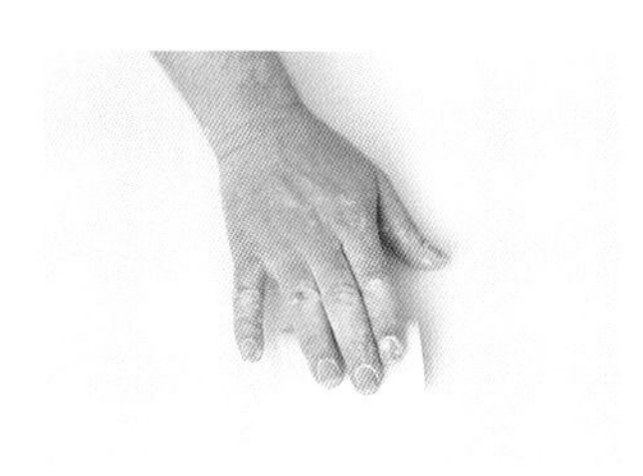

7 按壓重疊處貼合。

＊重疊部分太少時，烘焙過程中接口處會散開，導致巧克力外流。

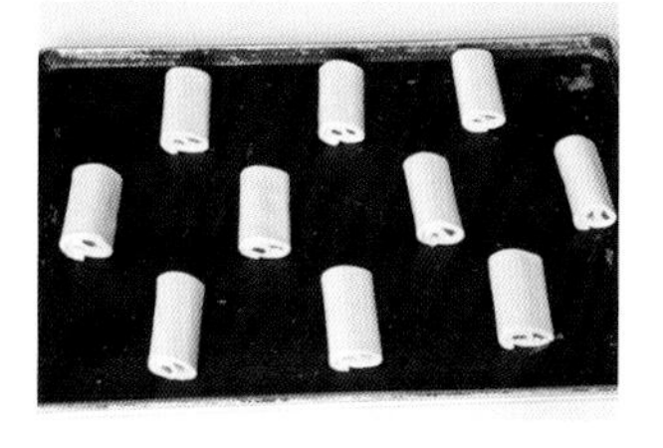

8 重疊部分朝下，排放在烤盤上。

最後發酵

9 在溫度28°C、濕度75%的發酵室內，發酵70～80分鐘。

＊溫度過高時會使奶油融出，烘焙完成時會變得太油。

烘焙

10 用刷子刷塗蛋液。

11 以上火220°C、下火180°C的烤箱，烘烤15分鐘。

丹麥布里歐
Brioche Feuilletée
ブリオッシュ・フィユテ

製法 發酵種法

材料 1.75kg

	分量(g)
布里歐麵團	1500
折疊用奶油	250
合計	**1750**

珍珠糖	適量
清澄奶油	適量
杏仁奶油醬(參考P.154)	適量

發酵	60分鐘時壓平排氣→ 冷藏3°C 75% 3～48小時
分割	辮子形(200g1個放入17×6×4.5cm模型中1個) 圓形(60g1個放入上徑7cm下徑4cm高2.5cm模型中) 花形(80g×4個放入上徑15cm下徑7.5cm高6cm模型中)
中間發酵	60分鐘
整型	請參考製作方法
最後發酵	70分鐘 28°C 75%
烘焙	辮子形 上火180°C 下火220°C 20分鐘 圓形 上火180°C 下火220°C 10分鐘 花形 上火180°C 下火220°C 18分鐘

＊模型噴油防沾備用

布里歐吐司剖面

☑ 等距層次的旋渦狀
☑ 蛋黃較多因此略帶黃色
☑ 柔軟內側略呈粗糙狀

攪拌

1 參考67頁布里歐步驟1～10完成麵團。

折疊

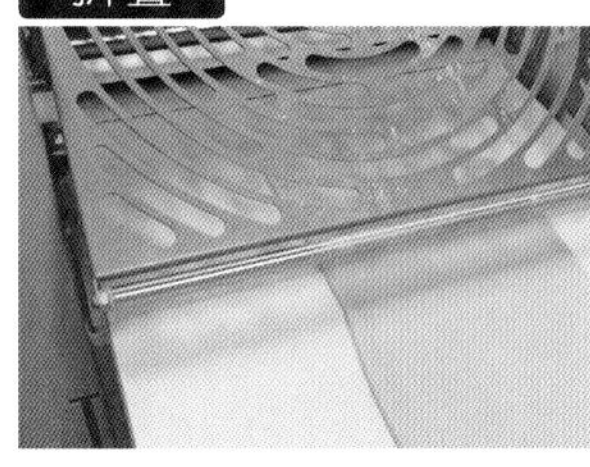

2 用壓麵機將麵團壓成較奶油略大的長方形30×40cm。

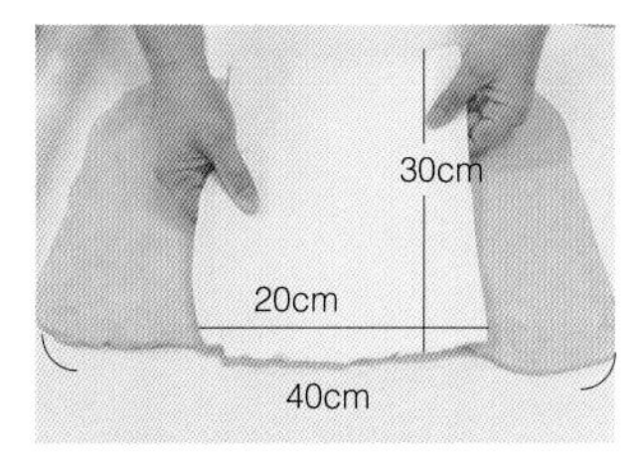

3 折疊用奶油在冰涼堅硬的狀態下取出放於工作檯上。撒上手粉用擀麵棍敲打，邊調整奶油的硬度邊將其整型成長方型。奶油置中以麵團包覆。
＊奶油大小約是30×20cm長方。

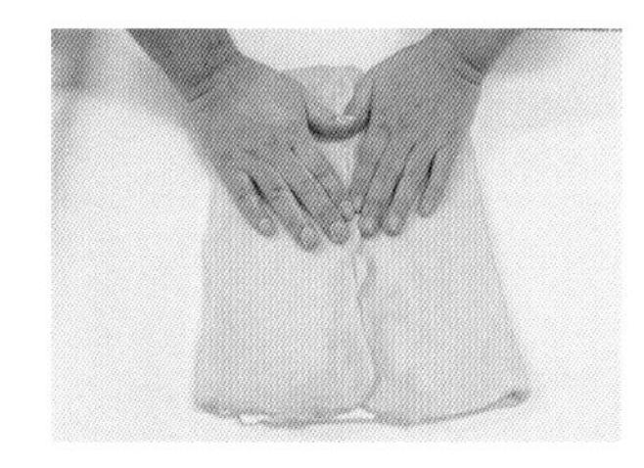

4 上下捏緊接口處。

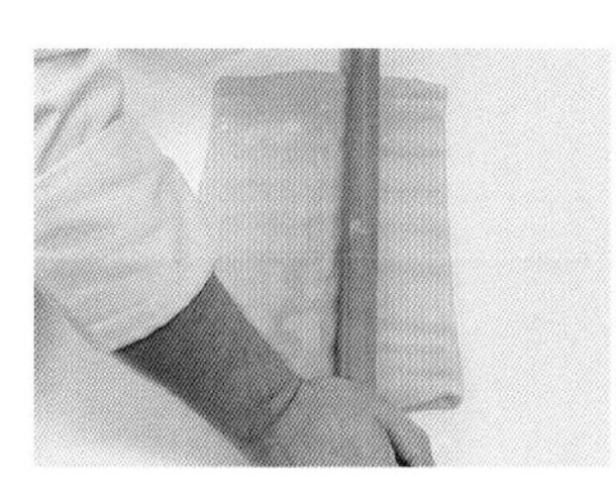

5 用擀麵棍輕壓，調整麵團與奶油厚度均勻。

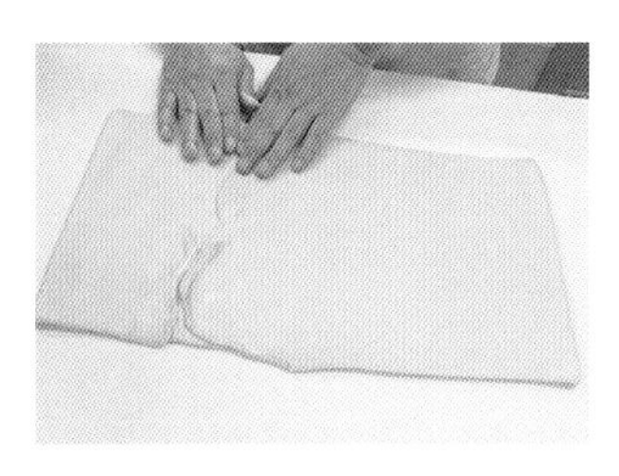

6 以壓麵機擀壓成寬80～90cm、厚4mm的大小，進行四折疊(參考P.98步驟15)。用塑膠袋包覆住麵團，放入-3°C的冷凍庫內靜置1小時。

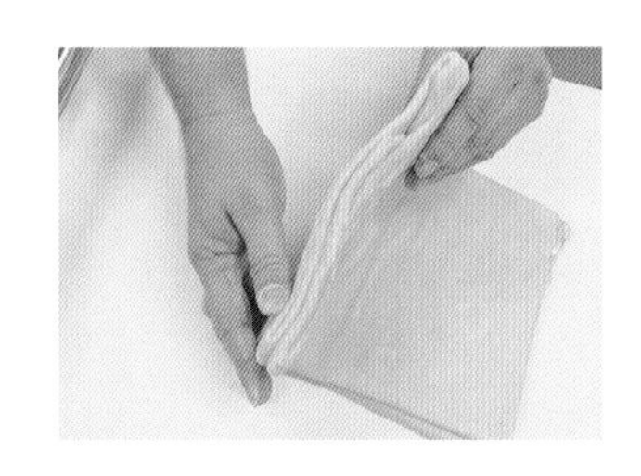

7 重覆2次步驟6的作業。共四折疊2次。

＊改變擀壓方向，轉90度放入壓麵機內。

整型－圓形

8 將完成2次四折疊作業後，放至冷凍庫靜置的麵團，以壓麵機擀壓成30～35cm×30cm的大小。

＊與最後四折疊的擀壓方向相同。

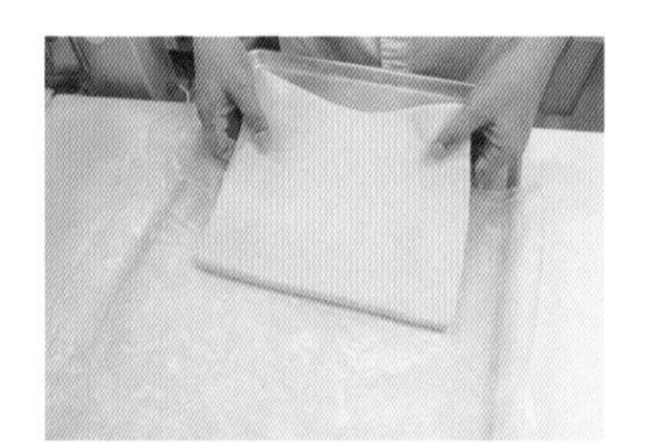

9 作業過程中，麵團過軟時，可以用塑膠袋包覆，放入-20℃的冷凍庫冷卻。

10 將麵團橫放在工作檯上，用手一邊依序地提拉起麵團鬆弛。橫向分切成二塊。

＊防止分切時麵團緊縮所進行的作業。

＊前後拉動刀子分切，會破壞層次，所以必須由上向下一口氣切下。

11 以擠花袋將杏仁奶油醬擠一條在麵團上。

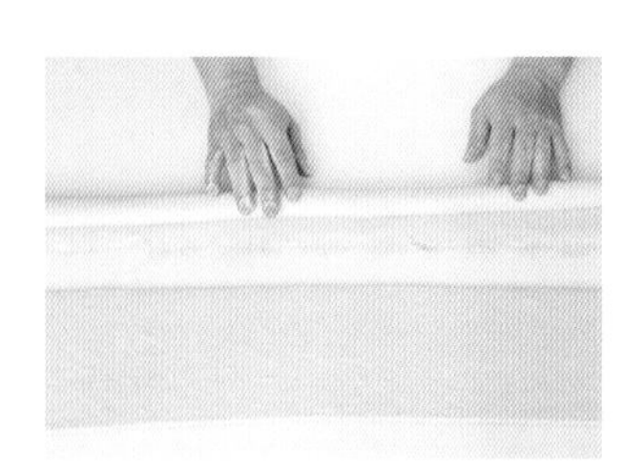

12 從靠近自己的方向將片狀的麵團捲起。

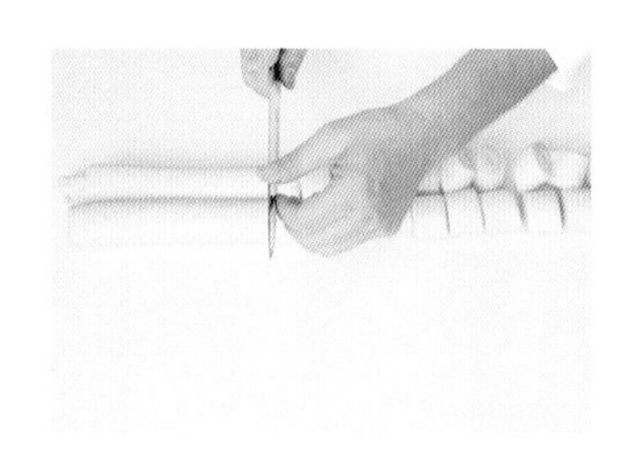

13 切成4cm寬的麵團。

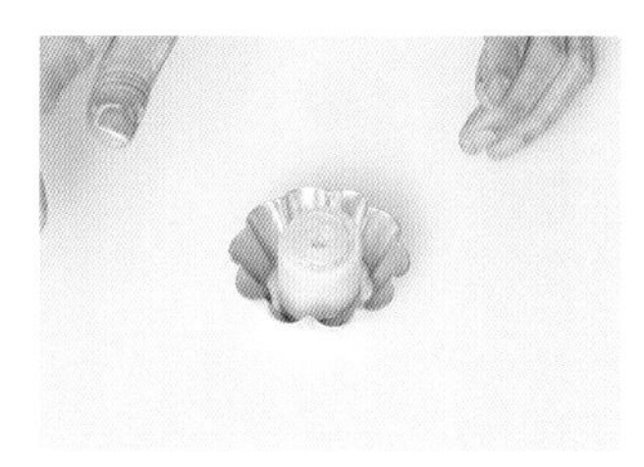

14 切面朝上放入上徑7cm下徑4cm高2.5cm模型中。

整型－花形

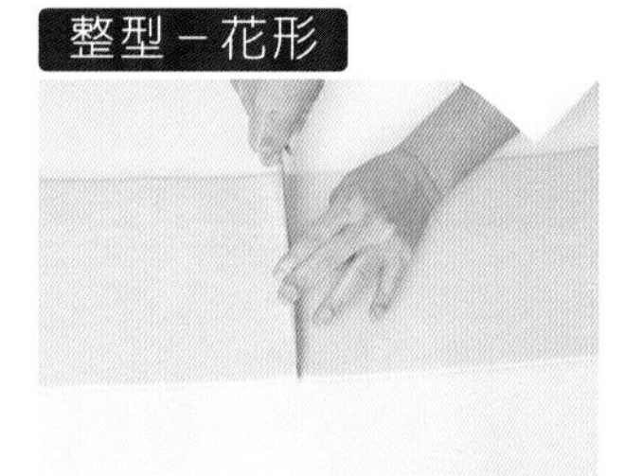

15 縱向分切成二塊。

＊前後拉動刀子分切，會破壞層次，所以必須由上向下一口氣切下。

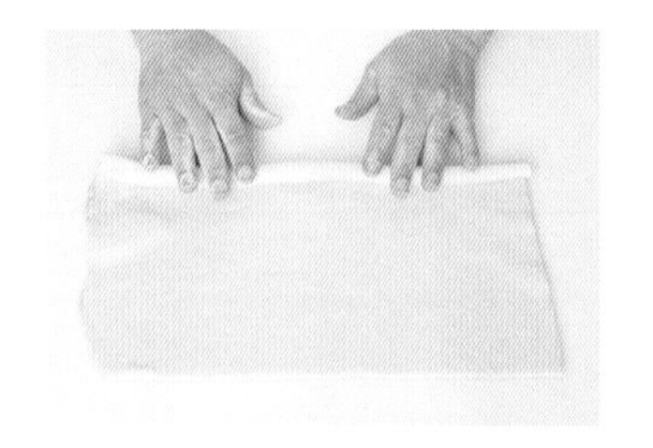

16 從靠近自己的方向將片狀的麵團捲起。

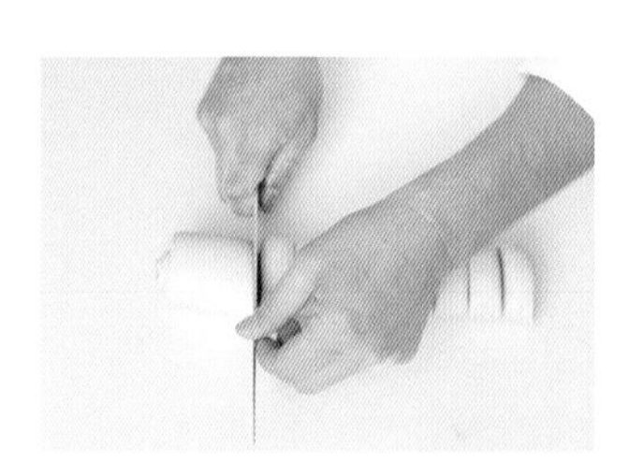

17 切成2.5cm寬的麵團。

18 切面朝上放入上徑15cm下徑7.5cm高6cm模型中，中央可放入頭尾較小的麵團。

19 排入成花形

最後發酵

20 在溫度28℃、濕度75%的發酵室內，發酵70分鐘。

烘焙

21 以上火180℃、下火75℃的烤箱，圓形撒上珍珠糖烘烤10分鐘／花形烘烤18分鐘。

整型－吐司

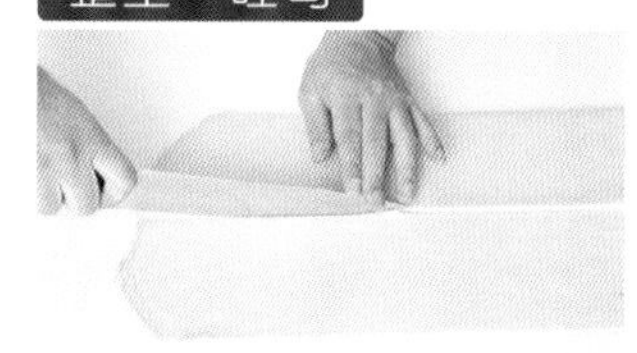

22 麵團橫向分切成二塊。

＊前後拉動刀子分切，會破壞層次，所以必須由上向下一口氣切下。

23 從靠近自己的方向將片狀的麵團捲起。

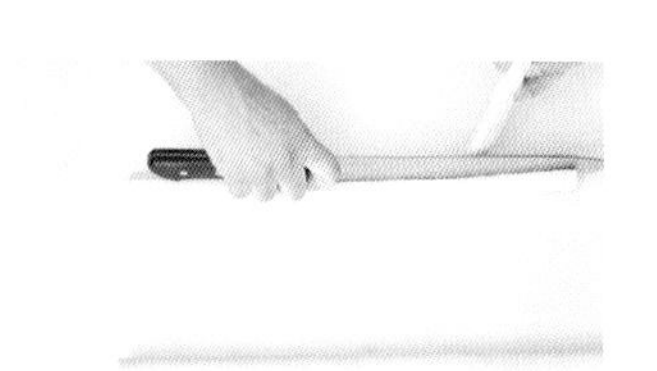

24 以刀子將捲起的麵團縱切成二條。

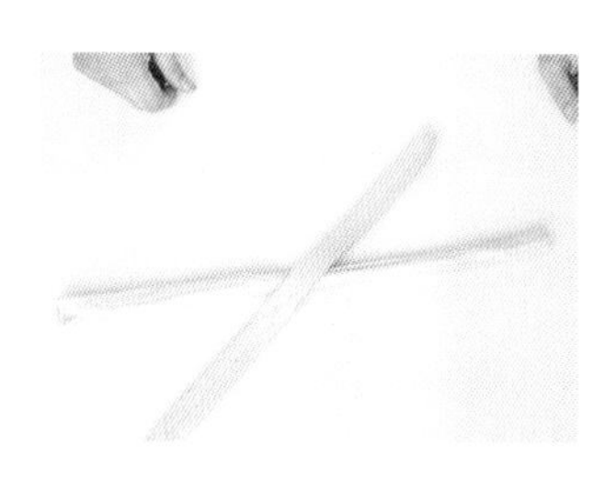

25 切面朝上，交錯2條長條形的麵團。

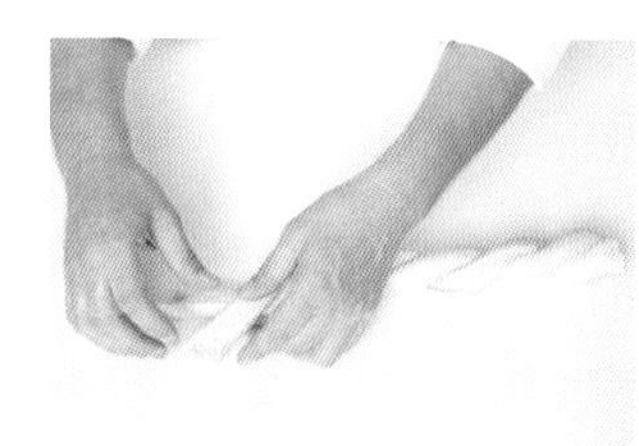

26 將2條麵團編成辮子狀。

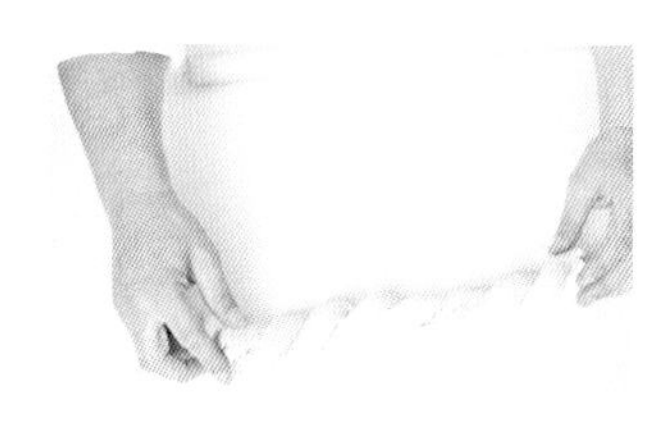

27 切成17cm長，並捏合兩端的收口處。

28 兩端由下方向內折起。放入模型中。

最後發酵

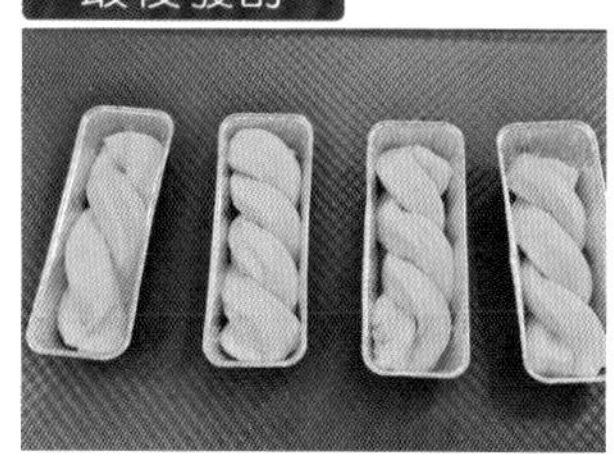

30 在溫度28℃、濕度75%的發酵室內，發酵60分鐘。

烘焙

31 以上火180℃、下火220℃的烤箱，烘烤20分鐘。出爐後趁熱刷上清澄奶油。

杏仁布里歐
Brioche Feuilletée à la crème aux amandes
ブリオッシュ・フィユテ

做法 →P.103

布里歐吐司
Brioche Feuilletée
デニッシュ食パン

做法 →P.103

蜂蜜丹麥吐司
Danish toast
デニッシュ食パン

做法 →P.108

製法　發酵種法

材料　2.2kg(5個)

	分量(g)
•材料	
蜂蜜吐司麵團(參考P.52製作)	2000
折疊用奶油	250
合計	**2250**

發酵	30分 28～30℃　75% 冷藏庫4℃ 8～24小時
分割	190g / 1組380g (模型麵團比容積3.8)
中間發酵	70分鐘
整型	辮子形(1斤模型中放入1個)
最後發酵	70分鐘　28℃　75%
烘焙	蓋上模型蓋 35～40分鐘 上火200℃　下火220℃

＊1斤帶蓋吐司模噴油防沾備用

☑ 等距層次的旋渦狀
☑ 表層外皮較厚
☑ 柔軟內側略呈粗糙狀

攪拌

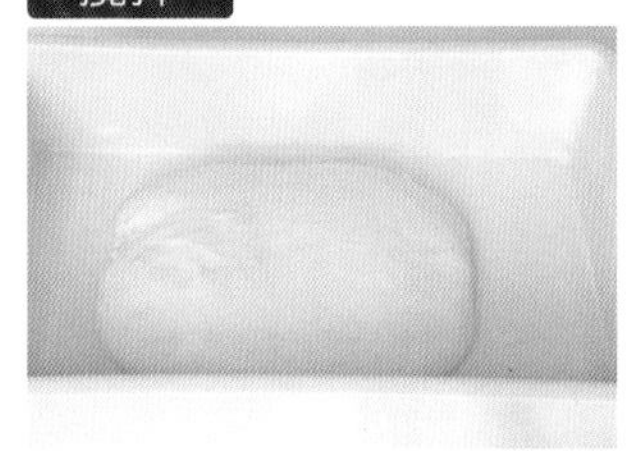

1 參考52頁蜂蜜吐司步驟1～10完成麵團。

發酵

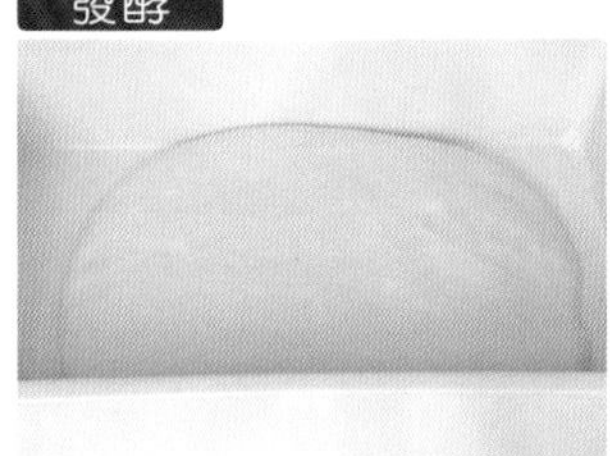

2 在溫度4℃的冷藏庫內，發酵8小時以上。

＊發酵時間基本為8小時，可以在8～24小時間進行調整。

折疊

3 用壓麵機將麵團壓成較奶油略大的長方形30cm×40cm。

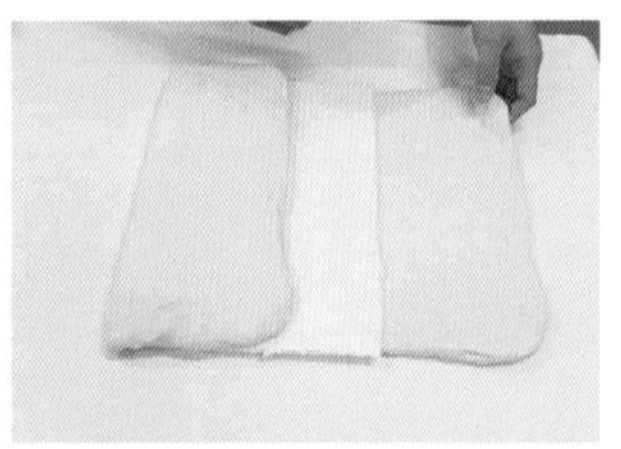

4 奶油置中以麵團包覆。

＊折疊用奶油在冰涼堅硬的狀態下取出放於工作檯上。撒上手粉用麵棍敲打，邊調整奶油的硬度邊將其整型成30cm×20cm長方。

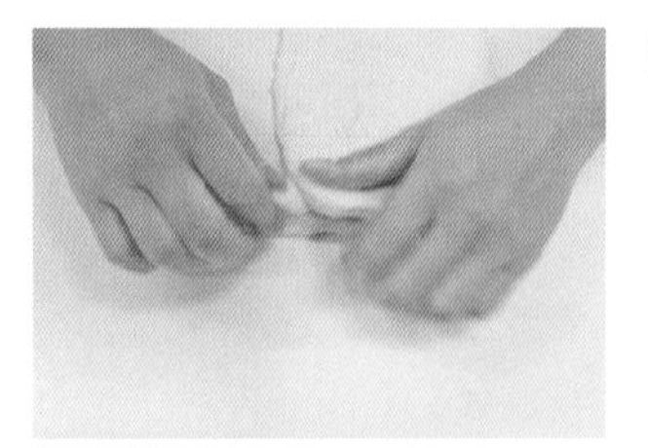

5 上下捏緊接口處。

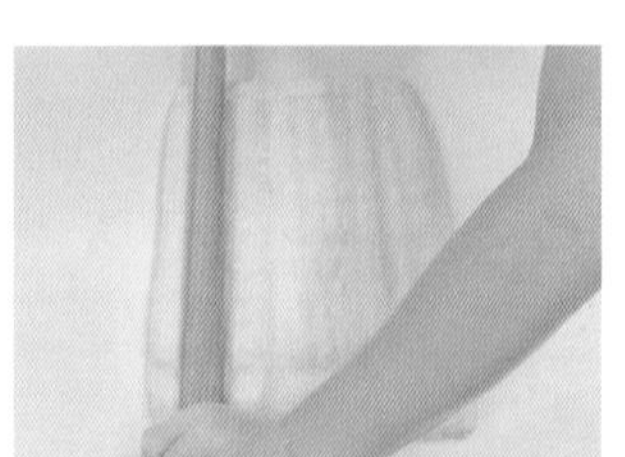

6 用擀麵棍輕壓，調整麵團與奶油厚度均勻。

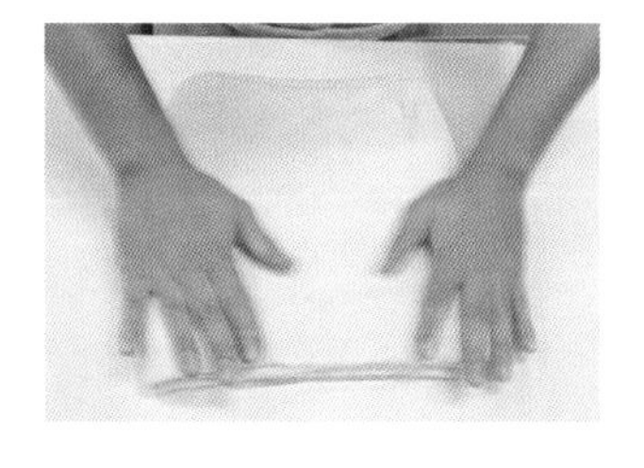

7 擀以壓麵機擀壓成寬35cm、厚5mm的大小，進行三折疊。

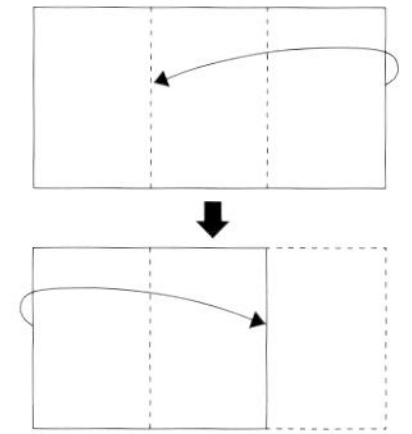

8 用塑膠袋包覆住麵團，放入-5℃的冷凍庫內靜置1小時。

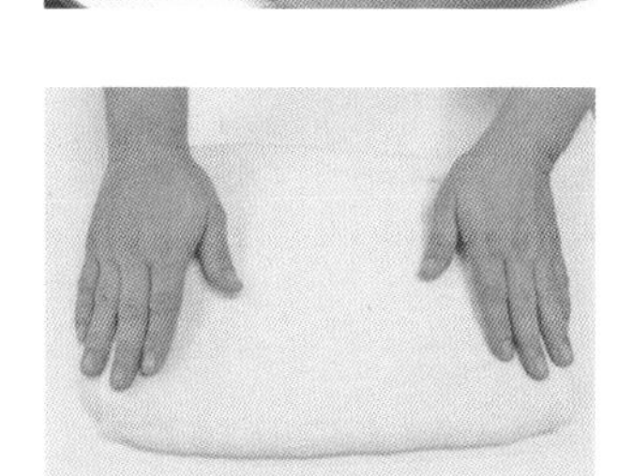

9 重覆2次步驟7的作業。共三折疊3次。

＊改變擀壓方向，轉90度放入壓麵機內。

整型

10 將完成3次三折疊作業後，放至冷凍庫靜置的麵團，以壓麵機擀壓成30cm×51cm的大小。

＊與最後三折疊的擀壓方向相同。

＊作業過程中，麵團過軟時，可以用塑膠袋包覆，放入-20℃的冷凍庫冷卻。

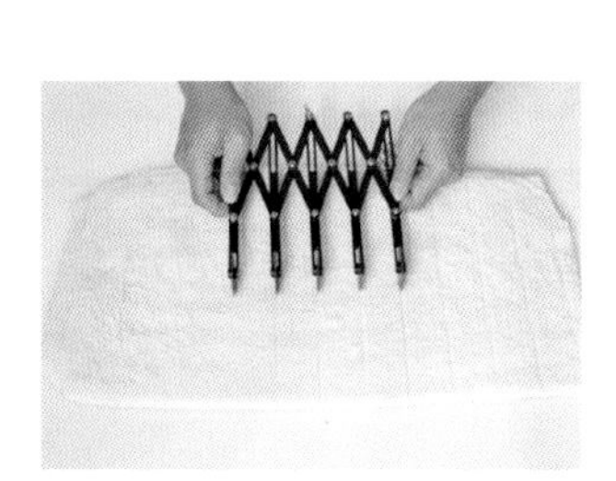

11 將麵團橫放在工作檯上，用手一邊依序地提拉起麵團鬆弛。用等距劃線尺作出記號。

＊防止分切時麵團緊縮所進行的作業。

＊麵團寬度為51cm，因此寬度分為12等分，做出標記。

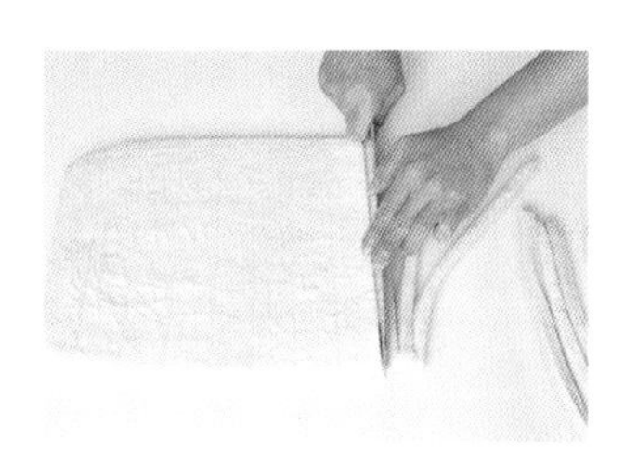

12 刀子切成每條20cm的條狀，每3條的頂端相連不切斷。

＊前後拉動刀子分切，會破壞層次，所以必須由上向下一口氣切下。

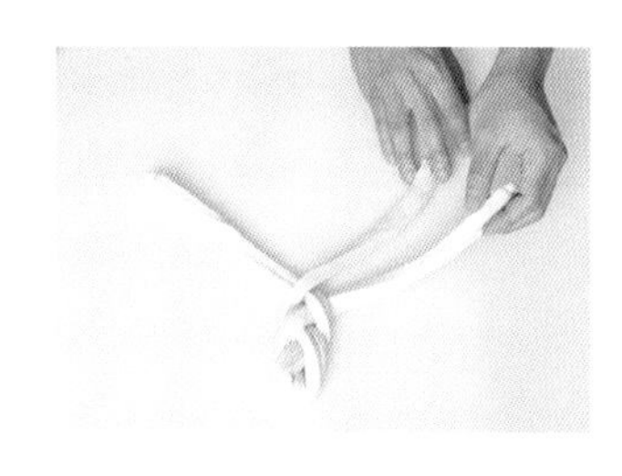

13 將每3條麵團編成辮子狀。

14 捏合收口處。

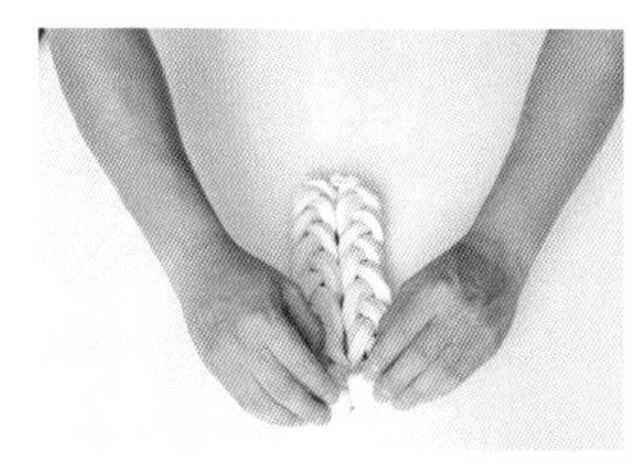

15 並排2條辮子狀的麵團。

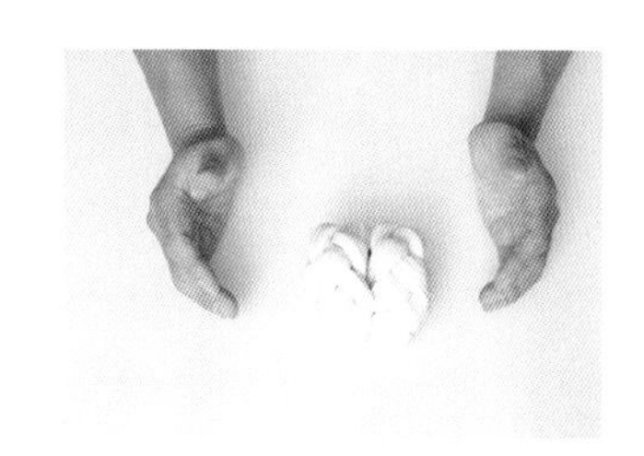

16 由外向內捲起。

17 放入模型中。

最後發酵

18 在溫度28℃、濕度75%的發酵室內，發酵70分鐘。

＊充分發酵至麵團頂端膨脹至模型高度的8成左右。 因要蓋上模型蓋，所以不要過度發酵。

烘焙

19 蓋上模型蓋。以上火200℃、下火220℃的烤箱，烘烤35～40分鐘。

＊由烤箱取出時，連同模型一起摔落至板子上，立刻脫模。

培根芝麻蜂蜜裸麥
Seigle au miel,et bacon
セーグル オ ミエル

製法　發酵種法

材料　2.5kg(約20個)

	分量(g)
蜂蜜裸麥麵團(參考P.39製作)	2000
折疊用奶油	500
合計	**2500**

培根片	4.5片
白芝麻	適量
黑芝麻	適量
起司絲	適量

發酵	60分(30分鐘時壓平排氣) 28°C 75% 冷藏庫4°C隔日可整形
整型	長條形
最後發酵	70分鐘 28°C 75%
烘焙	使用蒸氣 15分鐘～ 上火220°C 下火180°C

攪拌

1 參考P.39蜂蜜裸麥麵團步驟1～8完成麵團。

發酵

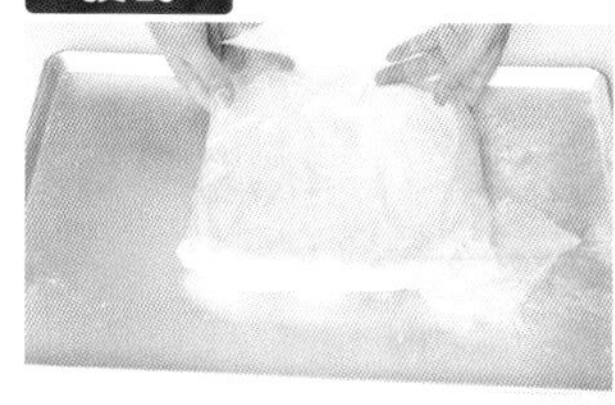

2 用塑膠袋鬆鬆的包好，放在金屬盤中以溫度4°C的冷藏庫內，發酵12小時。

＊發酵時間基本為12小時，可以在12～18小時間進行調整。

折疊

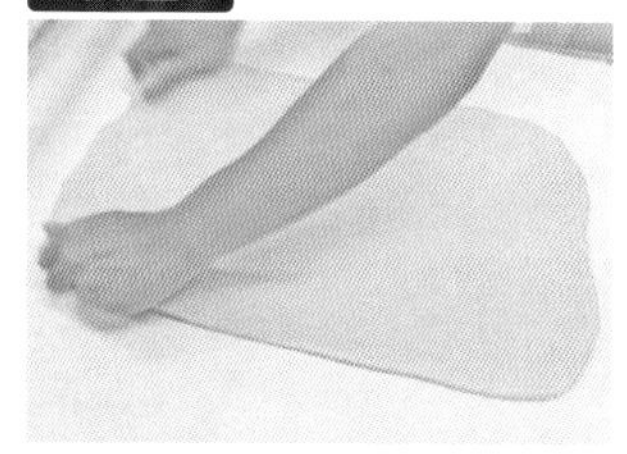

3 用壓麵機將麵團壓成較奶油略大的長方形46cm×48cm。

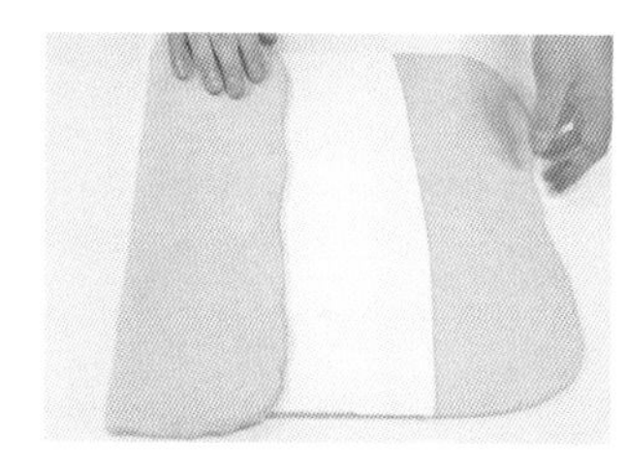

4 將奶油置中以麵團包覆。

＊折疊用奶油在冰涼堅硬的狀態下取出放於工作檯上。撒上手粉用擀麵棍敲打，邊調整奶油的硬度邊將其整型成33cm×34cm長方。

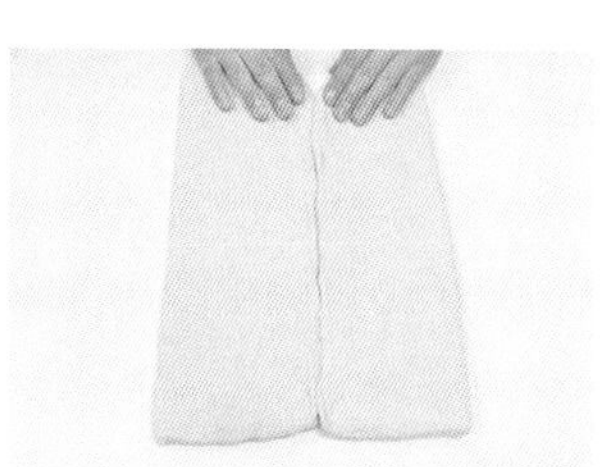

5 上下捏緊接口處。

6 用擀麵棍輕壓，調整麵團與奶油厚度均勻。

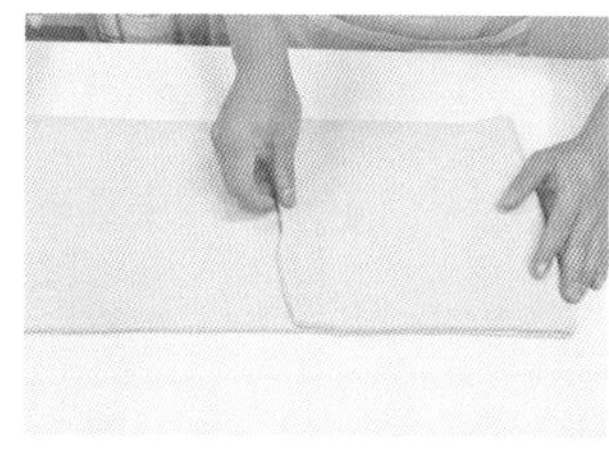

7 以壓麵機擀壓成寬34cm、厚5mm的大小，進行三折疊。(參考P.109步驟7的圖示。)

8 用塑膠袋包覆住麵團，放入4°C的冷藏庫內靜置1小時。

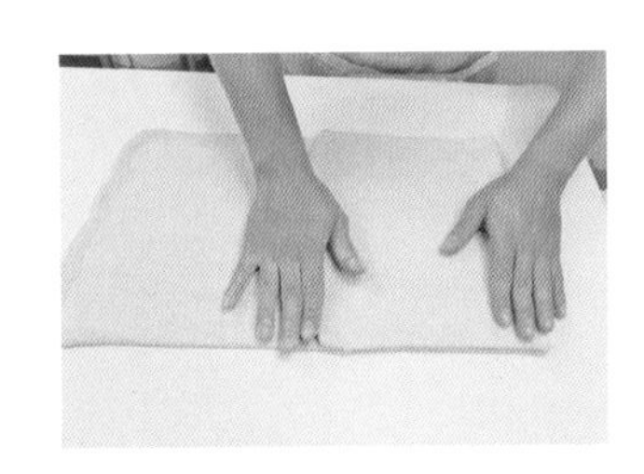

9 重覆2次步驟7的作業。共三折疊3次。

＊改變擀壓方向，轉90度放入壓麵機內。

整型

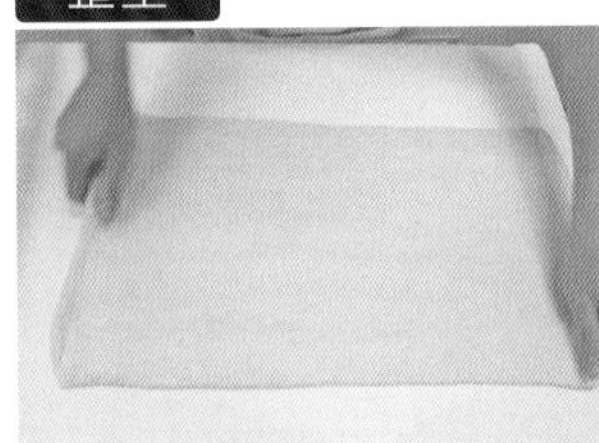

10 將完成3次三折疊作業後，放至冷凍庫靜置的麵團，以壓麵機擀壓成36cm×100cm，厚5mm的大小。

＊與最後三折疊的擀壓方向相同。
＊作業過程中，麵團過軟時，可以用塑膠袋包覆，放入-20℃的冷凍庫冷卻。

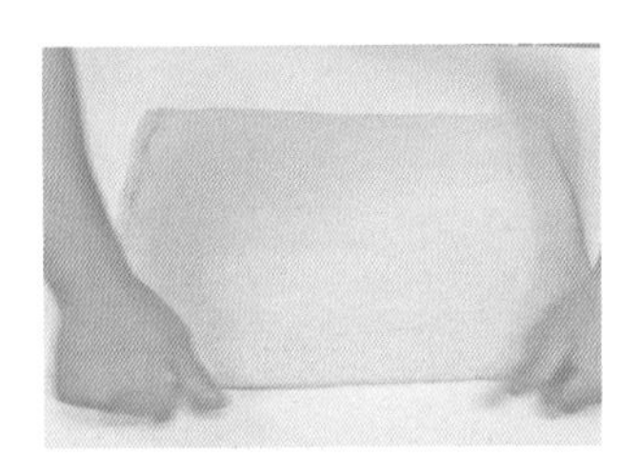

11 將麵團橫放在工作檯上，用手一邊依序地提拉起麵團鬆弛。

＊防止分切時麵團緊縮所進行的作業。

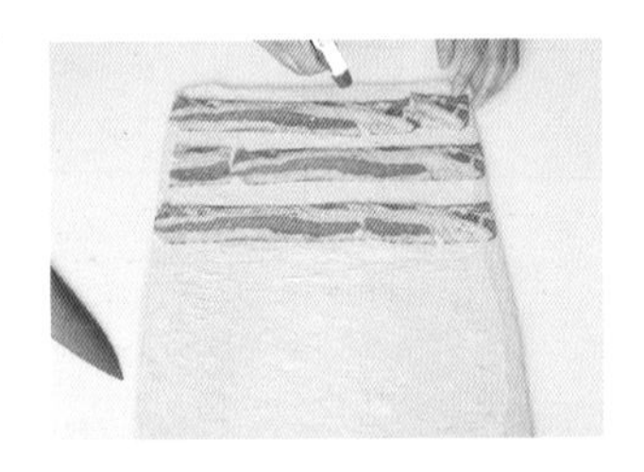

12 麵團寬度為25cm，間隔4.5cm鋪上培根片，並噴灑水霧。

13 撒上起司絲。

14 將麵團對折。

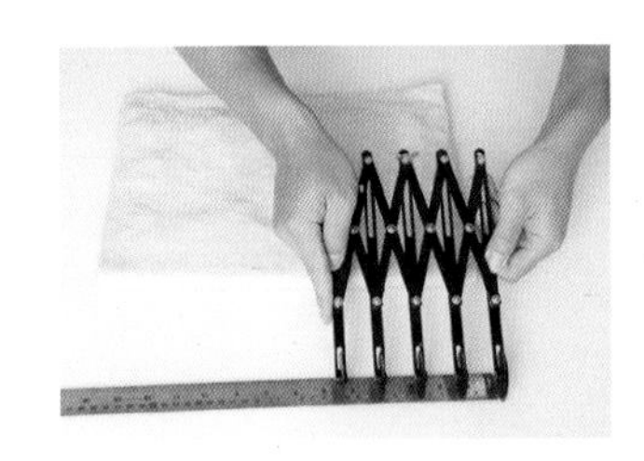

15 用等距劃線尺每3.5cm作出記號。

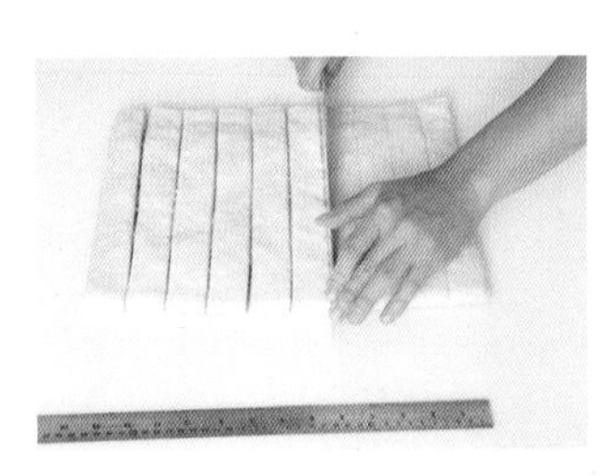

16 以刀子切成條狀。

＊前後拉動刀子分切，會破壞層次，所以必須由上向下一口氣切下。

17 一面沾上黑芝麻。

18 另一面沾上白芝麻。

19 扭轉麵團中央。排在烤盤上。

20 在溫度28℃、濕度75%的發酵室內，發酵70分鐘。

21 以上火220℃、下火180℃的烤箱，烘烤15分鐘左右。

半硬質系列麵包

這個系列除了凱薩麵包Kaisersemmel之外，囊括了以凱薩麵團變化出的凱薩辮子Kaisersemmel Zopf、凱薩雙結…等麵包。加上將發酵麵團壓平後烘烤而成，在義大利作為餐食麵包、三明治的佛卡夏Focaccia；以及義大利文依外型命名為拖鞋的橄欖油巧巴達Ciabatta。

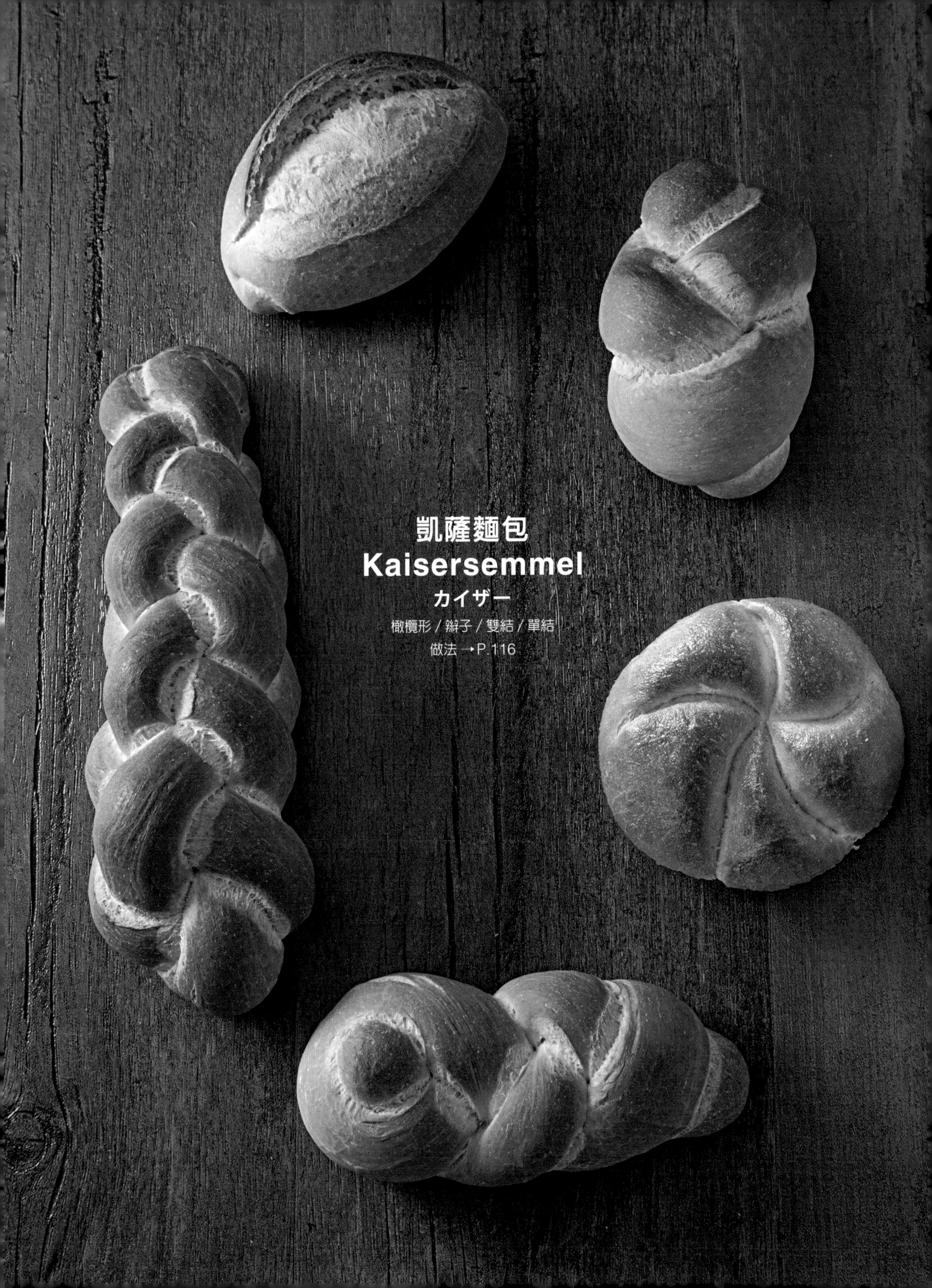

凱薩麵包
Kaisersemmel
カイザー

橄欖形 / 辮子 / 雙結 / 單結

做法 →P.116

凱薩麵包
Kaisersemmel
カイザー

製法　發酵種法

材料　2kg

	配方(%)	分量(g)
萊茵德式麵包專用粉(Rhein Gold)	70.0	1400
奶油	3.0	60
脫脂奶粉	2.0	40
麥芽糖漿(1:1稀釋)	1.0	20
新鮮酵母	4.0	80
鹽	1.2	24
水	38.0	760
海藻糖(trehalose)	3.0	60
法國麵包發酵麵團(P.F)	52.0	1040
合計	**174.2**	**3484**

麵團攪拌	螺旋式攪拌機 L速2分鐘(自我分解30分鐘)↓ L速4分鐘H速3分鐘 揉和完成溫度26℃
發酵	30分鐘 28℃　75%
分割	圓形(70克50個) 橄欖形(70克50個) 辮子(70克×6條8個) 扭結2種(70克50個) 中間發酵30分鐘
整型	請參考製作方法
最後發酵	30～40分鐘　28℃　75%
烘焙	使用大量蒸氣 14分鐘 上火220℃　下火200℃ 放入與取出烤箱前後均噴灑水霧

＊法國麵包發酵麵團(P.F)→P.153

☑ 麵包剖面呈扁平狀
☑ 表層外皮較薄
☑ 均勻的小型氣泡

攪拌

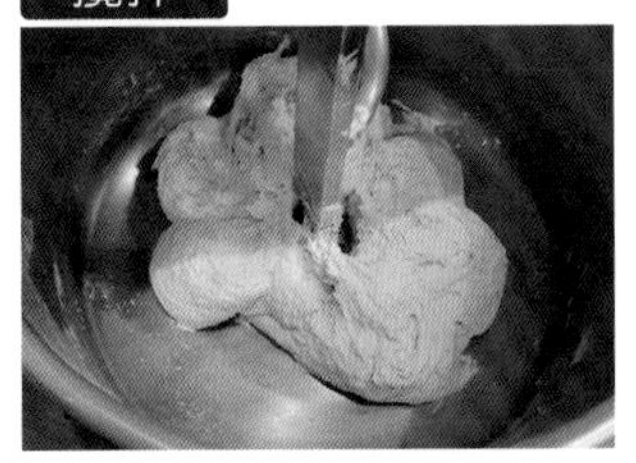

1 將全部材料除了酵母與鹽之外，放入攪拌缽盆中，以L速攪拌2分鐘。

2 取部分麵團延展確認狀態。
＊麵團連結較弱，表面含有水氣呈沾黏狀態。

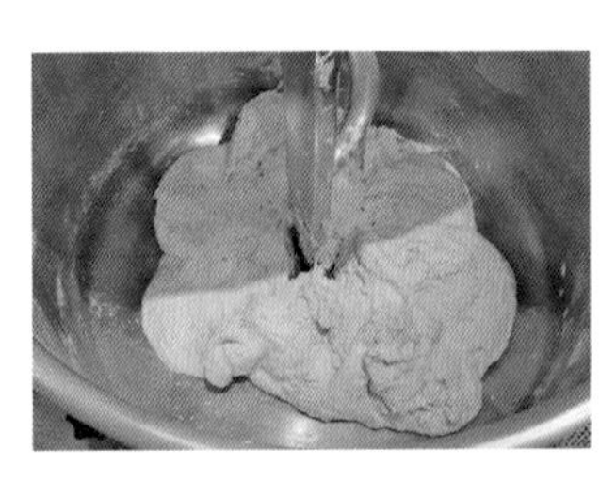

3 靜置自我分解30分鐘。

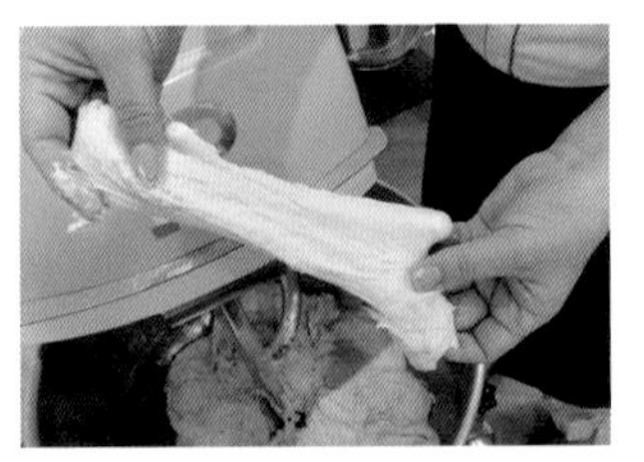

4 確認麵團狀態。
＊麵團不再沾黏，可以稍微延展。

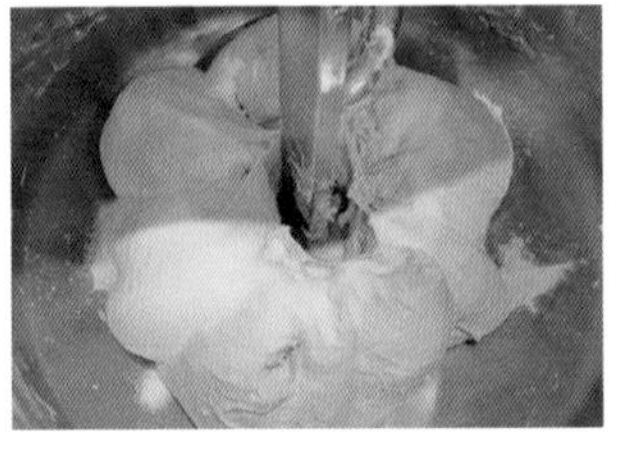

5 放入新鮮酵母以L速攪拌2分鐘，酵母融入後撒入鹽以L速攪拌2分鐘，改H速攪拌3分鐘。

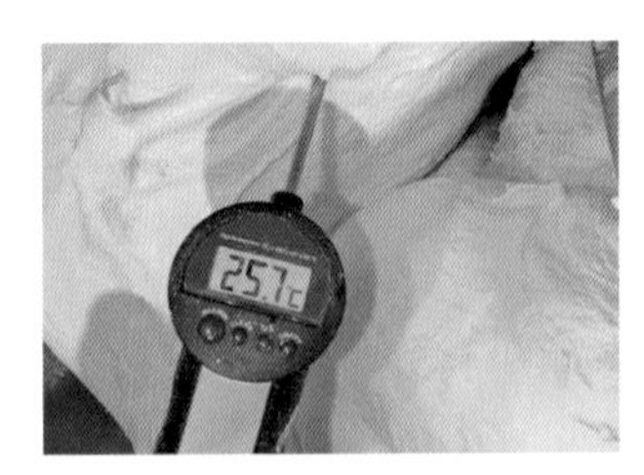

6 使表面緊實地整合麵團，放入發酵箱內。
＊揉和完成的溫度目標為26℃。

發酵

7 在溫度28～30℃、濕度75%的發酵室內，發酵30分鐘。

分割・滾圓

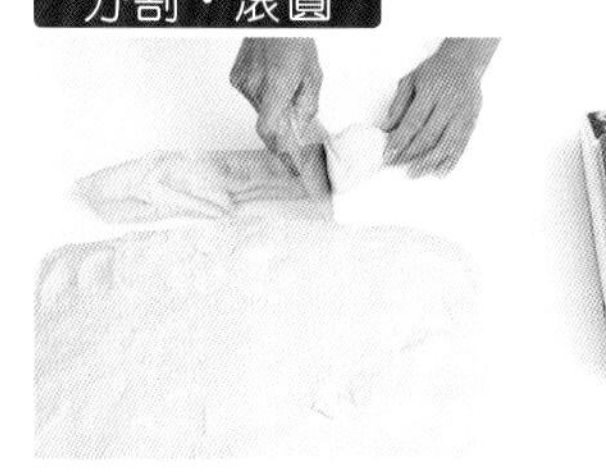

8 將麵團取出至工作檯上，分切所需的重量。

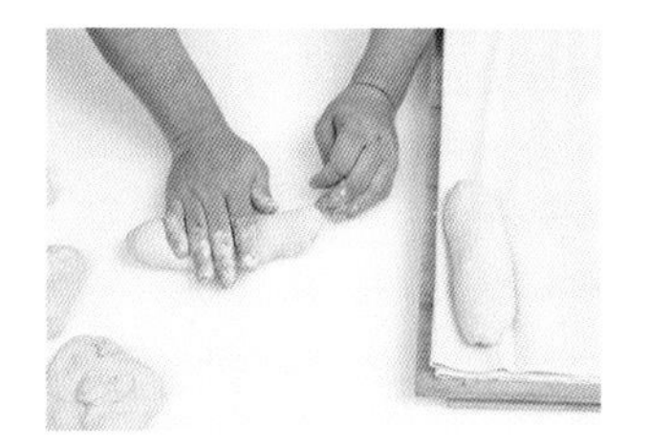

9 配合下一個階段整型所需，將麵團滾圓、橢圓形或棒狀。

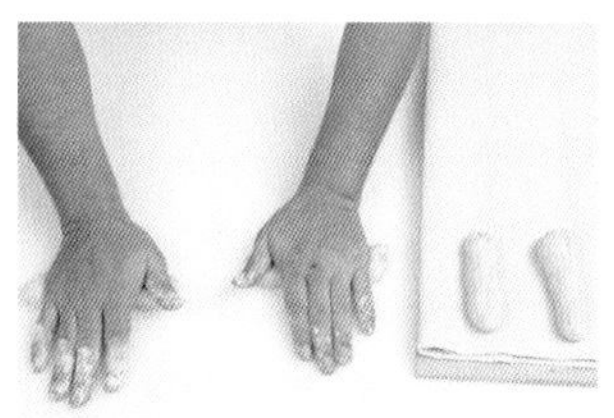
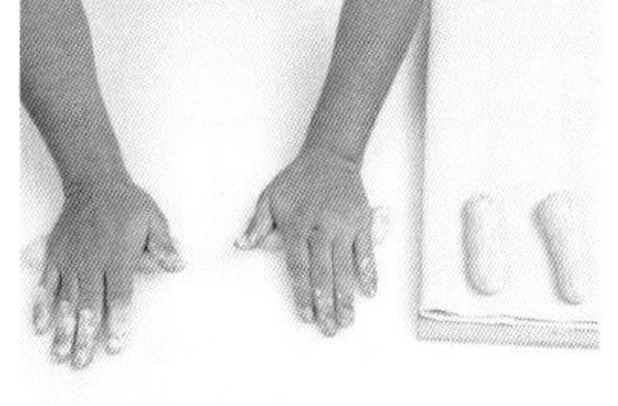

10 排放在鋪有帆布的板子上。

中間發酵

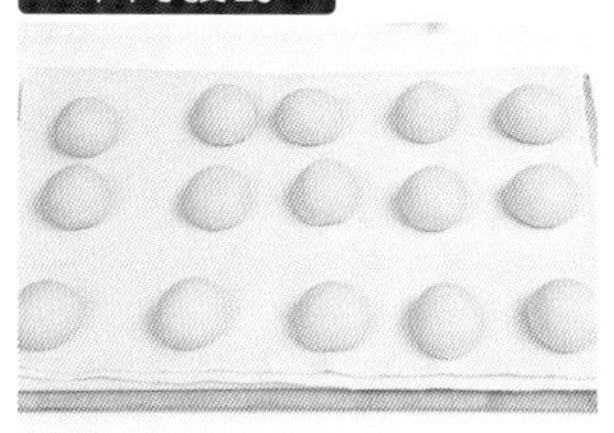

11 圓形的麵團放置於與發酵時相同條件的發酵室內，靜置15分鐘。其餘的麵團靜置30分鐘。

整型－圓形

12 圓形的麵團在分割後15分鐘，即以凱撒麵包專用壓模壓出形狀。

＊掌心下凹握住麵團，麵團接口處朝下，另一手持專用壓模用力下壓至底部，呈現紋路。

13 按壓出的表面朝下，排放在鋪有帆布的板子上。

整型－橄欖形

14 用手掌按壓橢圓形麵團，排出氣體。

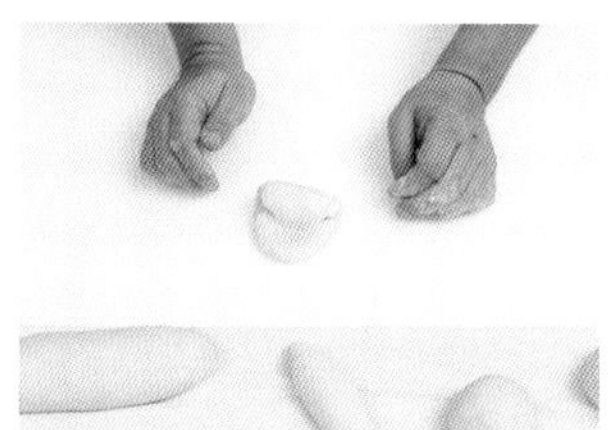

15 平順光滑面朝下，由外側朝中央折入⅓，以手掌根部按壓折疊的麵團邊緣使其貼合。

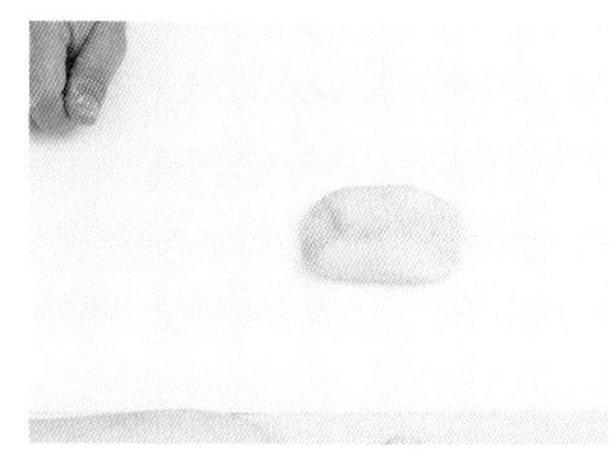

16 麵團下方同樣地折疊⅓使其貼合。

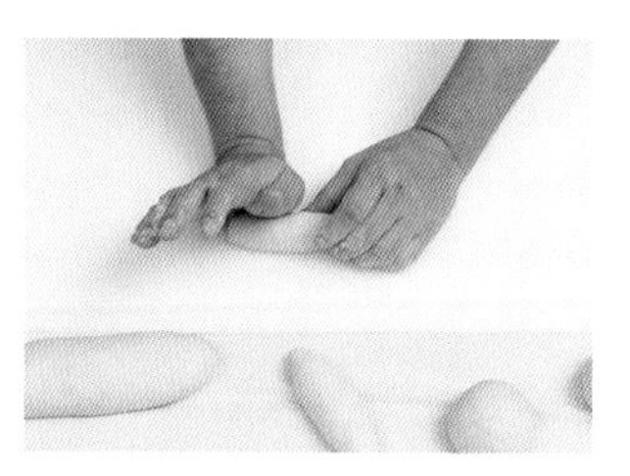

17 由外側朝內對折，並確實按壓麵團邊緣使其閉合。

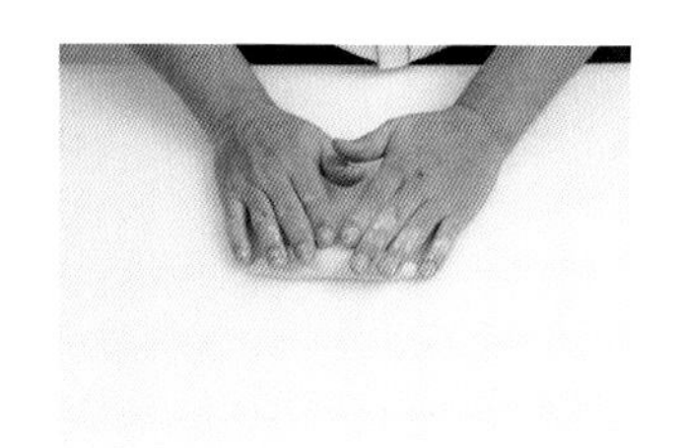

18 邊由上輕輕按壓，邊轉動麵團使其成為10cm的橄欖形。

凱薩橄欖型
Kaisersemmel coupé
カイザー クープ

做法 →P.116

☑ 外皮薄且口感香脆
☑ 均勻的小型氣泡

整型－扭結

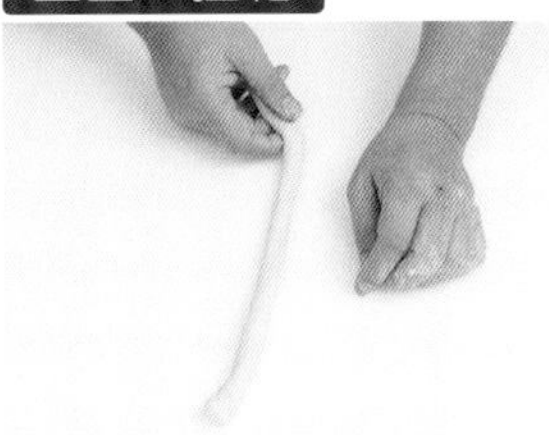

19 參考步驟22-25，將麵團搓成20cm的長條狀。

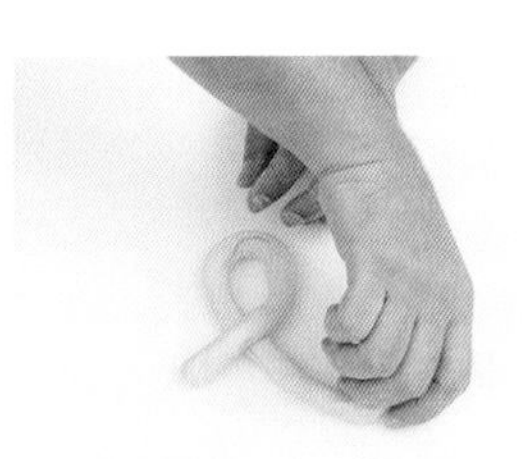

20 取1條打成單結的扭結狀。

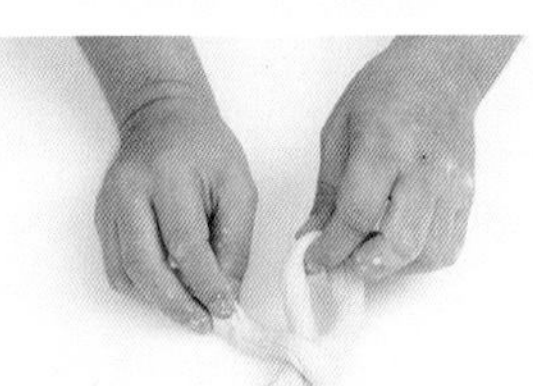

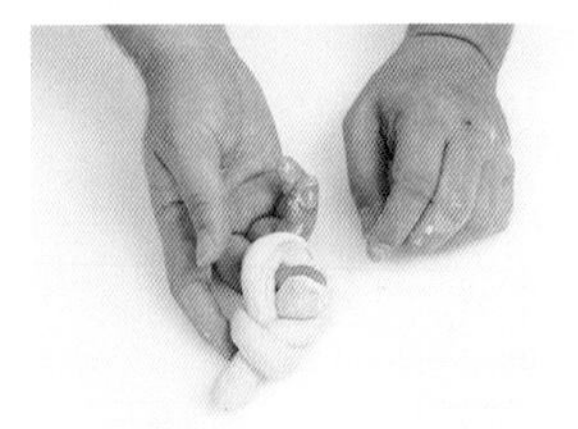

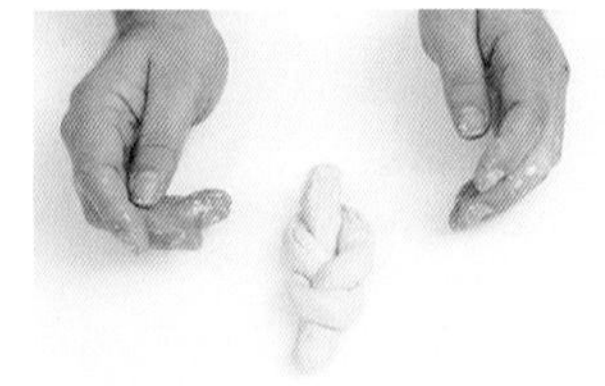

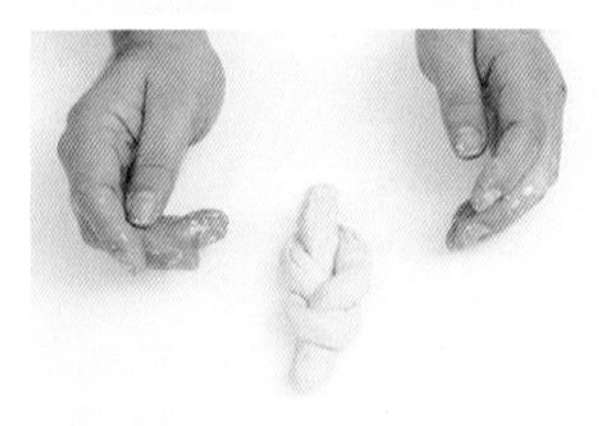

凱撒麵包的壓模

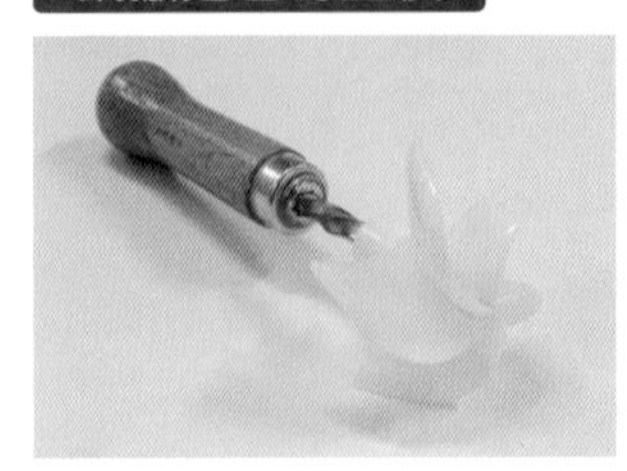

Kaisersemmel意為「皇帝的麵包」，凱撒麵包專用的特製壓模，握住模柄，在麵團上按壓使其形成切紋。

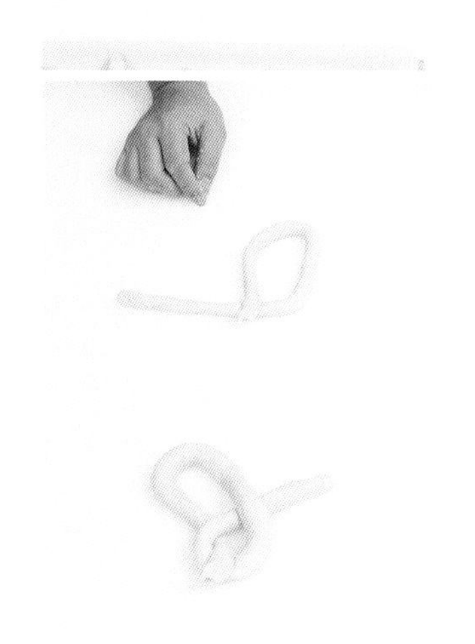

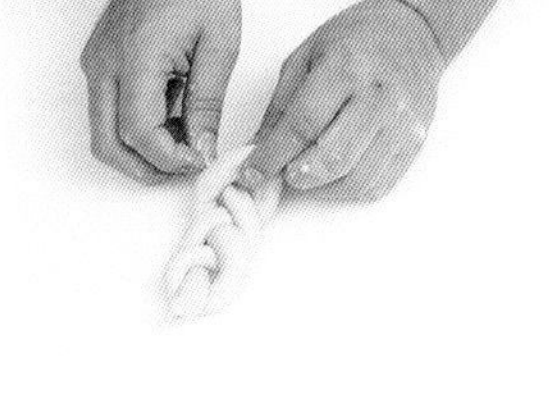

21 另外也有雙結的扭結狀。

整型－辮子

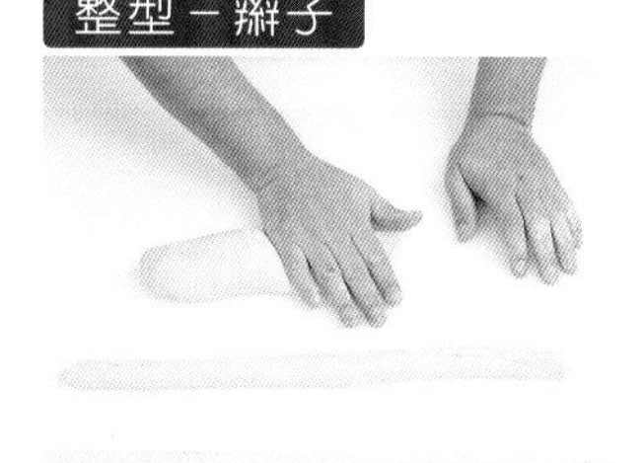

22 用手掌按壓橢圓形麵團，排出氣體。平順光滑面朝下，由外側朝中央折入⅓，以手掌根部按壓折疊的麵團邊緣使其貼合。

23 由外側朝內對折，並確實按壓麵團邊緣使其閉合。

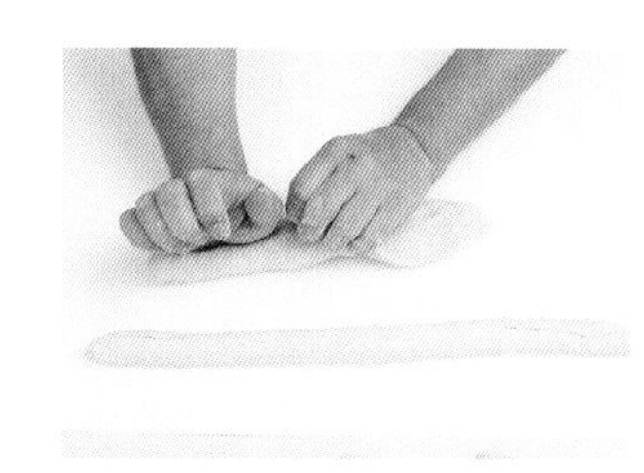

24 邊由上輕輕按壓，邊轉動麵團使其成為35cm的長條狀。

25 前後滾動使其朝兩端延長。長度不足時可以重覆這個動作，但儘量減少作業次數為佳。

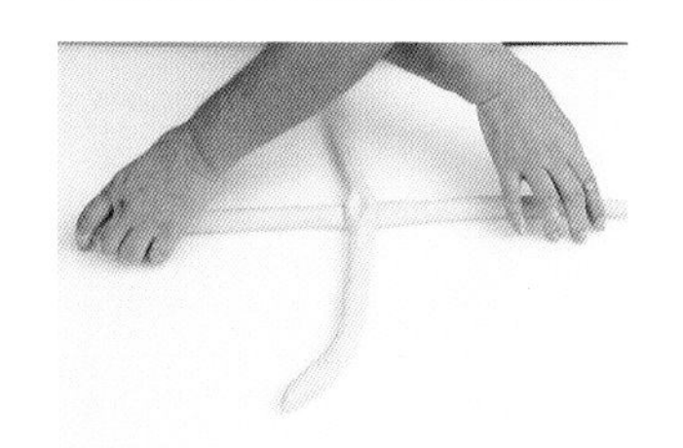

26 取2條十字交錯擺放。(參考P.151十字辮子編法。)

27 交錯編成辮子型。

28 完成後確實使接口緊密貼合。

29 拉鬆辮子狀的麵團，預留發酵後的空間。

最後發酵

30 溫度32℃、濕度70%的發酵室內，發酵30～40分鐘。

＊能殘留手指痕跡地充分膨脹。最後發酵若不足，會使得切紋與周圍合在一起，不甚清晰。

凱薩雙結
Kaisersemmel
カイザー

做法→P.116

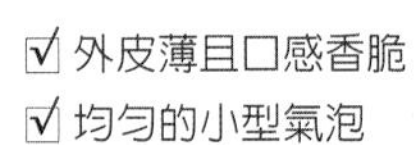

☑ 外皮薄且口感香脆
☑ 均勻的小型氣泡

烘焙

31 圓形切紋形狀朝上地移至滑送帶(slip belt)上。

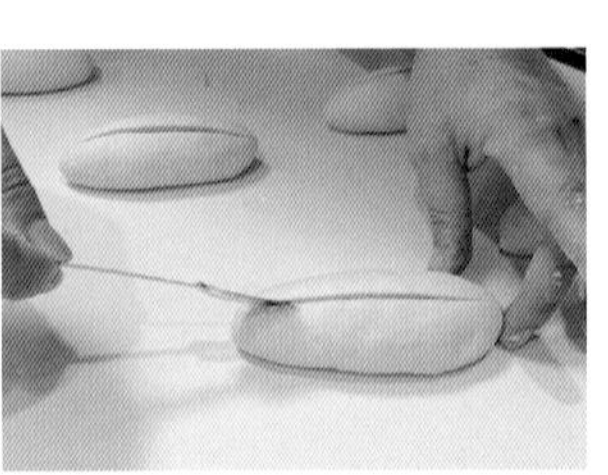

32 橄欖形的劃切一條割紋。

33 以上火220°C、下火200°C的烤箱，放入大量蒸氣，烘烤14分鐘。

＊放入大量蒸氣時，除了表面光澤也能使表層外皮變薄。

34 由烤箱取出後放置在冷卻架上，趁熱在表面噴撒水霧，在常溫下冷卻。

＊噴撒水霧能更增加表面光澤。

凱薩辮子
Kaisersemmel Zopf
カイザー ツオップ

做法 →P.116

佛卡夏
Focaccia
フォカッチャ

製法　直接法

材料　2kg

	配方(%)	分量(g)
S-Mélangerr (超級麥嵐綺歐式麵包專用粉)	50.0	1000
Mélangerr (麥嵐綺歐式麵包專用粉)	50.0	1000
海藻糖(trehalose)	5.0	100
鹽	2.0	40
砂糖	5.0	100
新鮮酵母	4.0	80
馬鈴薯粉 (potato powder)	6.0	120
雞蛋	5.0	100
水	80.0	1600
橄欖油	6.0	120
奶油	2.0	40
脫脂奶粉	2.0	40
合計	**217**	**4340**

・完成用鹽水		
鹽	5.0	100
水	100	2000

・每1公斤麵粉使用	
芥末籽醬	20克
披薩起司	200克
培根(切丁炒香)	150克
綠橄欖(切片)	200克
菠菜葉	200克

橄欖油	適量

正式麵團攪拌	直立式攪拌機 L速3分鐘M速3分鐘 揉和完成溫度26˚C
發酵	60分(30分鐘後翻麵) 33˚C　75%
分割	－
整型	請參照製作方法
最後發酵	30分鐘 33˚C　75%
烘焙	上火210˚C　下火190˚C 30分鐘
完成	塗抹橄欖油

＊40×60×2cm的烤盤抹上橄欖油

攪拌

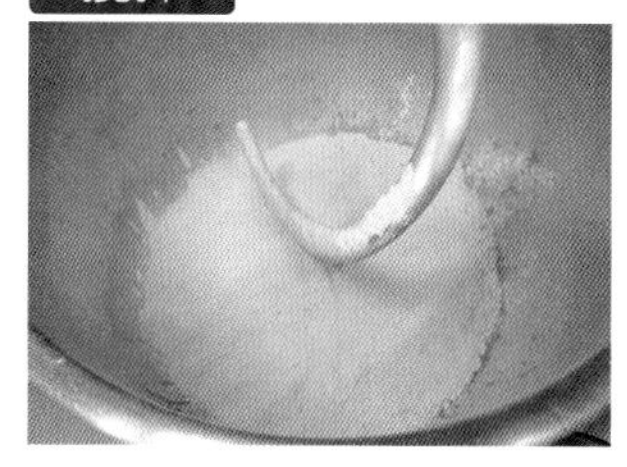

1 將所有材料除了新鮮酵母外放入攪拌缽盆中，以L速攪拌3分鐘。

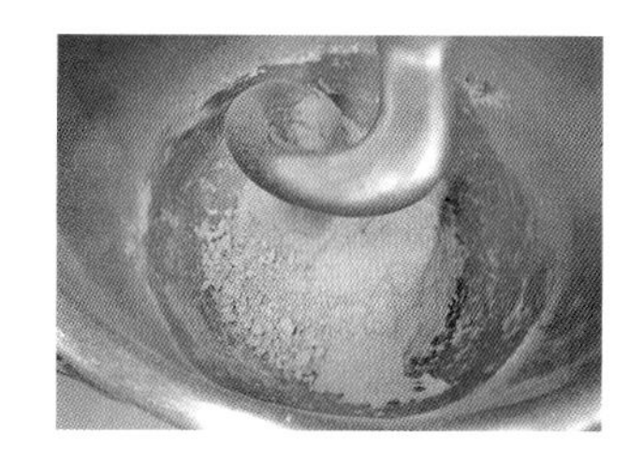

2 沒有水份後放入新鮮酵母，再以M速攪拌3分鐘。

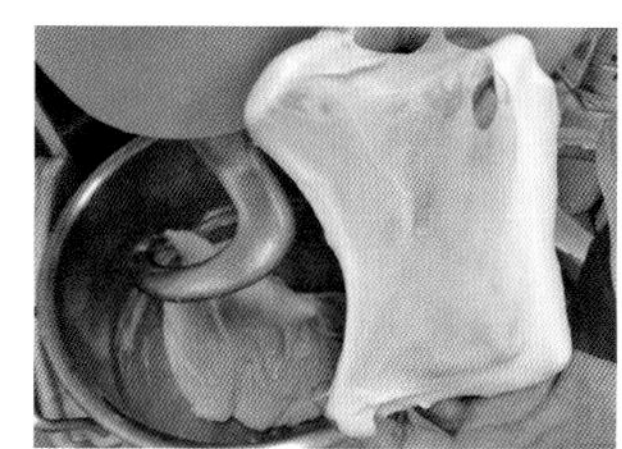

3 確認麵團狀態。

＊可以薄薄延展，但仍不勻勻，連結也不甚強。略少的攪拌可以做出嚼感更好的麵包。

4 等分成二份，使表面緊實地整合麵團，放入抹了橄欖油的發酵箱內。

＊揉和完成的溫度目標為26˚C。

發酵

5 在溫度33˚C、濕度75%的發酵室內，發酵30分鐘。

＊發酵至充分膨脹。

壓平排氣

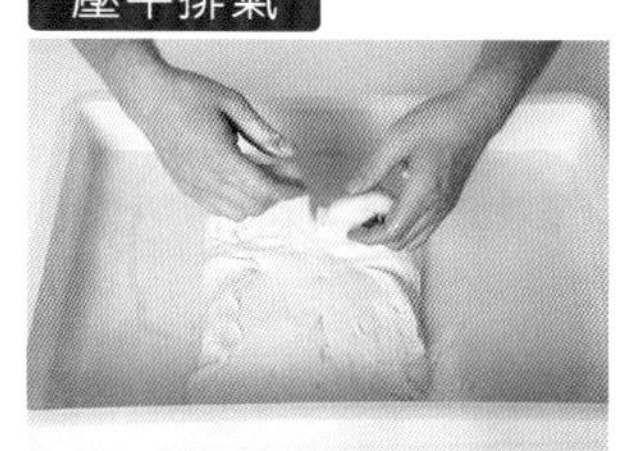

6 將一份麵團在發酵箱內按壓全體，從上下左右朝中央折疊進行〞壓平排氣〞。

7 完成壓平排氣。移至移至抹了橄欖油的烤盤上，在溫度33℃、濕度75%的發酵室內，繼續發酵30分鐘。

整型－原味

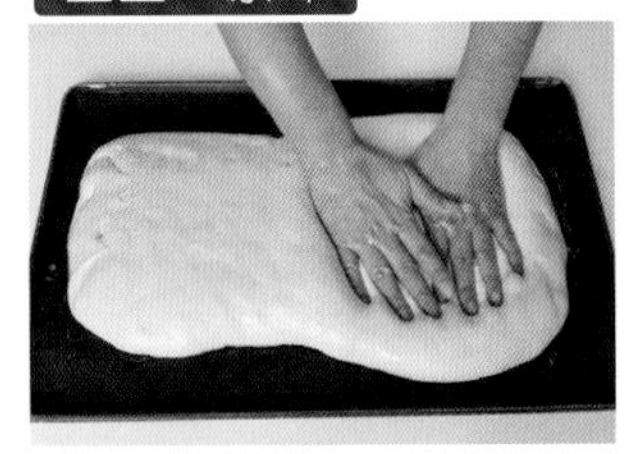

8 將麵團用手掌按壓，排出氣體。

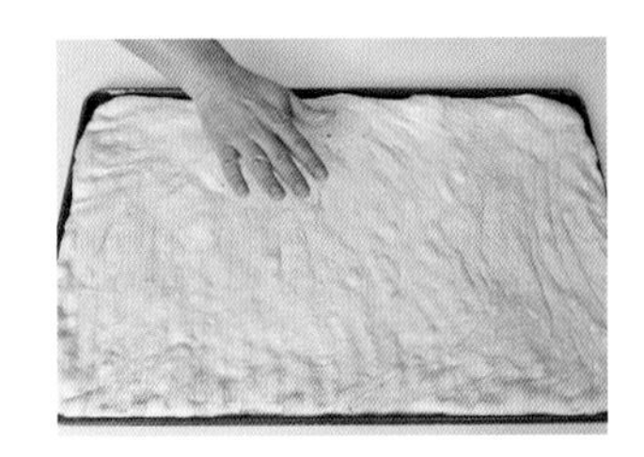

9 鋪平在烤盤中。

最後發酵

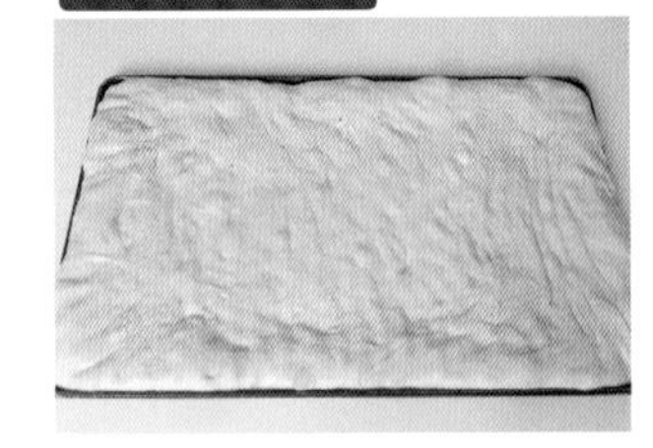

10 溫度33℃、濕度75%的發酵室內，發酵30分鐘。

＊充分發酵膨脹至能殘留手指痕跡的程度。

烘焙

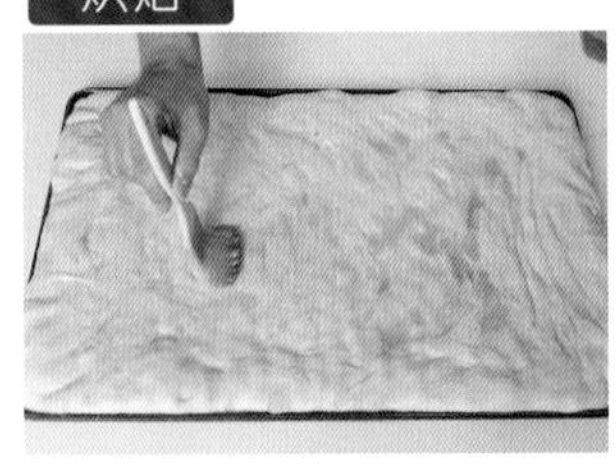

11 刷上大量的橄欖油。

12 以手指在麵團表面刺出孔洞。

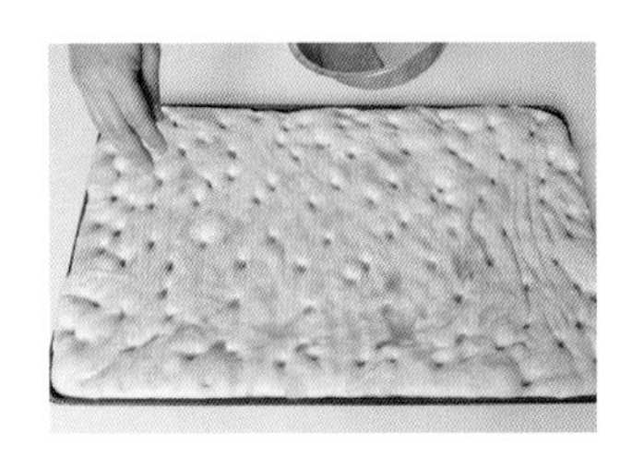

13 撒上混合好的完成用鹽水。

14 以上火210℃、下火190℃的烤箱，烘烤30分鐘。出爐趁熱刷上大量的橄欖油。再切塊享用。

整型－菠菜培根橄欖

16 取⅕的麵團用手壓平放在抹了橄欖油的大鋼盆中。

17 撒上培根丁、橄欖片、菠菜葉、披薩起司。

18 蓋上⅕用手壓平的麵團。

19 再放上培根丁、橄欖片、菠菜葉、披薩起司。

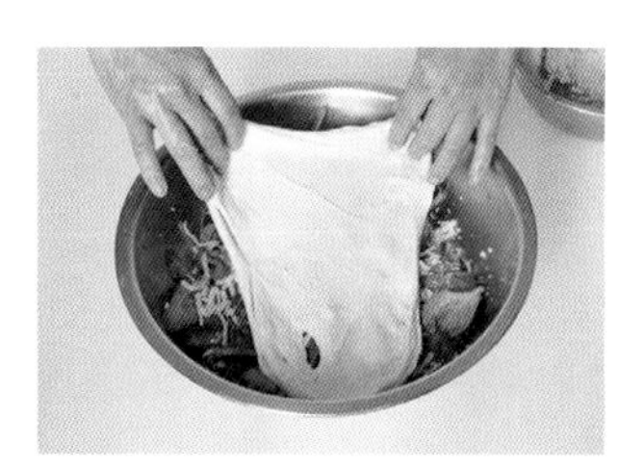

20 蓋上⅕用手壓平的麵團。

21 重覆這樣的步驟將麵團與餡料疊起。最後一層擠上芥末籽醬。

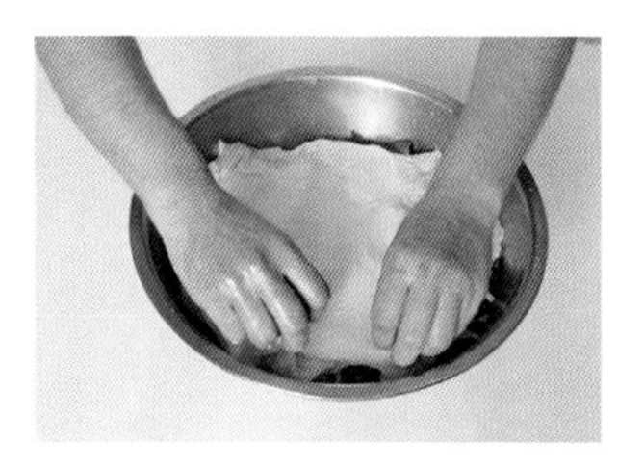

23 蓋上用手壓平的麵團。

24 將培根橄欖麵團倒扣在抹了橄欖油的發酵箱內。

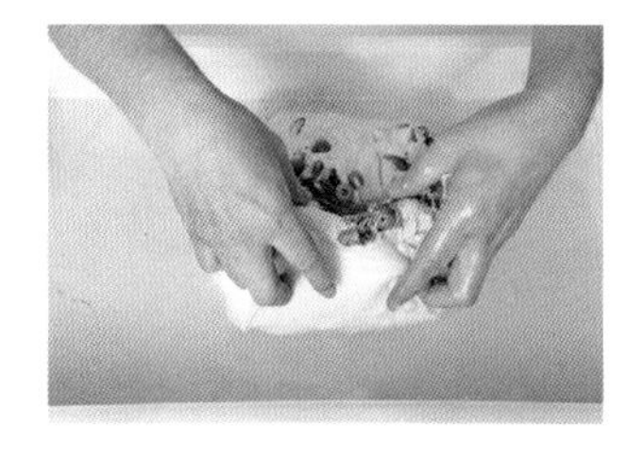

25 從上下左右朝中央折疊進行”壓平排氣”。

發酵

26 移至移至抹了橄欖油的烤盤上，在溫度33℃、濕度75%的發酵室內，繼續發酵30分鐘。

整型－培根橄欖

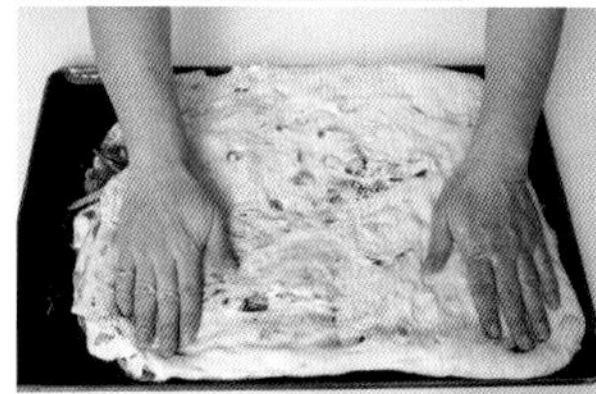

27 在烤盤中用手掌按壓麵團，排出氣體。鋪平在烤盤中。

最後發酵

28 溫度33℃、濕度75%的發酵室內，發酵30分鐘。

＊充分發酵膨脹至能殘留手指痕跡的程度。

烘焙

29 刷上大量的橄欖油。

30 以手指在麵團表面刺出孔洞。撒上混合好的完成用鹽水。

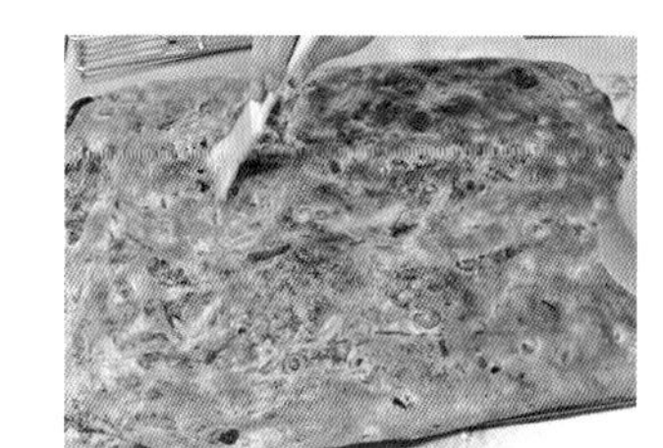

32 以上火210℃、下火190℃的烤箱，烘烤30分鐘。出爐趁熱刷上大量的橄欖油。再切塊享用。

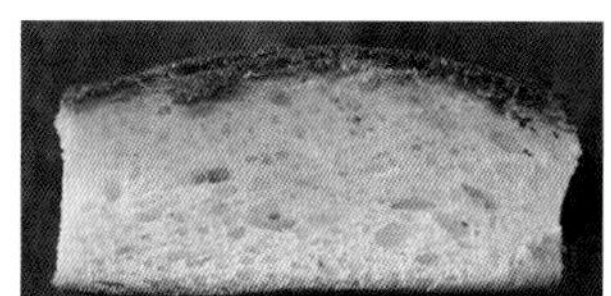

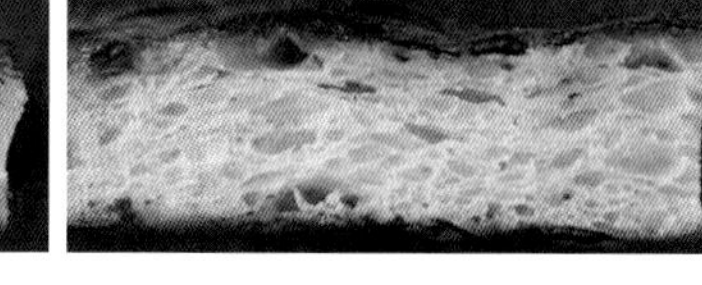

☑ 表層外皮略厚
☑ 內側看得到壓破的氣泡
☑ 手指刺出孔洞所以底部隆起

橄欖油巧巴達
Ciabatta
オーリプ OIL 入りチャバタ

製法　發酵種法

材料　2kg

	配方(%)	分量(g)
・發酵種		
Mélanger (麥嵐綺歐式麵包專用粉)	30.0	600
即溶酵母SAF紅	0.18	3.6
麥芽糖漿(1:1稀釋)	0.09	1.8
水	21.0	420
合計	**51.27**	**1025.4**

・正式麵團		
SUN STONE (サンストーン)	20.0	400
LYSD'OR(リスドォル)	40.0	800
Mélanger (麥嵐綺歐式麵包專用粉)	10.0	200
麥芽糖漿(1:1稀釋)	0.30	6
鹽	1.60	32
即溶酵母SAF紅0.2	4	
水	55.0	1100
發酵種	51.27	1025.4
後加水	5.0	100
橄欖油	3.0	60
合計	**186.37**	**3727.4**

中種的攪拌	直立式攪拌機 L速3分鐘↓ L速5分鐘H速30秒 揉和完成溫度24℃
發酵	60分鐘→翻麵→ 冷藏4℃ 75%
正式麵團攪拌	螺旋式攪拌機 L速3分鐘30秒↓ L速5分鐘↓L速～H速2分鐘 揉和完成溫度21℃
中間發酵	40分鐘
分割、整型	大 800克 中 400克 小 100克 請參照製作方法
最後發酵	50分鐘 28℃ 75%
烘焙	上火260℃ 下火235℃預熱 再降至上火240℃ 下火225℃ 使用蒸氣 大 35分鐘/中 27分鐘 小 13分鐘

發酵種的攪拌

1 發酵種的材料放入攪拌缽盆內。

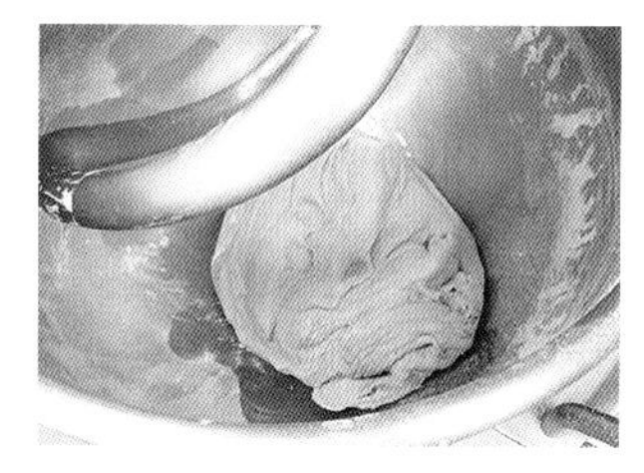

2 以L速攪拌3分鐘。以L速攪拌5分鐘，再放酵母後轉為H速30秒。整合麵團，放入發酵箱內。

＊揉和完成的溫度目標為24℃。

發酵

3 在溫度28℃、濕度75%的冷藏室內，發酵12～16小時。

正式麵團攪拌

4 除了鹽和橄欖油以外的正式麵團材料放入攪拌缽盆內，以L速攪拌3分鐘30秒。

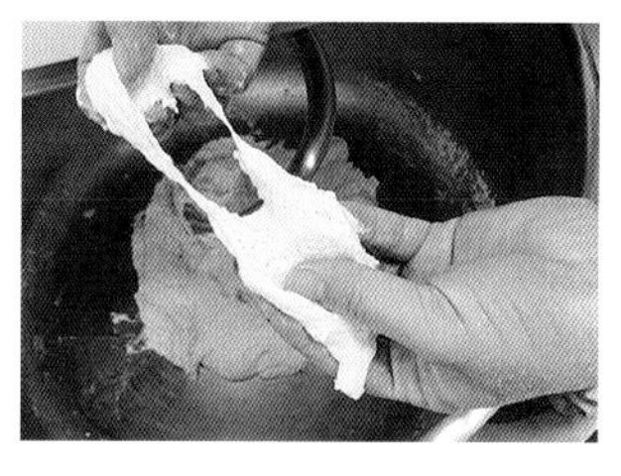

5 攪拌4分鐘30秒時放入發酵種。

6 放入鹽，以L速攪拌，再放入酵母。

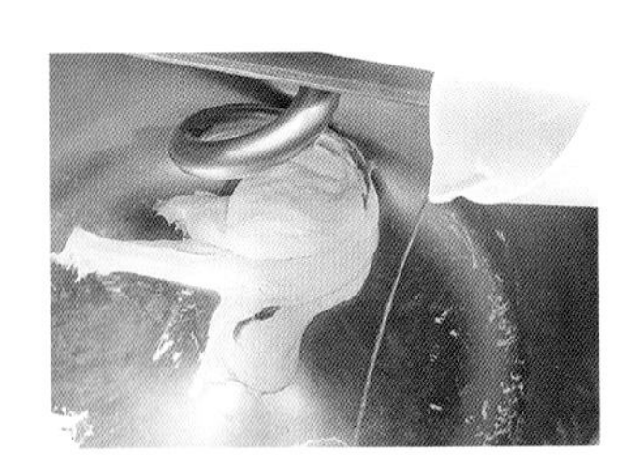

7 成團後，持續攪拌並以細流狀倒入後加水。

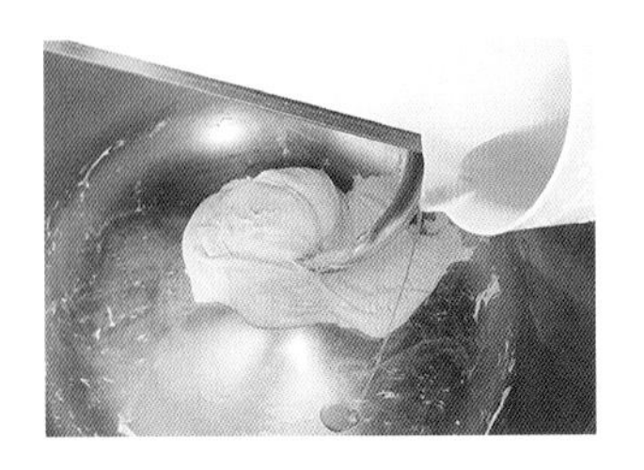

8 以細流狀加入橄欖油，讓麵團確實吸收。

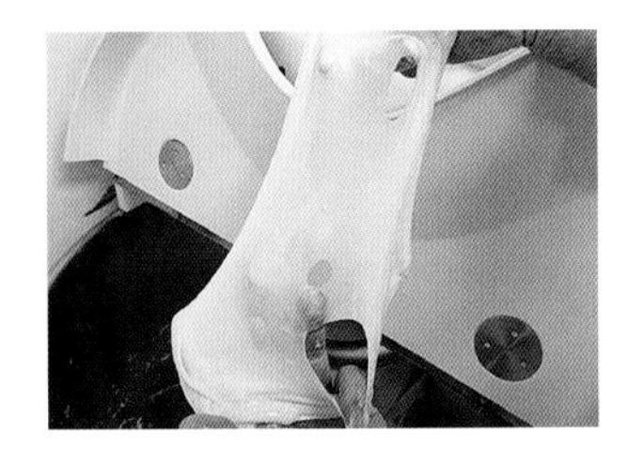

9 確認麵團狀態。

＊揉和完成的溫度目標為24°C。

10 整合麵團，放入抹了橄欖油的發酵箱內。

發酵

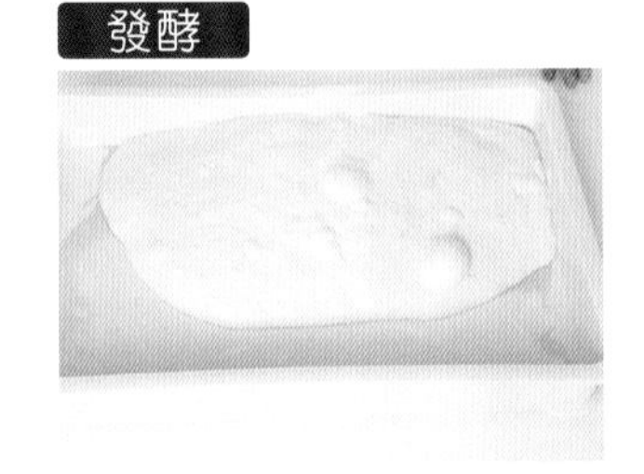

11 在溫度28°C、濕度75%的發酵室內，發酵60分鐘。

翻麵二次

12 將麵團在發酵箱內翻麵，表面撒上橄欖油，由左右側朝中央各折入⅓。

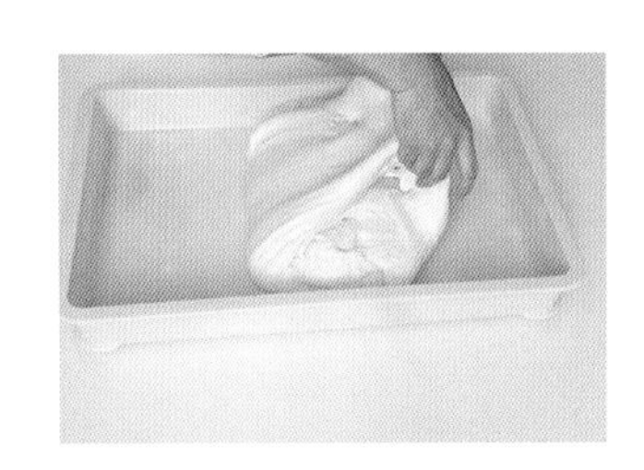

13 同樣地撒上橄欖油，由上下也同樣折入⅓。覆蓋上塑膠袋於室溫下，中間發酵40分鐘。

分割・成形

14 小型巧巴達：由邊緣開始分切出⅓的麵團。

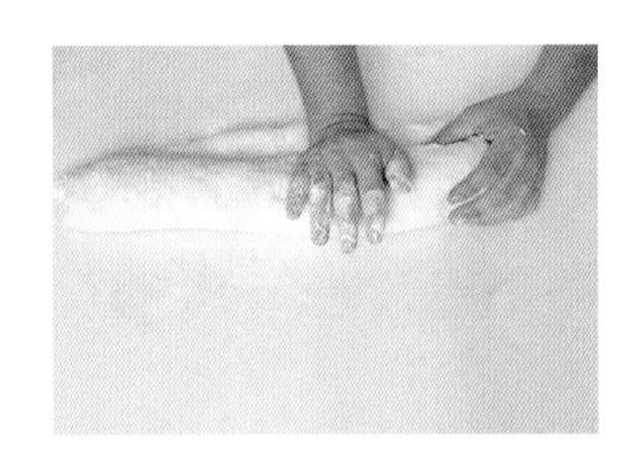

15 工作檯上撒手粉，取出麵團整形成長條狀。

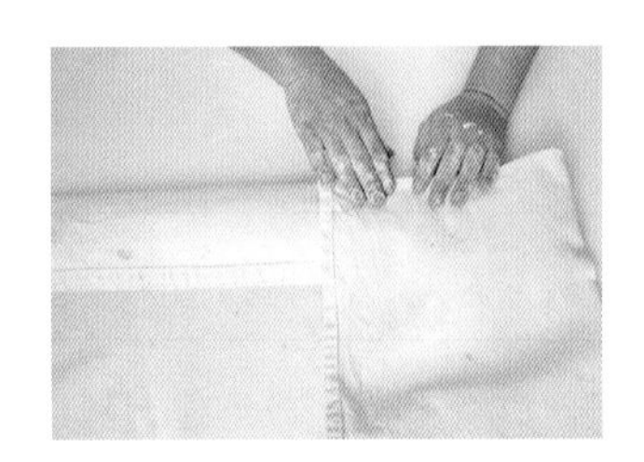

16 以帆布將麵團包起靜置20～30分鐘。

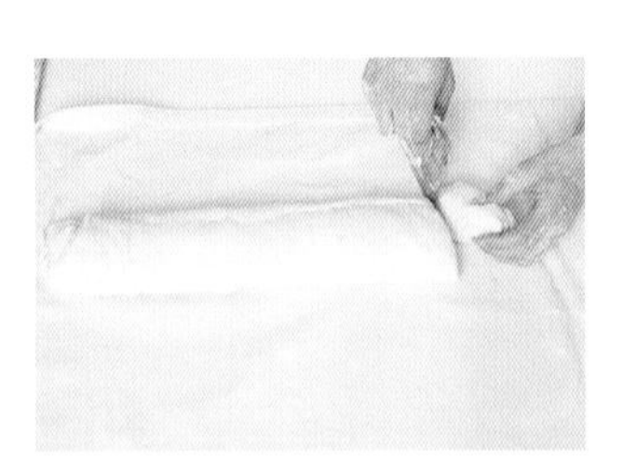

17 打開帆布，將麵團切成小塊。

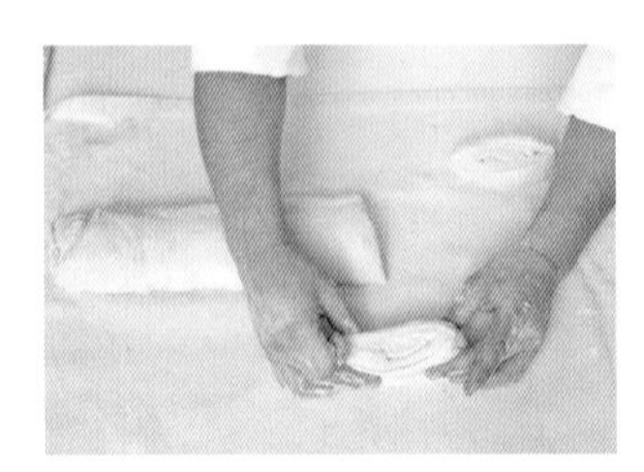

18 切口朝上排放在帆布上。

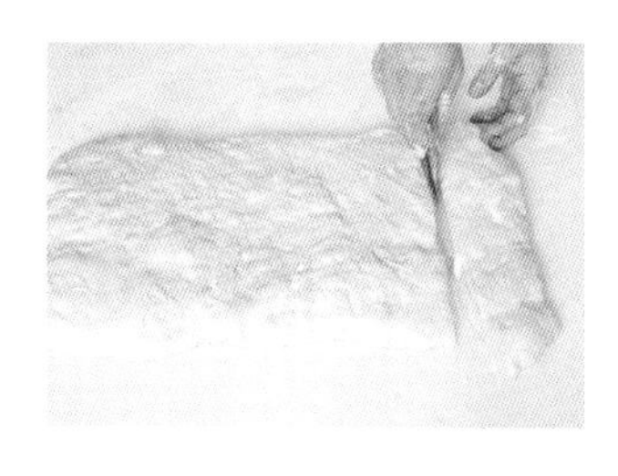

19 大型／中型巧巴達：剩餘的⅔麵團，倒在撒了手粉的工作檯上，切成15cm×20cm的大型，以及8cm×15cm的中型巧巴達。

20 排放在撒了手粉的帆布上。

21 放入溫度28℃、濕度75%的發酵室內，發酵50分鐘。

烘焙

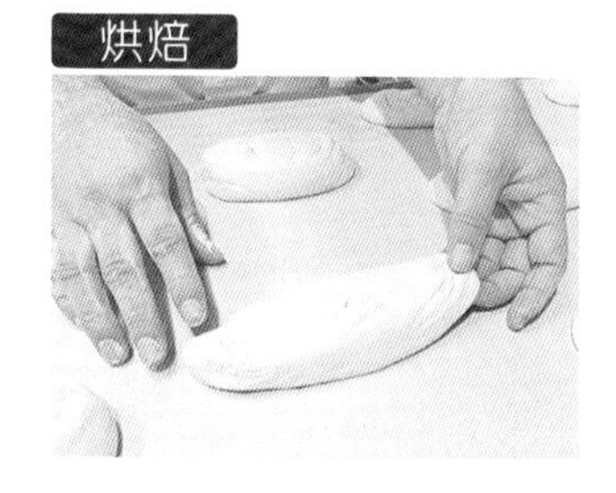

22 小型巧巴達保持以切口朝上的狀態，稍稍拉開麵團再移至滑送帶(slip belt)。

23 大型／中型巧巴達以取板移至滑送帶。

24 用手指戳出凹洞。

25 以上火260℃、下火235℃的烤箱預熱，入爐後降至上火240℃、下火225℃放入蒸氣，大型烘烤35分鐘、中型烘烤27分鐘、小型烘烤13分鐘。

☑ 呈扁平、厚度較薄
☑ 表層外皮柔軟
☑ 內側有相當大的氣泡

特殊麵包

這個單元收錄了RICH類(高糖油配方)的發酵麵團，加入大量乾燥水果，紮實地烘烤出的德國糕點－史多倫 Stollen，形狀就像是用布包裹著聖嬰，聖誕節必備的麵包。以及誕生於米蘭的傳統聖誕糕點，以不斷續種的獨特麵種進行製作的潘妮朵尼聖誕麵包 Panettone；還有重現歐洲古早風味的蜂巢甜糕。

潘妮朵尼聖誕麵包
Panettone
パネトーネ

製法　100%中種法

材料　2kg

	配方(%)	分量(g)
• 中種		
S-Mélangerr (超級麥嵐綺歐式麵包專用粉)	70.0	1400
Mélangerr (麥嵐綺歐式麵包專用粉)	30.0	600
砂糖	30.0	600
海藻糖(trehalose)	10.0	200
蜂蜜	5.0	100
蛋黃	10.0	200
鹽	1.4	28
水	38.0	760
奶油	21.0	420
義大利酵母 lievito(リエビト)	20.0～25.0	400～500
合計	**235.4**	**4708**

	配方(%)	分量(g)
• 正式麵團		
中種麵團	全量	
① 砂糖	13.0	260
檸檬皮		2個
糖漬橙皮		2個
香草莢		3根
蛋黃	30.0	600
② 鹽	1.3	26
可可脂	1.5	30
蛋黃		5個
奶油	20.0	400
葡萄乾	60.0	1200
檸檬皮	5.0	100
糖漬橙皮	10.0	200
合計	**140.8**	**2816**

中種攪拌	直立式攪拌機 以L速攪拌10分鐘～至表面產生光澤 揉和完成溫度25°C
中種發酵	於室溫下放置約12小時 膨脹3.5倍～4倍
正式麵團	螺旋式攪拌機 不攪入氣體地混拌L速攪拌3～4分鐘↓砂糖+蛋黃各別分成3次加入 L速攪拌至每次都產生筋度 加入果乾 揉和完成溫度25°C
發酵	28°C　75% 20～30分鐘
分割	80克58個(小) 350克13個(大)
中間發酵	無
最後發酵	4～6小時左右　28°C　75% 或10°C 12小時以上
烘焙	以上火180°C　下火190°C預熱 再降至上火180°C　下火180°C 大的35分鐘／小的25分鐘 刺入金屬叉倒吊放涼

義大利Lievito發酵種 （リエビト）

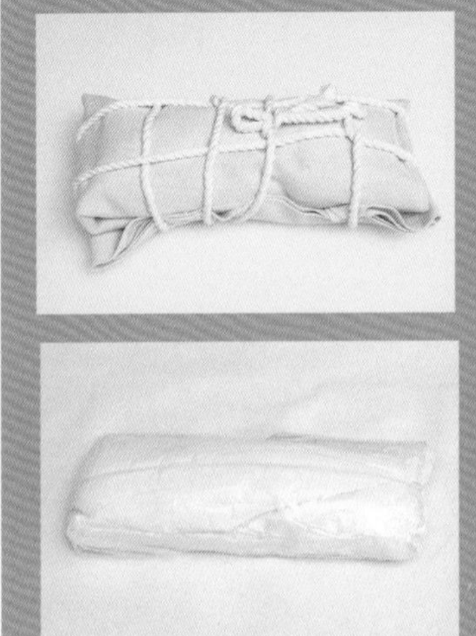

在北義大利特定地方培養而成，非常細緻的發酵種。Lievito發酵種，具有對水分、油脂、糖類耐性極強的特性，所以使用Lievito發酵種烘焙而成的麵包，除了有極佳的保水、防腐性之外，還同時擁有獨特的風味、柔軟的口感。將Lievito發酵種放入塑膠袋中並牢牢的以粗繩綁起，可增強Lievito發酵種發酵的力道與強度。

義大利酵母準備

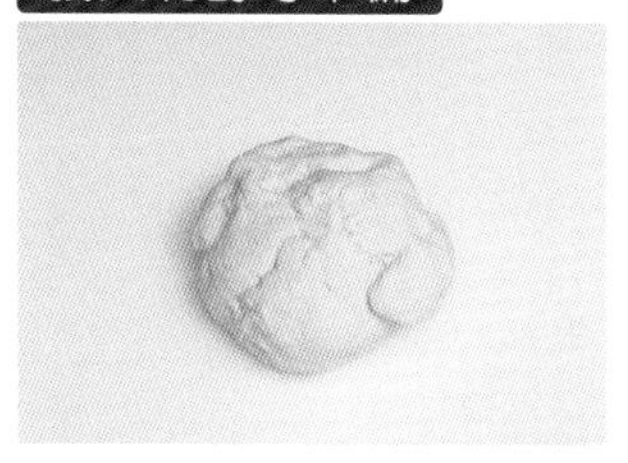

1 義大利酵母lievito從帆布中取出。

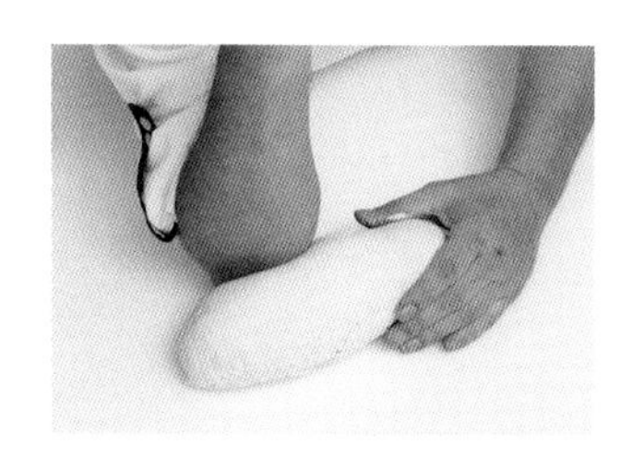

2 以手肘用力滾圓。

3 割十字放入鋼盆中覆蓋保鮮膜。在28℃ 75%的環境下發酵4小時。

＊割十字可讓發酵程度看起來更明顯，有助於幫助判斷。

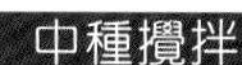

中種攪拌

4 除了義大利酵母以外，其餘的中種材料放入攪拌缽盆中，以L速攪拌10分鐘至表面產生光澤。

5 表面緊實地整合麵團，放入發酵桶內。

＊揉和完成的溫度目標為25℃。

發酵

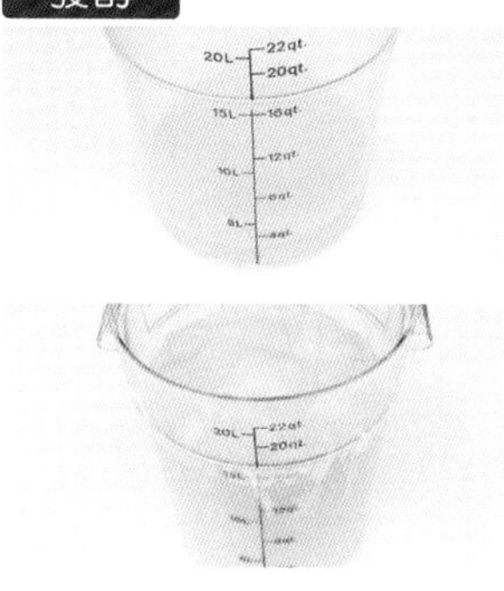

6 於室溫下放置約12小時，體積膨脹3.5倍～4倍。

正式麵團

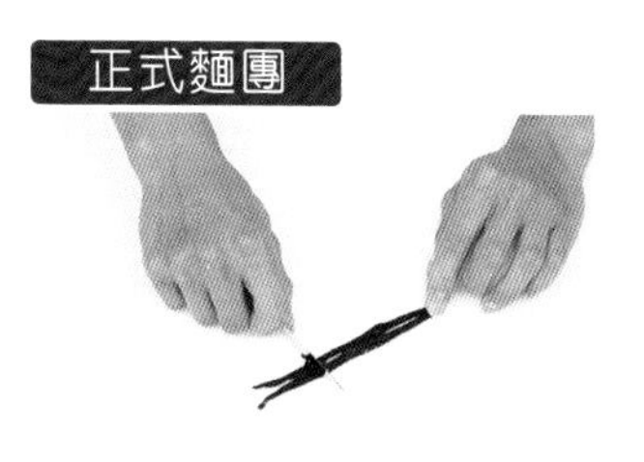

7 將香草莢剖開刮出香草籽。

8 和檸檬皮、糖漬橙皮一起加入砂糖中攪拌均勻至氣味轉移至砂糖中。

9 鹽、可可脂、蛋黃、奶油以攪拌器拌至均勻混合。

10 4小時後完成發酵的義大利酵母lievito。

＊割十字後的麵團向外擴張，中央膨起，表示發酵完成。發酵不足或失敗的lievito，Panettone可能會無法膨脹，或是風味不佳。

11 將中種麵團及義大利酵母lievito加入攪拌機，以L速攪拌3～4分鐘，盡量不攪入氣體地混拌。

12 香料砂糖＋蛋黃各別分成3次加入。

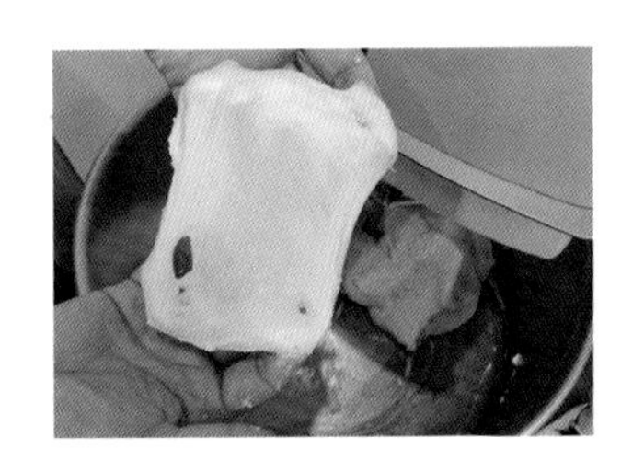

13 以L速攪拌至每次都產生筋度，取部分麵團拉開延展以確認狀態。

＊非常柔軟、沾黏，麵團幾乎沒有連結。

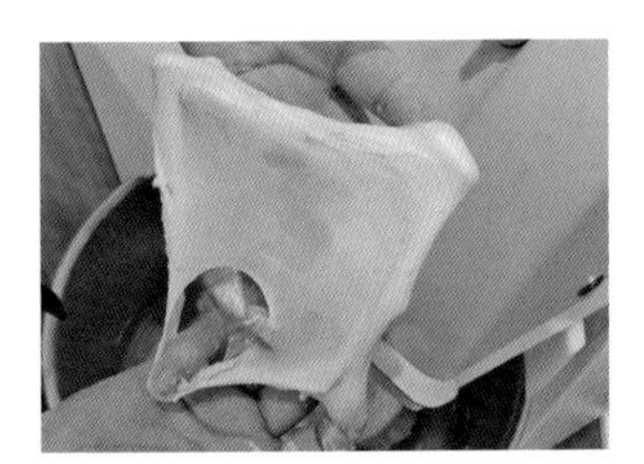

14 加入第二次⅓的香料砂糖＋⅓的蛋黃以L速攪拌3分鐘，確認麵團狀態。

＊形成平順光滑狀，雖稍有不均勻，但能薄薄地延展。

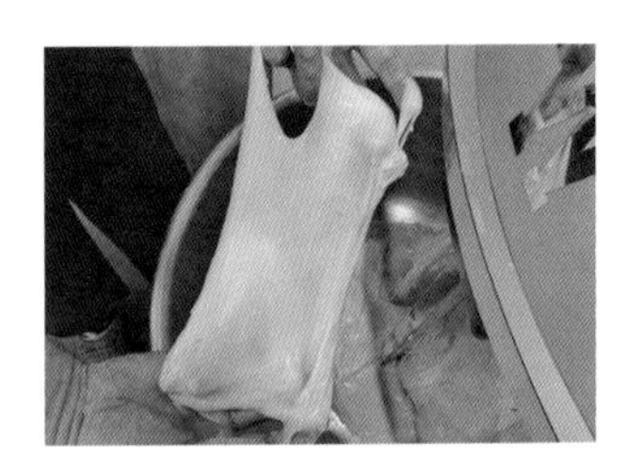

15 加入第三次⅓的香料砂糖＋⅓的蛋黃以L速攪拌3分鐘，確認麵團狀態。

＊柔軟且滑順，能延展成非常薄的薄膜狀態。

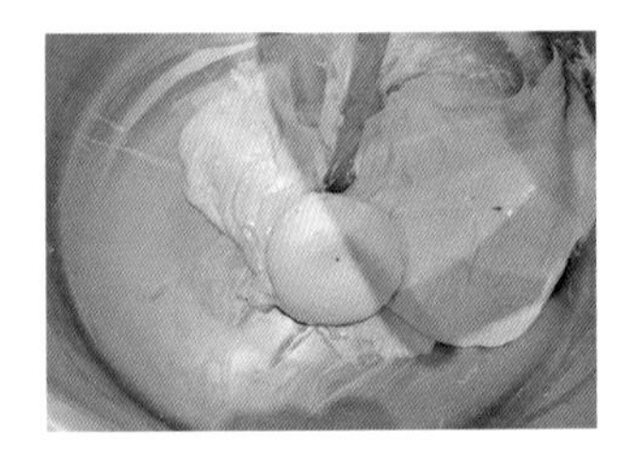

16 加入之前先攪拌好的步驟9(鹽、可可脂、蛋黃、奶油)，以L速6分鐘。

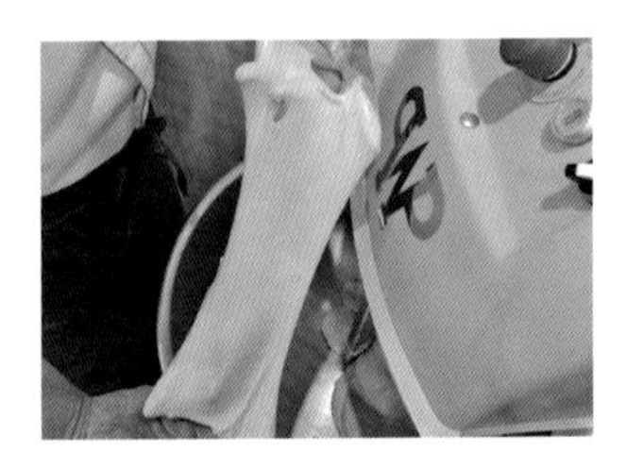

17 確認麵團狀態。

18 加入葡萄乾、檸檬皮和糖漬橙皮，以L速攪拌至均勻混合。

＊全體均勻混合時，即完成攪拌。

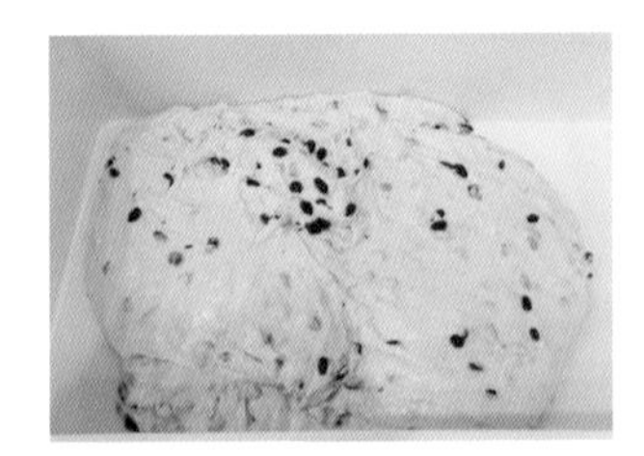

19 使表面緊實地整合麵團，放入發酵箱內。

＊揉和完成的溫度目標為25℃。

發酵

20 在溫度28℃、濕度75%的發酵室內，發酵20～30分鐘。

＊表面雖有沾黏，但手指按壓時能稍留下痕跡時，即可完成發酵。

分割

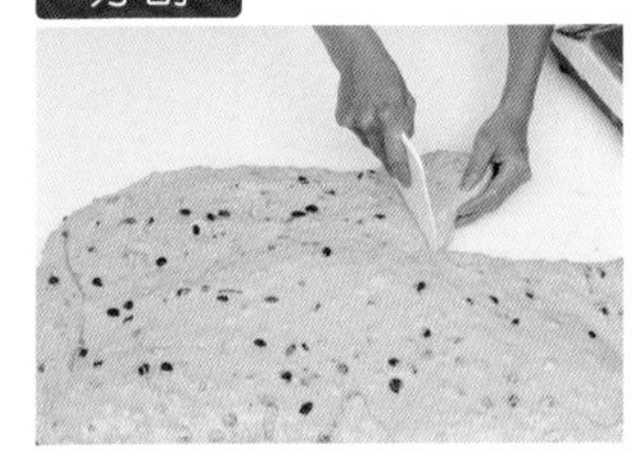

21 分割成所需的重量，直接進行整形。

整型－大、小2種

22 手拿刮板從麵團底部貼著工作檯面。

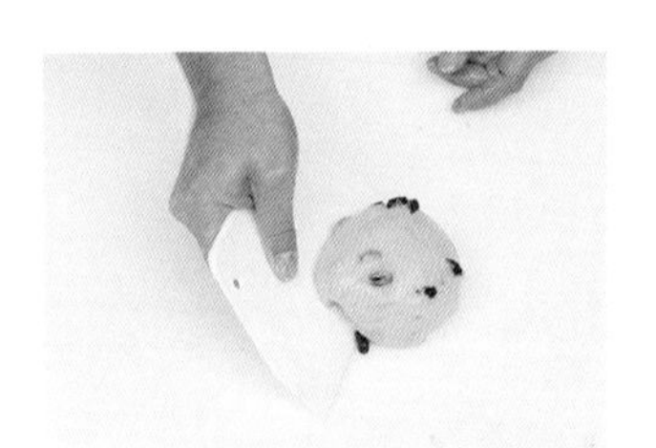

23 拉動麵團以平順光滑表面地滾圓。

＊使表面緊實地確實進行滾圓。

24 放入直徑12cm的小紙模中並排放在烤盤上。

＊小的一樣底部朝下放入直徑7cm的紙模內。

最後發酵

25 在溫度28℃、濕度75%的發酵室內，發酵4～6小時以上。

＊如何判斷發酵完成？在4～6小時內麵團達到8分滿，聞起來不能有酸味，若出現酸味表示酵母已缺乏膨脹力。

烘焙

26 表面呈乾燥狀後劃切十字切紋。

27 向外翻開切紋。

28 擠上奶油。

29 以上火180℃、下火190℃的烤箱預熱，放入麵團後降至上火180℃、下火180℃，小的烘烤25分鐘，大的烘烤35分鐘。

30 取出剝除表面的葡萄乾。
＊烤焦的葡萄乾會產生苦味。

31 大的在底部刺入2根平行的金屬叉，倒吊在層架上放涼。

☑ 鮮艷的黃色
☑ 柔軟內側佈滿乾燥水果
☑ 大小不一的氣泡

Panettone的典故

源自於義大利的米蘭地區，據說傳自於宮廷；也有一說出自領主府；甚至是麵包師傅的徒弟…，但總而言之是位叫做托尼的男孩做出了這款讓人驚艷的麵包，於是它被稱為「托尼的麵包Pan del Toni」，演變至今就是我們所熟知的Panettone了。

傳統的Panettone使用的發酵種，是從採集了存在於馬腸內的乳酸菌所培養出來。加入了大量的奶油、雞蛋、砂糖，以及蘭姆酒浸漬過的果乾(葡萄乾、桔子皮、檸檬皮為最經典)，經過長時間的發酵，醞釀出的深邃芬芳，與奶香完美的融合，柔軟的口感如同棉花糖一般在舌上化開。Panettone可以在常溫下保存較長的時間，甚至在出爐的第二、第三天後，香氣更加成熟圓潤。

史多倫
Stollen
シュトレン

製法　發酵種法

材料　1.25kg用量（8個）

	配方（%）	分量（g）
・發酵種		
S-Mélangerr （超級麥嵐綺歐式麵包專用粉）	50.0	625
新鮮酵母	7.0	87.5
海藻糖（trehalose）	5.0	62.5
水	30.0	375
・Creaming（クリーミング）		
杏仁膏（マジパン）	15.0	187.5
奶油	45.0	562.5
砂糖	15.0	187.5
鹽	1.3	16.3
檸檬皮		2顆
肉桂	0.2	2.5
肉荳（nutmeg）	0.2	2.5
小荳蔻（cardamon）	0.2	2.5
蛋黃	8.0	100
・正式麵團		
Mélanger （麥嵐綺歐式麵包專用粉）	50.0	625
酪乳粉 （Butter milk powder）	5.0	62.5
・糖漬果乾		
葡萄乾	80.0	1000
糖漬橙皮（Orange Peel）	10.0	125
糖漬檸檬皮 （Lemon Peel）	10.0	125
杏仁片	10.0	125
合計	**341.9**	**3320**

・內餡	
杏仁膏（參考P.147）	每個50
・完成	
澄清奶油Clarified butter	適量
肉桂糖	適量

＊模型噴油防沾備用

史多倫剖面

☑ 表層外皮相當厚

☑ 柔軟內側佈滿乾燥水果

發酵種的攪拌	L速5分鐘 揉和完成溫度26°C
發酵	40分鐘　28°C　75%
打發Creaming	杏仁膏、砂糖、鹽、檸檬皮、 小荳蔻、肉桂、肉荳蔻、 奶油、蛋黃
正式麵團攪拌	直立式攪拌機 L速5分鐘M速2分鐘 （靜置15～20分鐘） 水果L速1分鐘～ 揉和完成溫度24°C
發酵	30分　28°C　75%
分割	550g
整型	請參照製作方法
最後發酵	60分鐘 30°C　70%
烘焙	50分鐘（45分鐘時脫模） 上火190°C　下火190°C
完成	塗抹澄清奶油 撒上肉桂糖

＊ 杏仁片前一天先烤香泡水後瀝掉水份再加入與其他果乾混合。杏仁果的口感太硬，杏仁片口感較好。

＊ 麥嵐綺歐式麵包專用粉先冰過再加入。

＊ 香料粉若與果乾一起加，味道會比較鮮明。與奶油等一起攪打再加入，風味會比較柔和。

＊ 澄清奶油Clarified butter是加熱無鹽奶油後，去除底部沉澱的乳醣，取上層清澈的液體奶油使用。

發酵種的攪拌

1 發酵種的材料放入缽盆內，以L速攪拌5分鐘。

＊確實混拌至粉類完全消失為止。拉起攪拌器產生黏度時，即已完成。

＊揉和完成的溫度目標為26°C。

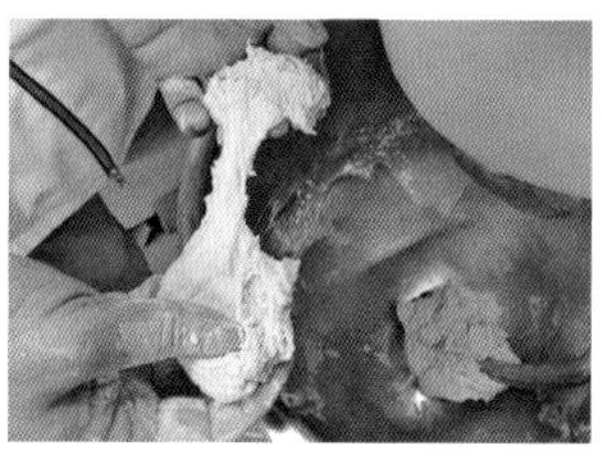

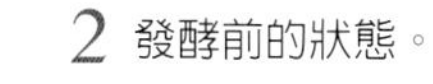

2 發酵前的狀態。

發酵

3 蓋上塑膠袋靜置備用。在溫度28℃、濕度75%的發酵室內，發酵40分鐘。

打發 Creaming

5 混合砂糖、鹽、小荳蔻、肉荳蔻、肉桂、檸檬皮。

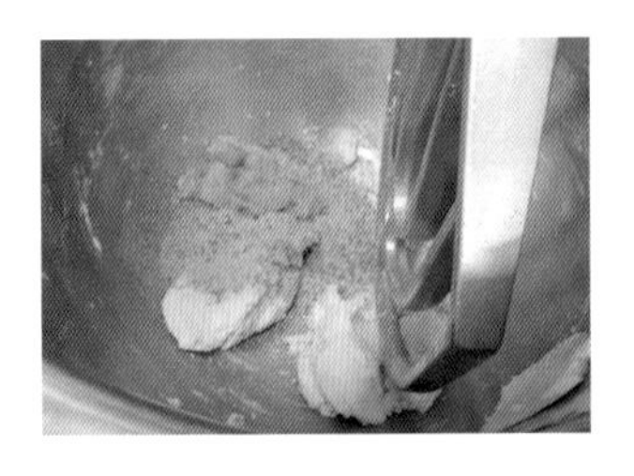

6 在桌上型攪拌機的缽盆內放入撕碎的杏仁膏、奶油、蛋黃與混合好的步驟5。攪拌機裝置上槳狀攪拌器，攪打至杏仁膏變滑順為止，混拌2～3分鐘。

＊隨時刮落沾黏在缽盆或網狀攪拌器上的材料，均勻混拌。攪拌機底部不易混拌之處，必須特別注意。

正式麵團攪拌

7 將Mélanger(麥嵐綺歐式麵包專用粉)、酪乳粉、3的發酵種放入直立式攪拌機的攪拌缽盆內，以L速攪拌5分鐘。取部分麵團拉開延展以確認狀態。

＊麵團硬且乾燥。幾乎沒有連結，延展麵團時立刻就會破裂。

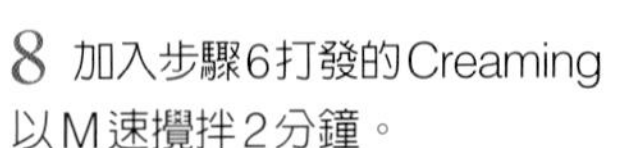

8 加入步驟6打發的Creaming以M速攪拌2分鐘。

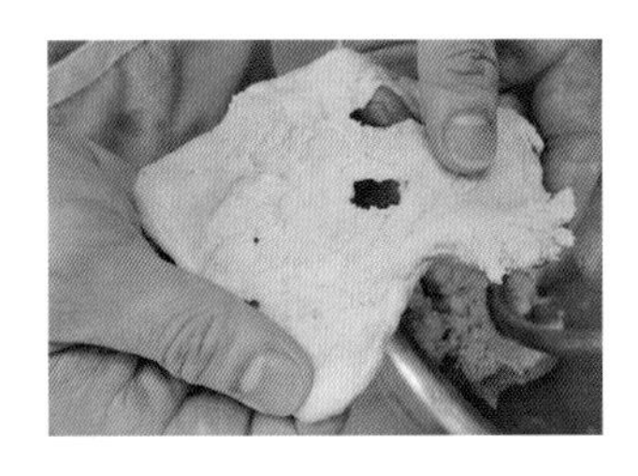

9 確認麵團狀態。

＊全體可以整合成團，略有連結、具彈力。

10 靜置15～20分鐘。加入糖漬果乾，以L速攪拌1分鐘混合。

＊全體均勻混合後，攪拌完成。

11 使表面緊實地整合麵團，放入發酵箱內。

＊揉和完成的溫度目標為24℃。

發酵

12 在溫度28℃、濕度75%的發酵室內，發酵30分鐘。

分割

13 將麵團取出至工作檯上，分切成550g。

整型

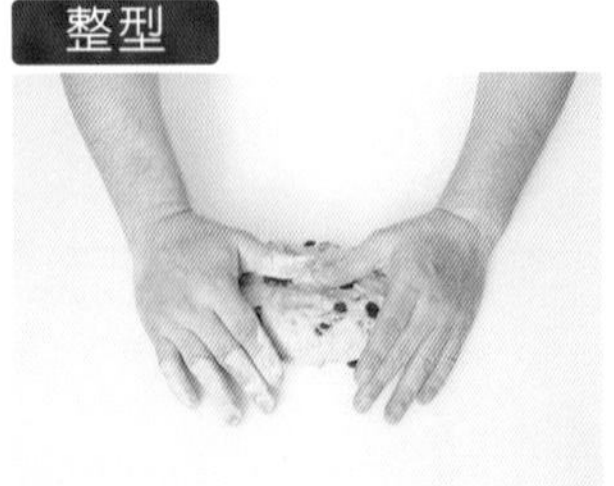

14 將麵團整合成圓柱狀。用手掌側面按壓麵團中央，形成凹槽。

＊因為麵團會有點沾黏，所以在工作檯上按壓滾圓。注意避免麵團撕裂。

15 放入搓成長條狀的杏仁膏。

16 由內側朝外對折。

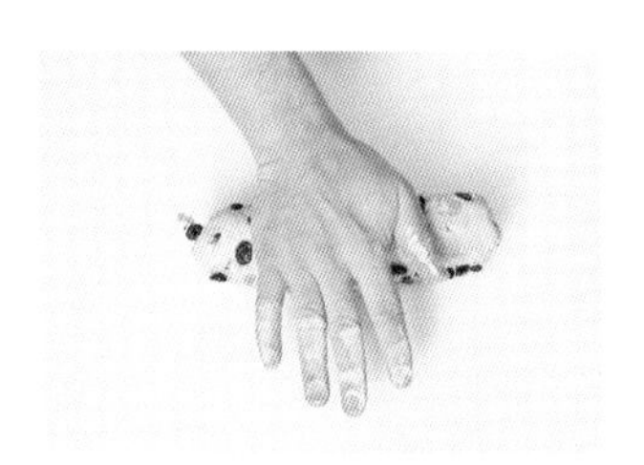

17 滾動麵團成為20cm長的棒狀。

18 排放入噴油防沾的史多倫專用模內。壓緊與模型貼合調整形狀。

最後發酵

19 在溫度28℃、濕度75%的發酵室內，發酵40分鐘。蓋上模型蓋。

＊雖然不太會膨脹，但要發酵至用手指按壓時，會留下手指痕跡的程度。

烘焙

20 以上火190℃、下火190℃的烤箱，烘烤45分鐘。脫模放回相同條件的烤箱，繼續烘烤5分鐘。

完成

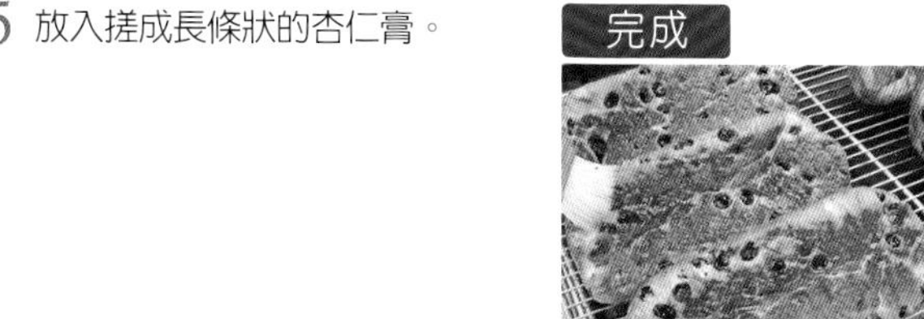

21 趁熱在全體刷塗大量澄清奶油，讓奶油滲入。

＊底面也要刷塗。

22 在全體表面撒上肉桂糖。

23 待涼後以保鮮膜包覆等待熟成一週。

史多倫的典故

德國經典的史多倫stollen有著「耶穌的搖籃」之義，Stollen舊稱為Striezel，意思是「一塊麵包」，造型靈感來自於襁褓中的耶穌，是代表耶穌受難的麵包之一。很久以前的史多倫，由於正處於教徒們的齋戒期，所以不能使用奶油，造就了非常乾硬的口感。在漸漸改良與宗教改革以後，才有了現在更加美味的史多倫Stollen。長時間自然發酵醞釀出深邃的香氣，麵包當中加入葡萄乾、桔皮丁、檸檬皮、杏仁片、杏仁膏與肉荳蔻，在奶油的滋潤下散發著柔和溫暖的香氣，最後撒上肉桂粉，以及如雪一般的糖粉，史多倫的外表樸實，內裡可是一點也不簡單。在烤焙完成以後，必須經過熟成期，待其中多餘水分散去、香氣充分浸潤整塊麵包，讓它的滋味更加完滿而有層次，最適合切成1公分的薄片享用！

蜂巢甜糕
Pain d'Epice
パンデピス

製法　直接法

材料　1個可切成8塊

	分量(g)
紫羅蘭低筋麵粉	700
裸麥粉	300
紅糖	500
海藻糖(trehalose)	100
蜂蜜	800
牛奶	600
茴香籽(anise seed)	7
小蘇打	12

烘焙　2小時
上火150℃　下火150℃

＊模型內鋪上烘焙紙備用

1 將紅糖溶化在一半用量的牛奶中。

2 過濾備用。

3 粉類過篩備用，加進茴香籽、小蘇打。

4 將2與3放入缽盆中，加入其餘用量的牛奶，輕輕混拌。

5 在4之中加入蜂蜜混拌均匀。

6 靜置於冰箱中一夜。

7 32×22×8cm木模中鋪好烘焙紙。

8 將靜置的麵糊再次混拌均匀後倒入。

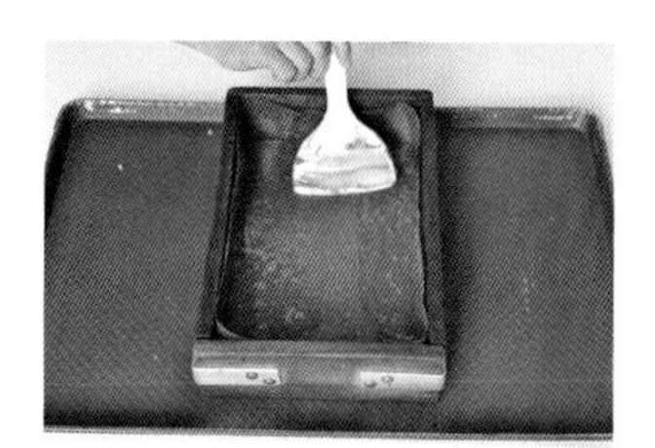

9 平整表面。

10 以150℃／150℃烘烤2小時。

11 取出待降溫後脫模。分切成8小塊搭配奶油享用。

麵包的靈魂－基本材料‧設備‧步驟

麵包製作上不可或缺的材料是麵粉、酵母、水和鹽等四大項，所謂的副材料指的是增添甜味、香氣，或是要增加麵包體積時，使用的「糖類」、「油脂」、「乳製品」、「雞蛋」等。以下將介紹本書中使用的基本材料‧設備，以及麵包製作過程中的各項基本步驟。

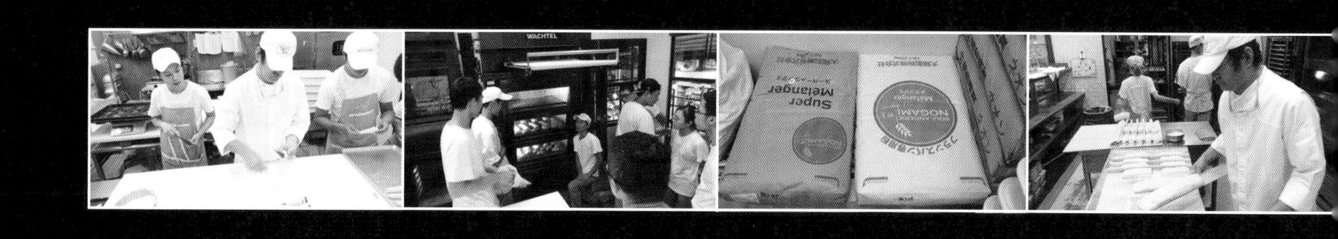
WACHTEL
Super Melanger
NOGAMI

麵包的靈魂－基本材料

麵

在挑選麵包用的麵粉時，可做為挑選參考的是標示出麵粉精製程度的等級和麵粉灰分（礦物質），以及蛋白質。

粉類的精製度越高，等級就越高，灰分越多則等級越低。但是也不是等級越高就越好，追求小麥風味的麵包，就比較適合等級較低含灰分較多的粉類。

另外，蛋白質越多形成筋度的量也會增加，所以要做出較膨鬆的麵包時，可選用蛋白質含量較高的粉類，像法國麵包般膨鬆後，其風味會變淡的麵包，就必須選用蛋白質含量較少的粉類。

麥嵐綺歐式麵包專用粉 Mélanger（メランジェ）

蛋白質9.6%　灰份0.74%

野上師傅監製，以石臼碾磨調合的法國麵包專用粉。能夠製作出法國麵包所追求的輕盈香脆外皮，同時具有石臼粉類特有的強烈香氣及甜味。

超級麥嵐綺歐式麵包專用粉 Super-Mélanger（スーパーメランジェ）

蛋白質13%　灰份0.41%

具有高蛋白的小麥蛋白，因此烤箱延展性佳、良好操作以及廣泛用途的麵包用粉。與麥嵐綺歐式麵包專用粉組合後可以變化搭配製作出各種麵包。

野上師傅為了追求心目中的理想風味，除了在技術上的不斷精進，在原料本質上的要求也很有想法。很幸運地，在日本大陽製粉專業嚴謹的協助下，經過無數次的討論與試驗，合作開發出了麥嵐綺歐式麵包專用粉 Mélanger 與超級麥嵐綺歐式麵包專用粉 Super-Mélanger。

麥嵐綺歐式麵包專用粉 Mélanger 以福岡麥為主旋律，發揮其獨特的濃厚麥香，襯以北美小麥，舞出酥脆、香氣、滋味兼具的極致風味，是野上師傅心目中法國麵包的美好樣貌！

超級麥嵐綺歐式麵包專用粉 Super-Mélanger 以北美小麥調配澳洲產小麥蛋白，高達約13%的小麥蛋白含量，其絕佳的膨脹能力，讓麵包的口感更加綿密細緻、蓬鬆柔軟。

大陽製粉株式会社

持續挑戰穀物之潛能

以大陽製粉經年的經驗及「Know-how」為基礎，配合目的用途以及客戶端需求，致力於高品質麵粉等商品之銷售。此外，以確保安全、安心之商品並因應地域性的需求，針對各式麵粉、裸麥粉、大麥粉、蕎麥粉、綜合粉類等具附加價值之商品製作也投入大量心力，利用本公司獨創製粉技術更進一步邁向獨創商品的製作。

萊茵德式麵包專用粉 Rhein Gold
（ラインゴールド）

蛋白質 10.3%　灰份 0.5%

是由擔任本公司顧問的 Erwin Betz 先生監製，重現德國 Type 550 的品質、適用於硬質麵包等，道地歐洲麵包專用粉。

SUN STONE
（サンストーン）

灰分 0.98%　蛋白 13.9%

加拿大產小麥以石臼碾磨，呈現小麥本身豐富風味的麵包用粉。

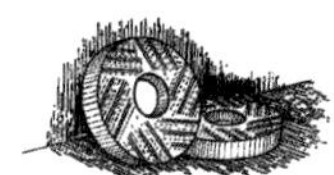

麵包職人パン職人
（Pansyokunin）

蛋白質 12.2%　灰份 0.39%

適合用於吐司麵包、甜麵包等所有的麵包，作業性佳，可以廣泛運用的麵包專用粉。

HEIDE
（ハイデ）

灰分 0.95%　蛋白 7.0%

裸麥經石臼碾磨後，具高保濕性且能品嚐出裸麥風味的裸麥粉。由德國直接進口裸麥原料，並在日本國內製粉。

日清百合花法國粉
LYS D'OR All Purpose Flour
（リスドオル）

蛋白質 10.7% 灰份 0.45%

重視小麥風味及香味的法國麵包專用粉，尤其經過長時間發酵後，更可表現出風味的豐富性。

日清紫蘿蘭低筋麵粉
Violet Cake Flour
（バイオレット）

蛋白質 8.1% 灰份 0.33%

日清最具代表性的菓子用粉，口感輕、化口性佳。適用於海綿蛋糕及戚風蛋糕，燒菓子、餅乾類及和菓子皆適用。

日清裸麥全粒粉細挽
Whole Rye Flour（Fine）
（アーレファイン 細挽）

蛋白質 8.4% 灰份 1.50%

德國產的深色裸麥全粒粉，可製作出烤焙彈性良好、柔軟並帶有淡淡酸味的裸麥麵包。

酵母

酵母，與麵團發酵、膨脹有直接關係的重要材料。因酵母的酒精發酵生成二氧化碳，
就是麵團膨脹的原由，而與之同時產生的乙醇及有機酸，則是麵包風味的來源。
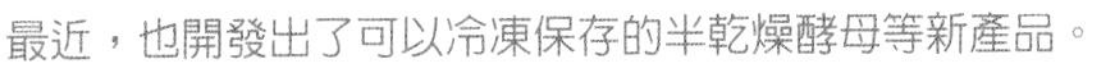
最近，也開發出了可以冷凍保存的半乾燥酵母等新產品。
依不同的麵包種類及製作方法，添加的酵母種類及用量也會因而不同，
因此在選擇上必須多加思考。

新鮮酵母

是最為廣泛運用的酵母，具滲透壓耐性，即使麵團的蔗糖濃度較高，細胞也不會被破壞。新鮮酵母是將酵母的培養液脫水後製成的，以冷藏狀態流通。食用期限，在冷藏狀態下約是製造日起一個月左右，開封後應儘早使用完畢。新鮮酵母1g約存在著100億個以上的活酵母。這是使用最普及的麵包酵母，在10°C以下的環境約可保存一週，無法冷凍保存。適用於糖分多的麵團與冷藏儲存的麵團。

即溶酵母SAF紅

將酵母進行低溫乾燥後，變為容易保存的形態，需以冷凍保存。以常溫真空包裝狀態流通。食用期限未開封者約為二年，開封後需保存於冷暗場所並儘早使用完畢。

用量是新鮮酵母的1/2以下，仍具有相同的發酵能力，可以溶化於水中或混拌於粉類中使用。有分成無糖麵團使用、含糖麵團使用等幾種，可以對應在所有的麵包上。

義大利Lievito發酵種（リエビト）

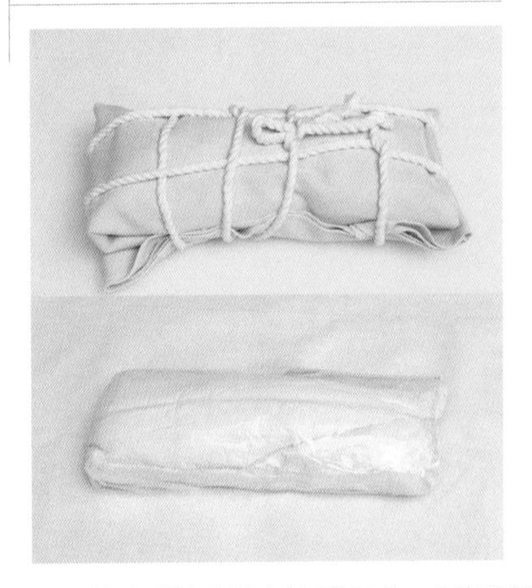

在北義大利特定地方培養而成，非常細緻的發酵種。Lievito發酵種，具有對水分、油脂、糖類耐性極強的特性，所以使用Lievito發酵種烘焙而成的麵包，除了有極佳的保水、防腐性之外，還同時擁有獨特的風味、柔軟的口感。將Lievito發酵種放入塑膠袋中並牢牢的以粗繩綁起，可增強Lievito發酵種發酵的力道與強度。

麥芽精（麥芽糖漿）

由發芽的大麥中熬煮萃取出的麥芽糖（二糖類）的濃縮精華，也被稱為麥芽糖漿。麥芽精的主要成份是麥芽糖，含有被稱為β澱粉酶的澱粉分解酵素等，麥芽精所含的β澱粉酶，可以將澱粉分解成麥芽糖，使麵包製作過程的較早階段，就能增加麵團中的麥芽糖、改善麵包的烘焙色澤以及被酵母中所含的麥芽糖酶（麥芽糖分解酵素）分解成葡萄糖（單糖類），並成為酵母的營養。一般被運用在法國麵包等不添加砂糖的LEAN類（低糖油配方）硬質麵包的麵團上。本書使用1:1稀釋的麥芽糖漿，以麥芽精1：水1稀釋使用。

海藻糖 Trehalose

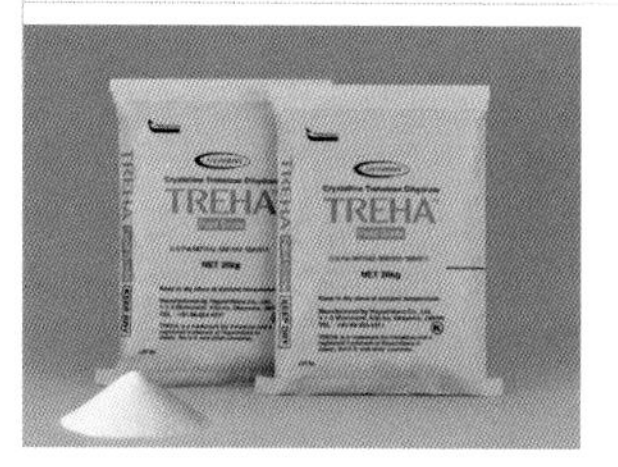

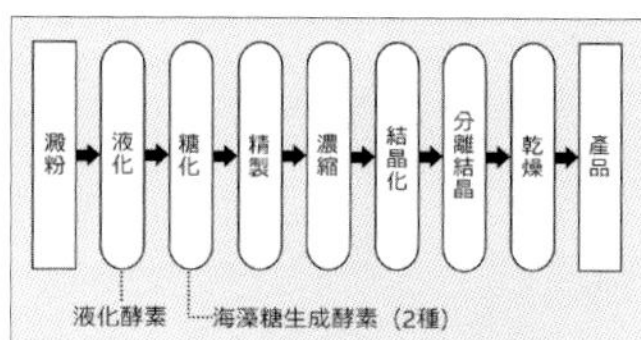

海藻糖為廣泛存在於自然界的糖類，於菇類或酵母等常見的食品當中都可發現其身影。可抑制澱粉老化、低甜味、抑制蛋白質變性、增加保水性、冷凍時保護組織…等效果。

鹽
Salt

鹽除了是決定麵包風味的一大助力之外，還可以防止麵團鬆垮地拉緊筋度，加強其彈性。可以有效地抑止發酵作用。基本上是添加粉類2%的份量。

珍珠糖
Sucre casson

由甜菜提煉而成的粗顆粒結晶糖，甜度僅為砂糖的一半。熔點高，加熱後不會完全融化，融化的部分會形成香甜的糖衣，沒融化的部分會形成鬆脆的口感，用於西班牙麵包(P.77)。

杏仁膏 Marzipan
(マジパン)

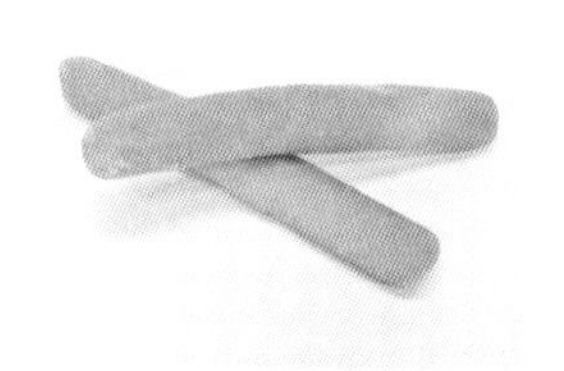

杏仁果和砂糖製成的膏狀物。依生產國及製品種類，杏仁果與砂糖的比例也會不同。本書使用的是自製的杏仁膏，用於史多倫(P.136)。

• 杏仁膏

（方便製作的份量）

	配方(%)	分量(g)
杏仁果	100	1250
砂糖	65	812.5
牛奶	17.5	218.8
蘭姆酒	4.0	50
合計	**186.5**	**2331.3**

杏仁膏材料以研磨機磨成細緻的膏狀，分成50克備用。

酪乳粉
Butter milk powder

鮮奶油長時間持續混拌時，就會分離成「固狀物－奶油」和「液體」，將形成的「液體」脫水製成粉狀就是「酪乳粉 Butter milk powder」。

馬鈴薯粉
Potato powder

將去皮的馬鈴薯蒸熟後，壓成泥再脫去水份，製作成細粉型態保存，本書中用於佛卡夏(P.122)。

糖漬橙皮
Orange peel

將切掉果肉及帶苦味白色中果皮的柳橙皮，放進糖漿裡慢慢糖漬後的成品，可增添麵包的香氣與滋味，用於西班牙麵包(P.77)、布里歐(P.67)等。

橙花水
Fleur d'oranger

將橙花用酒精蒸餾過，所得的橙花水，可以當作香精用來調味，可增添麵包的香氣與滋味，用於西班牙麵包(P.77)。

香草莢
Vanille

市面上流通販賣的香草莢為深褐色。香草莢縱切開來，取出裡面的香草籽使用，若是用在卡士達醬的製作，可將豆莢連同香草籽一起放入牛奶中，以萃取出最多的香草風味。

可可脂
Beurre de cacao

是從可可豆仁研磨製成可可膏，再經榨油，集油、過濾、冷卻、凝固，取出的乳黃色硬性天然植物油脂，略帶巧克力氣味，用於潘妮朵尼聖誕麵包(P.131)。

麵包的基本步驟

液體的準備

本書中酵母、鹽多半是在攪拌時分開分次加入麵團中，但像是洛斯提克Rustique麵團攪拌少的情況，避免酵母在攪拌時未能及時融入麵團，會先將麥芽糖漿、鹽、酵母等與配方中的水量混合溶解再加入。

計算水溫的算式

一般運用於麵團揉和完成溫度之計算公式如下：

麵團揉和完成溫度＝(粉類溫度＋水溫＋室溫) ÷3＋因摩擦致使麵團升高之溫度(通常為6～7℃)

方程式修改為計算水溫之算式時：

水溫＝3×(揉和完成溫度－摩擦致使麵團升高之溫度) －(粉類溫度＋室溫)

用這個算式求得的水溫，為參考標準，實際上會因攪拌機、粉的種類、麵團份量…等導致揉和完成溫度隨之不同。每次都紀錄下實際攪拌時的資料，日積月累經驗下，更能調整出正確的溫度。

模型的麵團比容積

表示在模型中放入多少用量的麵團烘烤，才能烘烤出恰到好處麵包體積的數值。模型的容積除以放入模型內麵團的重量，即可算出。

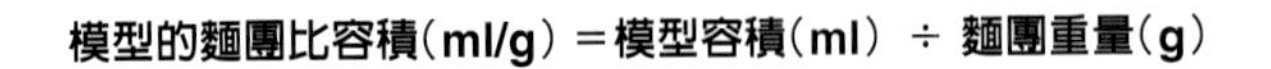

模型的麵團比容積(ml/g)＝模型容積(ml) ÷ 麵團重量(g)

要正確地量測出模型的容積，最簡單的方法是將模型內裝滿水，再以量筒或秤，量測出水的重量(1g＝1ml)。若是活動模型，可以用膠帶等由外側貼妥，或以米或豆粒計算出容積與重量比，再進行測量。

自我分解法

自我分解法→攪拌中途15～30分休息

<1>攪拌時間縮短。

<2>麵團延長性較佳。

<3>膨脹力佳。

<4>組織比較好。

<5>麵團在烤焙時較安定。

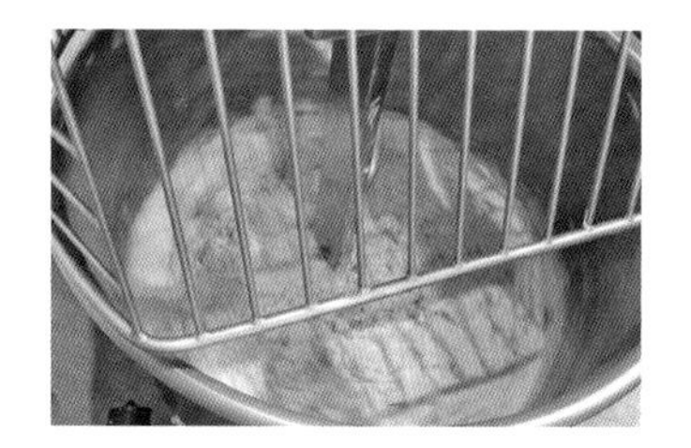

基本發酵

混拌後麵團的膨脹為一次發酵。長時間發酵時，可以在發酵過程中給予外力的刺激，就可以促進發酵的速度。混拌完成後，將表面緊實的麵團放置在在適當的溫度與濕度下等待發酵。藉由發酵使得麵團漲大，發酵後的麵團約是原來的3～4倍大。

翻麵／壓平（排氣）

所謂的翻麵，是對發酵中的麵團給予刺激，並將其中所含的氣體拍出。將膨脹的麵團按壓、折疊，放回發酵箱。需要依麵團的特性，調整壓平排氣的力道。①發散出麵團內的酒精成份，加入新的空氣來促進發酵，②使較大的氣泡能分散，成為細緻的小氣泡，③強化組織，賦予麵包彈性和膨鬆的效果。主要的排氣方式如下。因為會傷及麵團，所以不要以敲打方式來進行。

麵團溫度低→壓平（排氣）稍強

麵團溫度高→壓平（排氣）稍弱

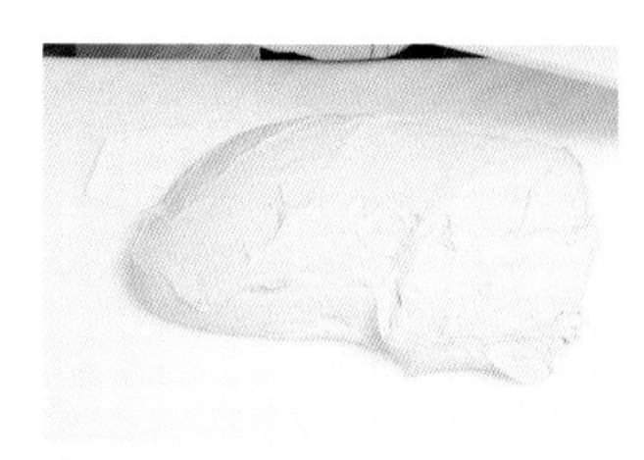

1 將發酵後的麵團倒扣在工作台上。

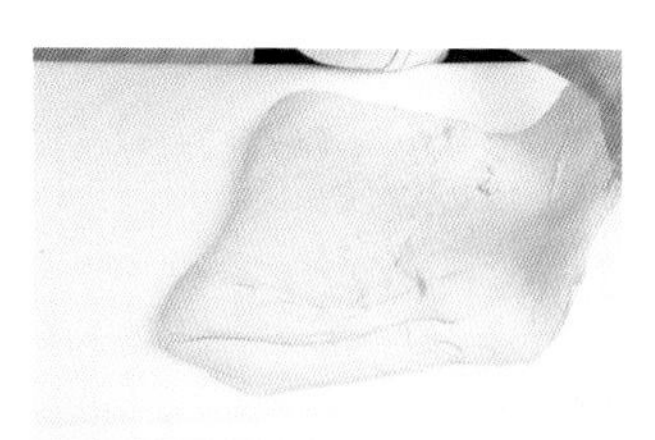

2 將右邊的麵團拉起朝中央折疊，左邊的麵團拉起朝中央折疊。

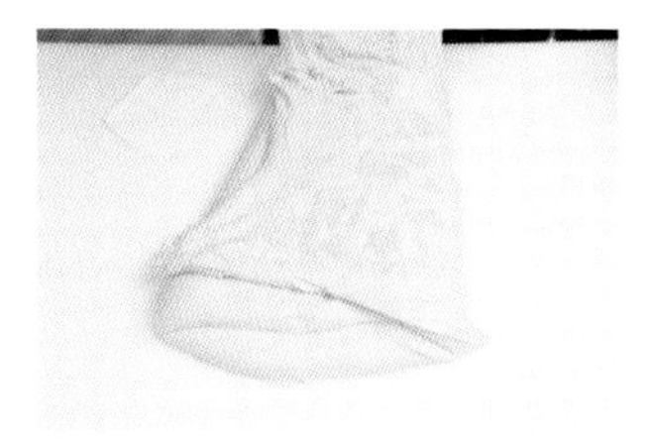

3 下方的麵團拉起朝中央折疊。

4 拉起上方的麵團朝中央折疊，再放回發酵箱內。

分割

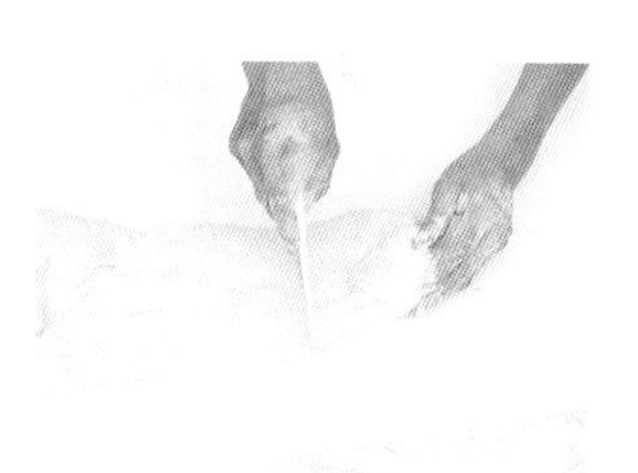

發酵膨脹起來的麵團，分切成想要製成的麵包大小，就是所謂的分割。重點在於不傷及麵團地加以切開。如果以拉扯分成小塊時，會造成麵團的負擔。另外，若是大小不一時，烘焙的時間也會不同，因此還是量測每個麵團的重量。切刀前後不斷拉動的動作會傷及麵團，所以盡量一次就切開。

中間發酵

因分割、滾圓而產生麵團中的彈力，以靜置方式而使其緩和，即是中間發酵。沒有取得中間發酵時間的情況，會造成麵團的展延不佳，影響到後來的成形，也會傷及麵團。因為在靜置的同時，發酵也仍會持續進行，所以也要注意溫度的管理。

麵團在帆布等墊布上，放在室溫中約10～20分鐘，使得因分割和滾圓麵團所產生的彈力得以和緩。務必覆蓋上塑膠蓋或是塑膠袋，以防止麵團乾燥。

整形

滾圓

滾圓是將分割好的麵團滾動成球狀、或輕輕折疊整合，使其表面呈緊實狀態之作業。通常分割好的麵團會直接進行滾圓作業，因應麵團或麵包種類，滾圓的強弱或形狀也會不同。滾圓是為改善整型時的麵團狀態而進行的步驟，目的在使麵團表面的麵筋組織緊實，使其能向各個方向延展。

滾圓時，迅速地將麵團滾動成相同形狀很重要。圓形是整型時最常用的形狀，也是各種形狀的基本。但若是要整型成細長棒狀，也可以輕輕地左右折疊後，再整型成橢圓形。

小滾圓

就像要將雞蛋包起來一樣地在手掌中搓圓，將麵團用指尖在自己前方轉動搓圓。感覺像是以指尖將表面的鬆弛集中至底部。等麵團表面變得光滑時，將底部放成橫向，由近而遠地將麵團轉動地將接口處接合起來。

放在手掌上滾圓也可以。但此時會容易滑落，所以不用手粉。

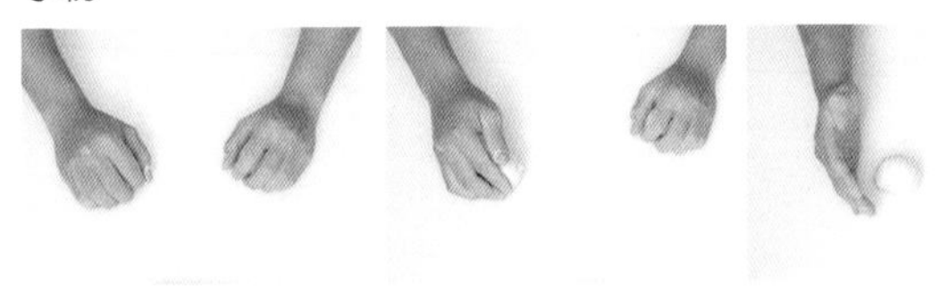

大滾圓

大的麵團時則使用兩手，依一定的方向轉動，使表面的鬆弛都集中在底部地揉搓成圓形。為保有其表面張力，所以搓成表面光滑的圓形是最大的重點。

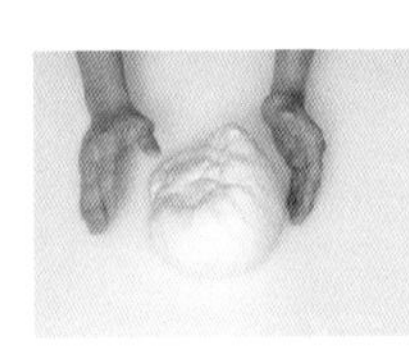

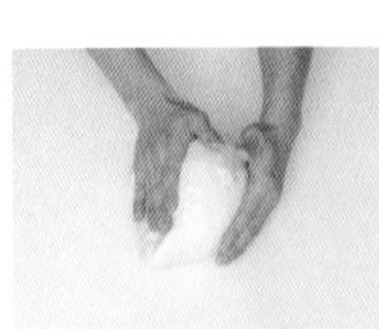

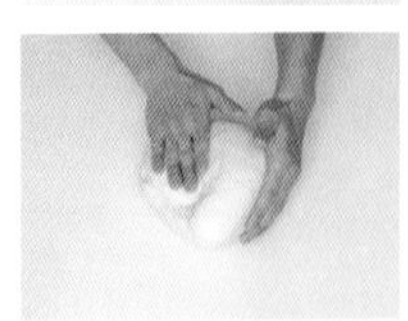

圓柱形

1 用手掌按壓麵團，排出氣體。

2 平順光滑面朝下，由左右朝中央折入⅓。

3 調整成橢圓形收口朝下。

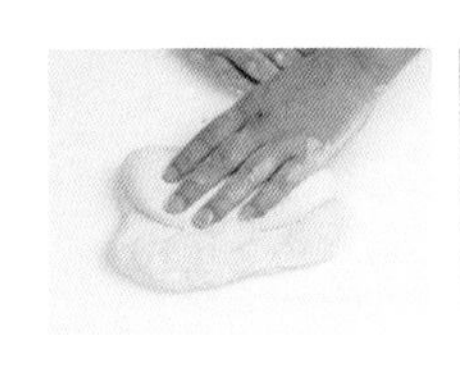

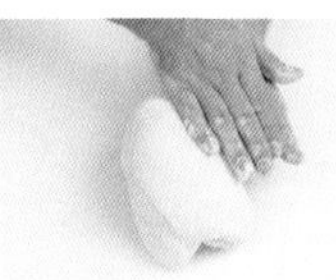

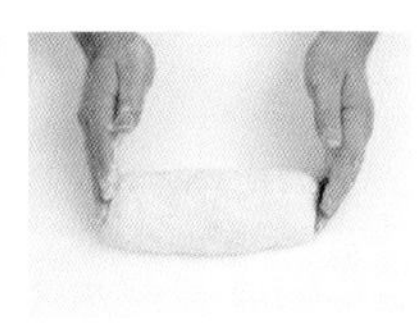

長棍／橄欖型

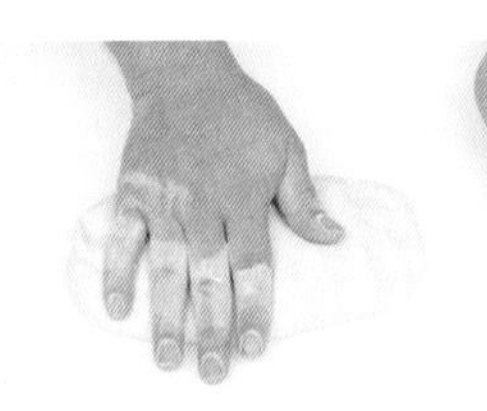

1 用手掌按壓麵團，排出氣體。

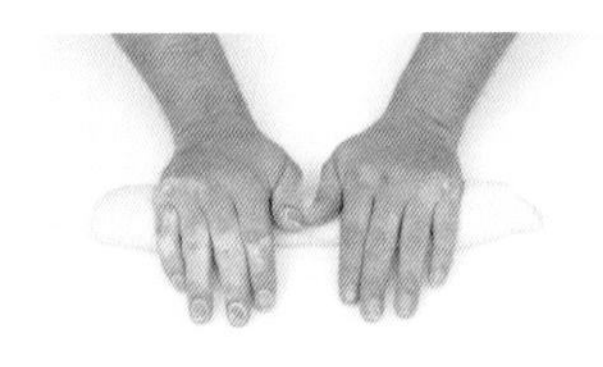

4 由外側朝內對折，並確實按壓麵團邊緣使其閉合。

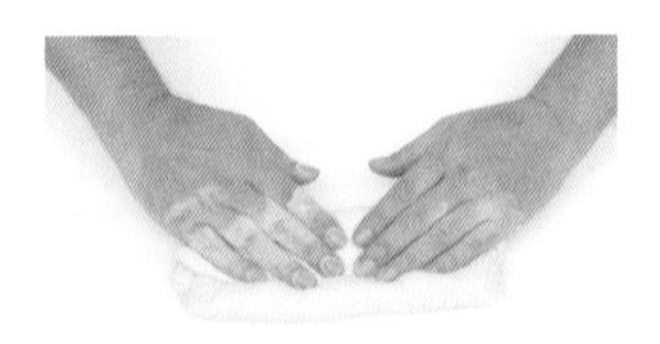

2 平順光滑面朝下，由外側朝中央折入⅓，以手掌根部按壓折疊的麵團邊緣使其貼合。

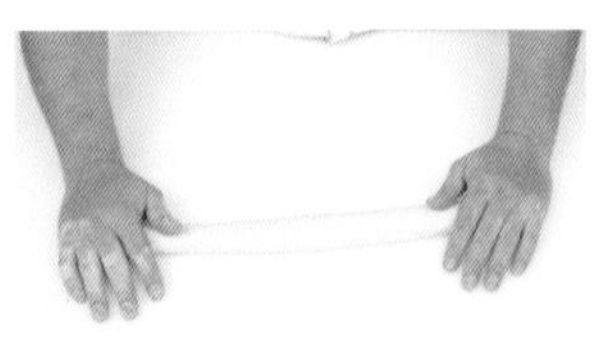

5 邊由上輕輕按壓，邊轉動麵團使其成為棒狀。

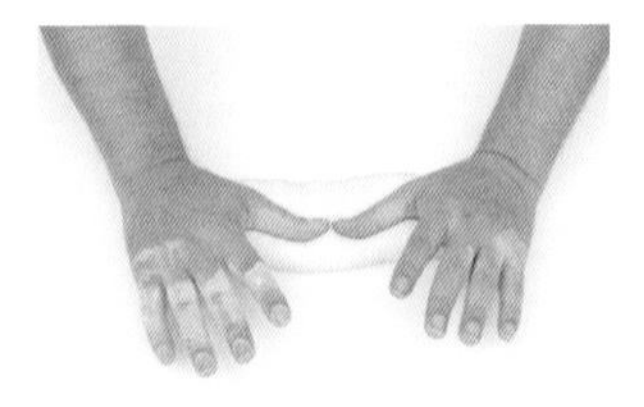

3 麵團轉動180度，同樣地折疊⅓使其貼合。

十字辮子

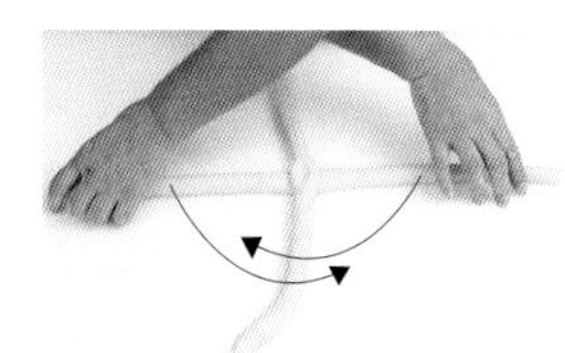

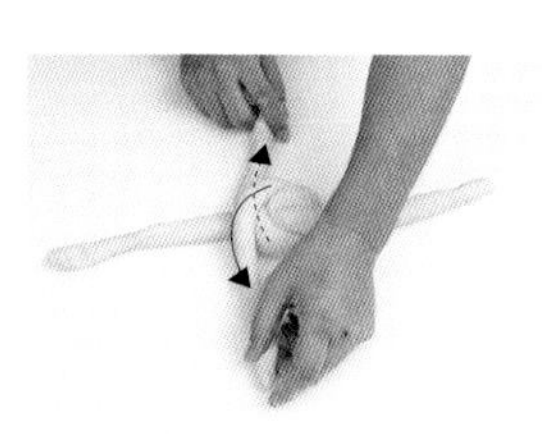

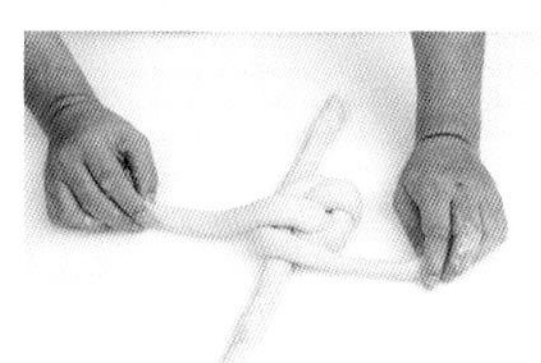

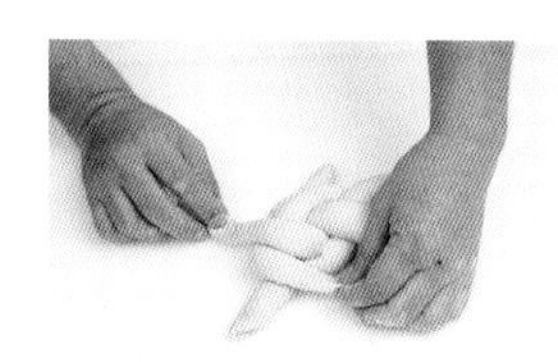

1 取2條麵團居中十字交錯擺放。

2 左右麵團往反方向相交錯。

3 上下麵團往反方向相交錯。

4 每次交錯後的4股麵團都保持十字形。

5 編成辮子狀。

6 完成後確實使接口緊密貼合。

7 拉鬆辮子狀的麵團，預留發酵後的空間。

六股辮子

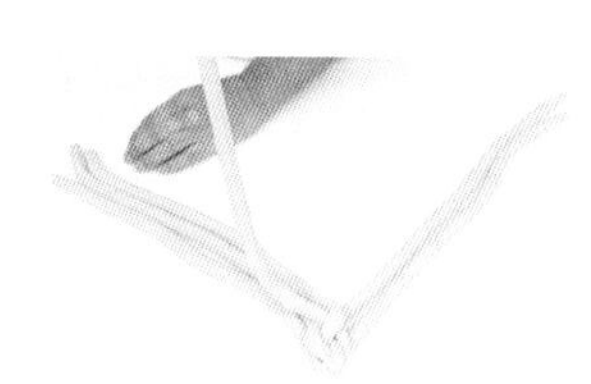

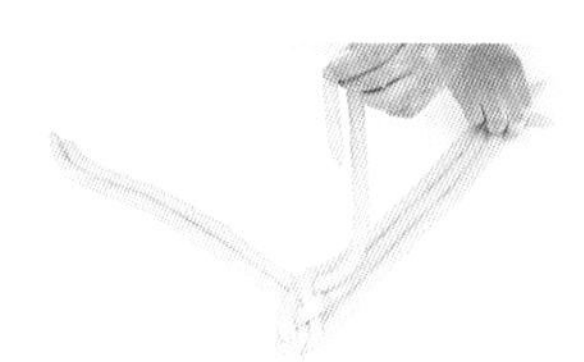

A 6條麵團平行擺放。由製作者左起依序為1、2、3、4、5、6。

B 將6交叉至4上。

C 將2交叉至6上。

D 將1交叉至3上。

E 將5交叉至1上。

F 重覆步驟B-E，編至尾端。

G 將編好的麵團向外拉出間隙，發酵後才不會擠在一起。

最後發酵

成形後的麵團放置在墊布或烤盤上，放在比中間發酵溫度更高的環境(廚房中或是廚房中靠近烤箱之處等。大約是30°C前後，或直接使用發酵箱）進行最後發酵。用手觸摸麵團時，麵團不會沾黏至手指上，可以感覺到些微的彈力時，即可視為最後發酵完成的標準。

塗上蛋汁

最後發酵結束時，要使用柔軟的刷毛，小心不要損及麵團地塗抹上蛋汁。書中都是使用不稀釋的全蛋蛋汁。

烘焙

在麵團上塗上蛋汁，劃切割紋，再放入烤箱。基本上硬質麵包為增加其光澤，加入蒸氣有助於在烘焙時烤箱內的展延，但若烤箱沒有蒸氣機能時，在麵團的表面上塗上水，或是在其表面上噴上水霧，來增加溼度。

關於烤箱

烘烤加熱使表層外皮與柔軟內側呈適度狀態，即是烘焙的目的，烘焙可以分為直接烘焙、烤盤烘焙、模型烘焙3種。本書配方以麵包店用的專用電烤箱(具上、下火垂直型、有蒸氣功能)，不同機種則須依實際狀況進行烘焙時間與溫度的調整。

劃切割紋

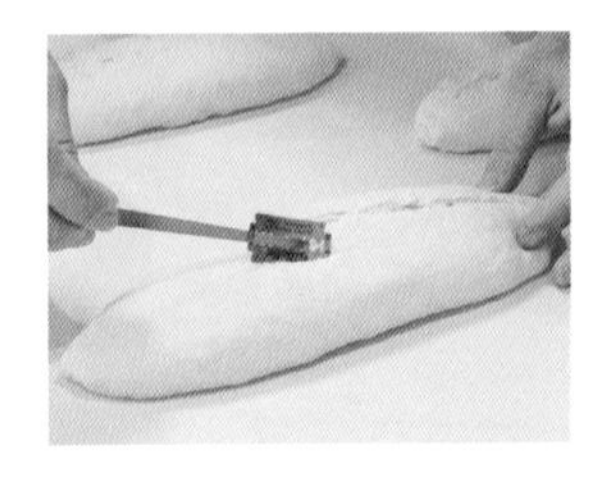

在硬質系列的麵包上劃切割紋時，是使用法國刀。為了讓全體膨脹程度相同，才會在表面上劃出線條。需注意不要傷及麵團地小心進行。想要切劃出更深的線條時，可以使用剪刀。劃切出的線條深淺及幅度不一，完成時無法烘焙出均勻漂亮的成品，所以必須使用剪刀小心地加以輔助使用。

確認烘烤完成

硬質系列的麵包在烘烤完成時，實際用手拿起麵包，確認側面及底部的部份是否都確實烘烤成酥脆和烘焙色澤。敲打底部會有清脆的聲音，若聽起來有厚實的感覺則表示水分未烤透，麵包會很快的回軟。

發酵種

母種Chef levain(ルバン種)起種

	①	②	③	④	⑤	⑥
前種	−	100	100	100	100	100
裸麥全麥粉	100	−	−	−	−	−
Mélanger (麥嵐綺歐式麵包專用粉)	100	100	100	100	100	100
水	100	65	65	65	65	65
鹽	1	0.5	0.5	0.5	0.5	0.5
麥芽糖漿(1:1稀釋)	1	0.5	−	−	−	−
時間	24	24	24	7	7	7

膨脹4倍左右

續種

	配方(%)
chef	100
裸麥全麥粉	6.0
Mélanger (麥嵐綺歐式麵包專用粉)	114
水	54

由原始的起種開始。裸麥全麥粉和水揉和的麵團經過5～6日，使其發酵熟成就是起種，重覆1～3次的續種，就完成了母種的製作。

攪拌

1 使用的器具需要先消毒。將全部材料放入攪拌缽盆中，以L速攪拌7分鐘至表面光滑。

2 使表面緊實地整合麵團，放入鋼盆內。

發酵

3 在溫度4℃、濕度80%的冷藏發酵室內，發酵7小時。每日進行攪拌續種。

法國麵包發酵麵團(P.F)

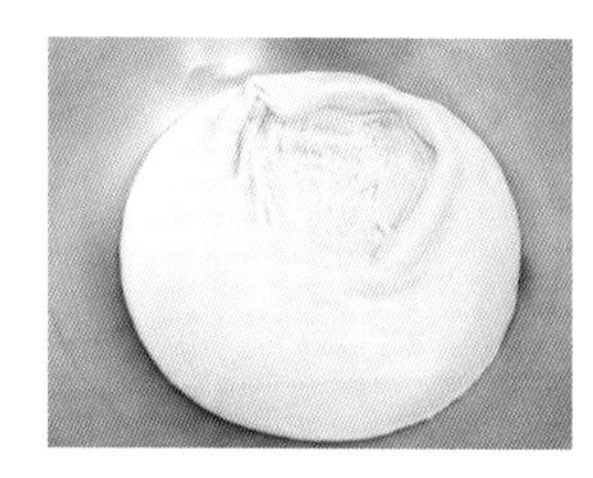

製法 直接法

材料 500g

	配方(%)	分量(g)
Mélanger (麥嵐綺歐式麵包專用粉)	100.0	500
即溶酵母SAF紅	0.6	3
麥芽糖漿(1：1稀釋)	0.6	3
鹽	2	10
水	70.0	350
合計	**172.9**	**866**

麵團攪拌	螺旋式攪拌機 L速7分鐘 H速30秒 揉和完成溫度24℃
發酵	45分鐘 28～30℃ 75%

攪拌

1 麵團的材料一起放入攪拌缽盆內，用L速攪拌7分鐘。

2 改以H速30秒，確認麵團狀態。

3 在發酵箱內整合麵團，使表面緊實地整合麵團。

＊揉和完成的溫度目標為24℃。

發酵

4 在溫度28～30℃、濕度75%的發酵室內，發酵45分鐘即可成為法國麵包發酵麵團(P.F)。

各種麵包的內餡與菠蘿麵團

卡士達奶油餡

材料	（31個）
牛奶	1000 g
香草莢	2根
蛋黃	200 g
砂糖	220 g
低筋麵粉	90 g
奶油	50 g

巧克力卡士達奶油餡

材料	（37個）
牛奶	1000 g
香草莢	2根
蛋黃	200 g
砂糖	220 g
低筋麵粉	90 g
奶油	50 g
糕點用巧克力	300 g

1 香草莢縱向對切刮出香草籽。
2 將牛奶、香草莢和香草籽放入鍋中，以中火加熱。
3 在缽盆內放入蛋黃，以攪拌器攪打均勻，加入砂糖，攪打至顏色轉白確實混合。
4 在3當中加入低筋麵粉混拌。
5 少量逐次地加入煮至沸騰前的2並混拌。
6 將5過濾至2加熱牛奶的鍋中，以中火加熱。邊用攪拌器攪拌，邊煮至沸騰。
7 煮至出現光澤且呈光滑的乳霜狀時，熄火，加入奶油混拌。
8 倒入方型淺盤中，表面緊貼著覆上保鮮膜，並墊放冷水冷卻。
＊巧克力卡士達奶油餡作法相同，在步驟7時加入糕點用巧克力拌勻即可。

菠蘿麵團

材料	（200個）
奶油	700g
砂糖	1400g
蛋黃	575g
低筋麵粉	2500g
杏仁粉	250g
泡打粉	25g
牛奶	550g

1 奶油放置室溫軟化，依序將所有材料加入拌勻
2 成為稍微柔軟的團狀即完成
3 放入塑膠袋內壓至平整，放至冷藏庫冷卻凝固。
4 搓成長條狀再分割成30克後滾圓，再次放入冰箱冷藏。
5 使用前30分鐘取出，在室溫中放至軟化。

紅豆餡

材料	
A 紅豆	2500g
水	6000g
B 水	5600g
冰糖	2250g
鹽	6g

1 紅豆加水不加蓋以中大火煮35分鐘。
2 瀝出水分保留備用。
3 瀝乾的紅豆加入B的水分補足至700g以中大火煮30分鐘。
4 關火後燜45分鐘至紅豆粒軟化。
5 步驟2瀝出的紅豆水加上冰糖煮6分鐘。
6 加入紅豆粒以中小火慢煮25～30分鐘至收乾濃稠狀。
7 快完成的時候加入鹽拌勻即可放涼後使用。

杏仁奶油醬

材料	
奶油	1000g
砂糖	1000g
全蛋	1000g
杏仁粉（過篩）	1000g
中筋麵粉（過篩）	100g
蘭姆酒	100g

奶油放置室溫軟化，依序將所有材料加入拌勻至柔軟的膏狀即可。

攪拌機與烤箱

螺旋式攪拌機 Spiral Mixer

螺旋式攪拌機以低速為主揉和出法國麵包，可以做出具Q彈口感的麵團，但若用於製作吐司麵包等，很容易製作出攪拌、揉和過度的麵團，必須要特別注意分辨出攪拌完成的時間點，本書中吐司麵包採用直立式攪拌機製作。缸碗速度&攪拌棒速度分別為Bowl speed (T/min)：7–14以及Tool speed (T/min)：100-200。野上師傅使用的是BERTRAND-PUMA SPI Range PSR 20 F螺旋式攪拌機。

直立式攪拌機 Planetary mixer

勾狀攪拌棒不僅能揉和麵團，槳狀或網狀攪拌棒能完成內餡或裝飾的製作，運用廣泛。依其攪拌軸構造來進行分類，垂直型稱為直立式、水平的稱為臥式。1分鐘的轉數：L速(T/min)：30、M速(T/min)：208.50、H速(T/min)：417。野上師傅使用的是BERTRAND-PUMA planetary mixer。

烤箱 In-store baking ovens

麵包用的烤箱可以設定上火和下火的溫度，也能注入蒸氣。另外還有氣閥(換氣口)，可以在烘焙過程中排出蒸氣，調節溫度。專業麵包店使用的烤箱可同時烘焙不同產品，烘烤底盤很厚，能充分地將熱度傳導至麵包，因使用熱反射門和各種豐富斷熱材料，使熱度耗損減至最少。能夠對應各種麵包設度其溫度，蒸氣量也足。野上師傅使用的是Wachtel PICCOLO-II_IQ-TOUCH。

冷藏發酵櫃 Dough Conditioner

可以設定由冷凍至發酵溫度帶的發酵櫃，常用於像丹麥麵包、可頌、布里歐，配方中含有大量副材料的麵包製作法，攪拌後經過一定的發酵，放入冷藏發酵櫃，使其長時間延緩(低溫)發酵。野上師傅使用的是Wachtel凍藏發酵箱Retarder proofer單門AFB 68 1C 1P CT，及上下雙門AFB 68 2C 2P CT。

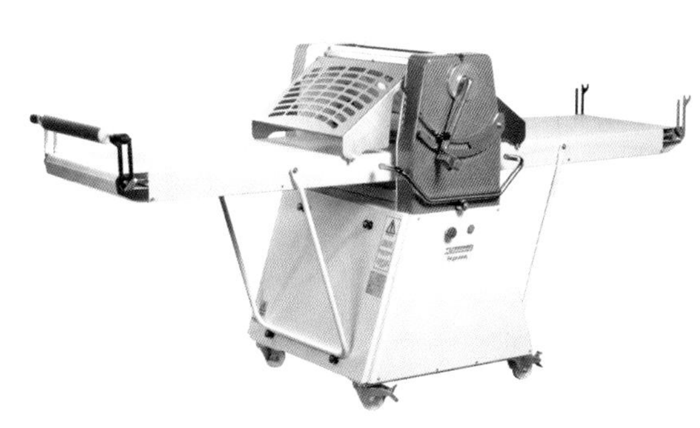

丹麥機 Dough sheeter

材質為鋼、不鏽鋼和鑄鋁製成，落地式的丹麥機在兩邊配有接收擱板，通過移動操縱桿可以使滾動方向反轉，符合人體工學&易清潔設計，食品級PVC傳輸帶。野上師傅使用的是BERTRAND-PUMA Senior Dough sheeters: SENIOR S2 600。

麵包製作法索引
INDEX

發酵種法

直接法

協力廠商

大陽製粉株式會社 taiyomil.com

富華股份有限公司 food-fashion.com.tw

苗林行 facebook.com/miaolin1964

溫克特爾股份有限公司 wachtelasiax.weebly.com

台灣長瀨股份有限公司 nagase.com.tw

MASTER

野上智寬的麵包全圖解

作者　野上智寬

攝影　Toku Chao

校對　張家豪 / 黃建瑋

部分內容翻譯　胡家齊

出版者 / 大境文化事業有限公司　T.K. Publishing Co.

發行人　趙天德

總編輯　車東蔚

文案編輯　編輯部

美術編輯　R.C. Work Shop

台北市雨聲街77號1樓

TEL：(02)2838-7996　　FAX：(02)2836-0028

法律顧問　劉陽明律師 名陽法律事務所

初版日期　2018年3月

定價　新台幣480元

ISBN-13：9789869451499　書　號　M13

讀者專線　(02)2836-0069

www.ecook.com.tw

E-mail　service@ecook.com.tw

劃撥帳號　19260956 大境文化事業有限公司

野上智寬的麵包全圖解

野上智寬 著 初版. 臺北市：大境文化，2018

160面；22×28公分. ----（MASTER系列：13）

ISBN-13：9789869451499

1.點心食譜　　2.麵包

427.16　　107002143

Printed in Taiwan